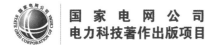

国家电网公司
电力科技著作出版项目

新能源虚拟同步发电机技术与应用

刘　辉　葛　俊　田云峰　吴林林
巩　宇　程雪坤　孙大卫　刘汉民 ｜ 编著
莫小林　吴宇辉　王晓声　徐彭亮

中国电力出版社
CHINA ELECTRIC POWER PRESS

内 容 提 要

本书以国家电网有限公司在张北国家风光储输示范电站开展的虚拟同步发电机示范工程为基础，从基础理论、控制策略、装备研发与测试、工程应用、应用推广模式等方面全面论述了新能源虚拟同步发电机技术。

本书共分为六章，包括新能源发电发展概述、高比例新能源接入电网的主动支撑需求、虚拟同步发电机发展历程与控制原理、虚拟同步发电机调频控制策略及优化、虚拟同步发电机并网适应性分析与提升技术，以及虚拟同步发电机示范工程及多层级检测技术。

本书适用于对新能源虚拟同步发电机技术感兴趣的广大读者。

图书在版编目（CIP）数据

新能源虚拟同步发电机技术与应用 / 刘辉等编著. —北京：中国电力出版社，2023.12（2025.1重印）
ISBN 978-7-5198-8151-1

Ⅰ. ①新… Ⅱ. ①刘… Ⅲ. ①新能源–分布式虚拟环境–同步发电机 Ⅳ. ①TM341

中国国家版本馆 CIP 数据核字（2023）第 182766 号

出版发行：中国电力出版社
地　　址：北京市东城区北京站西街 19 号（邮政编码 100005）
网　　址：http://www.cepp.sgcc.com.cn
责任编辑：刘丽平　张冉昕（010-63412364）
责任校对：黄　蓓　常燕昆
装帧设计：赵丽媛
责任印制：石　雷

印　　刷：三河市万龙印装有限公司
版　　次：2023 年 12 月第一版
印　　次：2025 年 1 月北京第二次印刷
开　　本：787 毫米×1092 毫米　16 开本
印　　张：19.5
字　　数：436 千字
印　　数：1001—1500 册
定　　价：98.00 元

　　为了应对传统化石能源日益枯竭和环境形势日益严峻两大难题，以清洁能源为主的新一轮能源变革方兴未艾。1997～2022 年，全球新能源发电发展迅猛。风电装机从 760 万 kW 增长到 9.2 亿 kW，光伏装机从 23 万 kW 增长到 9.5 亿 kW，全球风光装机仍以每年超过 2 亿 kW 的速度逐年增加。与此同时，我国也积极推动清洁替代和电能替代，全力推进新能源发电。截至 2022 年底，我国风电、光伏并网容量超过 7 亿 kW，风电、光伏发电装机均处于世界首位，新能源发电已成为 19 个省级电网的第二大电源。2022 年，我国风电、光伏发电新增装机容量 1.25 亿 kW，贡献了全球一半的新增容量。国家发展改革委和国家能源局印发的《能源生产和消费革命战略（2016～2030）》指出，到 2030 年，非化石能源发电量占全部发电量的比例力争达到 50%，新能源发电将继续保持迅猛发展态势。

　　风电机组、光伏发电单元等新能源发电设备大多通过电力电子变流器进行并网，是典型的非同步电源，其并网运行机制与火电机组的同步运行机制存在较大不同。随着新能源占比的不断提升，电力系统电力电子化特征日益显著，基于交流同步机制的电力系统运行控制模式受到巨大冲击，电网安全稳定运行面临以下三方面挑战：

　　一是电网的频率调节能力不断下降。新能源发电设备采用矢量控制与锁相同步机制，不具备向电网提供惯量的能力，也无法主动参与系统频率调节，导致电网频率调节能力下降。2016 年 9 月 28 日澳洲南部电网和 2019 年 8 月 9 日英国电网发生了因新能源占比高、系统频率调节能力不足引发的大停电事故，造成了严重的经济损失。

　　二是电网的电压调节能力不断下降。基于矢量控制和锁相同步机制的新能源发电设备不具备类似火电机组的电压支撑能力，无法主动为电网提供电压参考与快速的无功支撑，导致高比例场景下系统电压崩溃风险增大。

　　三是电网的宽频带振荡风险日益增大。新能源发电设备阻尼不足，导致系统振荡问题频发，部分地区新能源机组在次同步频段内甚至表现出负阻尼，大大增加了电网安全稳定运行的风险。

　　综上可知，提升新能源的主动支撑能力，保障系统的安全稳定运行，是新能源电力系统面临的重大基础性研究课题。在此背景下，虚拟同步发电机技术应运而生。该技术以新能源预留备用或加装储能等方式为能量基础，通过改进变流器控制方式使其模拟同步机的运行机制，从而使新能源发电设备具备自主建立电压和频率的能力，可实现惯量响应、一次调频、快速调压等主动支撑功能。由此可见，虚拟同步发电机技术可实现新能源发电设备"类同步机化"运行,是使新能源融入电力系统交流同步机制的重要途径,对促进新能源高比例接入电网具有重要意义。

2016 年,国家电网有限公司在张北国家风光储输示范电站开展虚拟同步发电机示范工程建设,并于 2017 年 12 月建成了世界首座百兆瓦级虚拟同步发电机示范电站。编者所在团队承担了虚拟同步发电机示范工程前期规划、技术研发、示范应用、运行监测等全环节工作。本书结合了编者多年的研究与工程实践成果,从基础理论、控制策略、装备研发与测试、工程应用、应用推广模式等方面全面论述了虚拟同步发电机技术。

本书共分为六章:第一章概述了我国新能源发电的发展历程与技术现状;第二章剖析了高比例新能源接入电网后系统对调频、调压及阻尼提升的需求,指出新能源主动支撑技术的必要性;第三章系统介绍了虚拟同步发电机技术的发展历程及基本原理,为后文控制策略的提出奠定理论基础;第四章分别从风电、光伏单机虚拟同步发电机和整站功率支撑两个维度,对几种不同频率支撑技术方案进行了对比分析,并提出了新能源单机和整站调频优化控制策略;第五章系统分析了虚拟同步发电机的并网适应性,剖析了虚拟同步发电机的暂态电压支撑特性与宽频带阻尼特性,并针对性地提出了并网适应性提升策略;第六章详细介绍了风电、光伏、储能虚拟同步发电机的工程实现方案,构建了完善的设备性能检测与全过程质量管控体系,并对虚拟同步发电机示范工程长期的运行监测成果进行了总结提炼。

本书第一章由刘辉、葛俊、田云峰编写,第二章由刘辉、葛俊、吴林林编写,第三章由巩宇、程雪坤、莫小林、徐彭亮编写,第四章由刘辉、巩宇、孙大卫、王晓声编写,第五章由程雪坤、孙大卫、吴林林编写,第六章由田云峰、刘汉民、吴宇辉编写。全书由刘辉统稿。在本书的成稿过程中,得到了国网电力科学研究院有限公司、许继集团、清华大学等单位的大力支持和帮助,在此编者深表感谢。

本书是国家电网有限公司虚拟同步发电机示范工程的结晶,也是国网冀北电力有限公司多年来研究成果的体现。经过多年的酝酿与努力,我们力图将该领域最新的研究进展、研究成果呈现给各位读者,希望为助力我国能源战略转型、推动新能源发电领域创新进步贡献绵薄之力。

本书力求做到文字准确精练、内容系统详实,虽经多次易稿与修改,但仍难免有错漏之处。同时部分研究工作还在进行,一些理论与观点还在探讨,谬误自然难以避免,望读者体谅。恳切希望各位读者和同行提出批评与斧正意见。

编者

2023 年 6 月

目　录

第一章
新能源发电发展概述

　　在全球能源格局深刻调整、新一轮能源革命蓬勃兴起的大背景下，清洁低碳已成为全球能源转型发展的共同方向。我国风能及太阳能资源丰富，大力发展以风电、光伏发电为代表的新能源发电是保障我国能源安全和破解我国生态环境难题的必然选择。经过几十年的持续发展，以风电、光伏发电为代表的新能源发电技术在我国得到了广泛的应用。本章将从我国新能源发展历程与展望、新能源发电技术现状两方面进行介绍，向读者展现新能源行业政策、产业发展与主流技术。

第一节　我国新能源发电发展历程与展望

一、我国新能源发电发展历程及现状

我国以风电、光伏发电为代表的新能源发电历经了两个发展时期，如图1-1所示。第一个时期是从萌芽到引领的跨越式演进时期，可进一步分为三个阶段：1978～2005年为第一个阶段，属于新能源发电的产业化探索阶段，实现了从无到有的突破；2006～2010年是新能源发电发展的第二阶段，在这个阶段我国新能源发电经历了跃升式发展，装备国产化水平快速提升，装机容量较前一阶段末猛增近25倍；2011年开始了新能源发电发展的第三个阶段，前一阶段高速发展中积累的问题集中爆发，风电大规模连锁脱网、宽频振荡等问题接连发生，推动全行业认真审视过往，发展模式逐步实现了从规模化快速发展到量质双升的转变。2020年，习近平总书记做出了"2030年碳达峰、2060年碳中和"的庄严承诺，新能源发电作为实现"双碳"目标的重要途径，进入了新能源发展的第二个时期，从配角到主角的系统性迭代新时期。

图 1-1　我国新能源发电发展时期

（一）第一阶段——萌芽阶段（1978～2005年）

1. 我国新能源发电从零起步

世界范围内新能源发电产业始于20世纪70年代，以德国、丹麦、西班牙、美国为代表的发达国家较早开展新能源发电研究，并逐步摸索出相对成熟的新能源发电技术与标准体系，逐渐开始实现产业化开发利用。

在世界新能源发电产业起步的初期，我国经济基础和技术基础尚不成熟，更加经济、成熟的传统能源发电形式依旧主宰能源供给结构，在新能源发电产业方面的积累几乎为零。

2. 产业布局谋定而动

1978年我国开始实行对内改革、对外开放的政策，国内经济随之高速发展，能源消费需求快速增长，新能源发电开始走入能源战略结构中。

20世纪80年代初期，新型可再生能源技术列入863重点科技攻关计划。1980年前后电力部组织建成了八达岭风力发电试验站，该站定位于全国风力发电的科研、试验中心，由北京电力试验研究所运维，截至 1984 年，该站有试验机组 14 台，总容量 29.685kW。

20 世纪 90 年代，我国新能源发电经过十几年发展，拥有了一定的技术积累和开发经验，进入商业开发初期阶段，实现了产业化零的突破。1994 年底，我国第一个商业化风电场——广东省南澳竹笠山风电场建成并投入运行，标志着我国风电产业迈入商业化运营时期。1996 年开始原经贸委、计委分别推出"双加工程""国债项目""乘风计划"等专项工程，选择达坂城等 4 个风电场进行重点改造，进口 133 台单机容量 600kW 的风电机组，以技贸结合的方式提升自主开发的能力。

3. 技术产业初具规模

受益于鼓励性政策陆续出台（见图 1-2）以及设备制造水平不断进步，新能源发电吸引了越来越多的关注，到 2005 年新能源发电商业化运营已初具规模。

1994 年	1995 年	1996 年	1998 年	2000 年	2002 年	2003 年
•《中国 21 世纪议程》	•《1996—2010 年新能源和可再生能源发展纲要》	•《中华人民共和国电力法》《乘风计划》	•《中华人民共和国节约能源法》	•《2000—2015 年新能源和可再生能源产业发展规划》	•《中华人民共和国清洁生产促进法》	•《风电特许权项目前期工作管理办法》

图 1-2　1994～2005 年新能源发电代表性鼓励政策及法规

装机容量初具规模。到 2005 年底，全国风电装机达到 126.88 万 kW，全国累计光伏装机容量 7 万 kW。

国产设备厂商涌现。设备制造厂商迅速响应国家政策需求，涌现出了金风、华锐、运达、东汽、哈电和惠德等国产化风电设备制造商。光伏产业制造能力、出口能力大幅提高，无锡尚德、英利等多家光伏企业相继成立，建立了太阳能电池生产线，特别是尚德于 2005 年在美国纽约交易所上市，产生了巨大的拉动和示范效应。

技术水平稳步提升。到 2003 年，国内企业已掌握了 750kW 以下风电机组的关键部件设计制造和总装技术，先进的兆瓦级机组的本地化生产供应能力和国产化水平也在快速提升，新型的国产兆瓦级直驱式永磁风电机组和双馈式变速恒频风电机组于 2005 年投入试运行，实现了兆瓦级变速恒频风电机组从无到有的重大突破，标志着我国风电技术跨入兆瓦级时代。

1978～2005 年，我国的新能源发电领域从空白起步，经过近 30 年的铺垫和酝酿，实现了从示范应用到商业化推广的进步。

（二）第二阶段——追赶阶段（2006～2010 年）

1. 顶层设计推动发展

2005 年 2 月，第十届全国人民代表大会常务委员会第十四次会议通过《中华人民共和国可再生能源法》（2006 年 1 月 1 日起开始实施），为促进我国可再生能源发展提供了指引。这部里程碑意义的法律创造了我国法律出台速度最快的纪录，显示了我国政府发展可再生能源的决心。此后，可再生能源发电全额收购制度（2009 年修订版完善为全额保障性收购制度）、可再生能源电费费用分摊制度、进口关税和三免三减半等税收优惠制度陆续出台（见图 1-3），有效推进了新能源发电的产业化发展进程。

图 1-3 《中华人民共和国可再生能源法》出台后的密集型政策

2009 年 9 月 22 日，国家主席胡锦涛在联合国气候变化峰会开幕式上发表题为《携手应对气候变化挑战》的重要讲话，阐述了中国在未来大力发展低碳经济的战略方向与实施决心。2009 年 11 月 25 日，国务院总理温家宝召开国务院常务会议，研究部署应对气候变化工作，将发展低碳经济作为中国长期发展的战略目标，展现出国家坚定支持能源绿色转型的决心和意志。

2. 装机规模爆发式增长

从 2005 年开始，我国的风电总装机连续 5 年实现翻番，如图 1-4 所示。2008 年，国家发展改革委提出在内蒙古、甘肃、新疆、河北和江苏等风能资源丰富地区开展 6 个千万千瓦级风电基地的规划和建设工作，进一步加快了风电发展速度，风电产业在短时间内迅速向规模化、产业化发展。2008 年风电装机突破 1000 万 kW，2009 年突破 2000 万 kW，2010 年突破 4000 万 kW，在新增发电装机中占比已接近 30%，先后超越丹麦、德国和美国，成为世界第一风电大国。

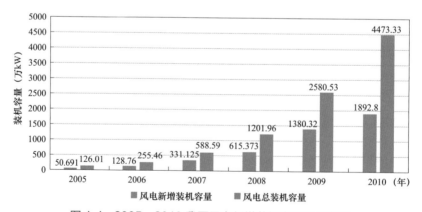

图 1-4 2005～2010 我国风电新增装机容量及总容量

"十一五"（2006～2011 年）后期，光伏产业也逐步进入大规模开发进程。如图 1-5 所示，2007 年以前，中国光伏产业还处于示范阶段，2006 年全国光伏发电装机仅 8 万 kW；2009 年以后，两期特许权招标政策大大加快了集中式光伏电站的开发进程，"金太阳"和"光电建筑"工程推动了分布式光伏市场。2009～2011 年，我国光伏装机连续 4 年同比增长超过 100%，其中 2010 年和 2011 年超过 200%。

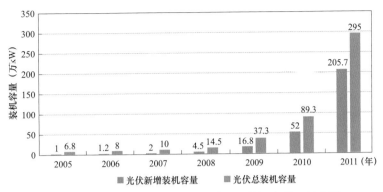

图 1-5　2005～2011 年我国光伏新增装机容量及总容量

3. 装备水平高速更迭

在此期间，我国新能源发电技术装备水平也大幅提升，"十一五"期间，科技部针对当前阶段我国风电整机技术水平低、自主研制能力差、产业不完整、可持续发展能力弱等亟待解决的重大问题，在风电整机成套设备、关键零部件、海上风电、标准规范体系 4 个主要研究方向上进行立项研究，使得科技创新能力水平快速提升，带动了我国风电设备制造业水平的快速提高。

2006 年，我国自主研发的 1.2MW 风电机组投入试运行。2007 年，国风电机组首次迈出国门，由华仪风能有限公司向智利出口了 3 台 780kW 的风电机组。在新增风电装机中，国产设备占比达到 55.9%，首次超过外资设备；同年，我国太阳能电池的产量超越日本，成为全球最大的太阳能电池生产国。到了 2009 年，我国风电装备国产化率已达 85% 以上，1.5MW、2.0MW 机组基本实现国产化，取代进口机组成为国内主流机型。2010 年前后，国产陆上 3.0MW 以上、海上 4.0MW 等多种机型先后问世，自主研发的 3.6MW 海上风电机组在东海大桥海上风电场成功安装，华锐公司成功研发生产国内首台具有自主知识产权的 5MW 风电机组，填补了我国海上风电设备制造的多项空白。2010 年，有 4 家中国企业进入了世界风电装备制造业 10 强。到 2011 年，我国已拥有从部件级到成套设备的全产业链风力发电机制造技术，并培育了多家世界级的风电机组制造企业，国内多家新能源发电设备制造企业已进军国际市场业务。

短短 5 年时间，我国新能源发电迅速实现了从小到大、从弱到强的爆发式发展，为我国能源格局转型创造了崭新的局面。然而过度注重速度的发展模式，导致新能源发电机组质量良莠不齐、并网性能千差万别，向质效并重的发展模式转变逐渐成为行业共识。

（三）第三阶段——引领阶段（2011～2020 年）

经过长达 5 年超常规快速发展，我国在新能源装机容量上先后超越了有着几十年积累的德国、美国等新能源发电强国，从 2011 年开始走在世界前列。然而，由于上一阶段发展更关注量的提升，发展质量的问题逐渐浮现，大规模连锁脱网、弃风弃光、宽频振荡等制约行业发展的共性问题层出不穷，且国内外没有先例可循，在独自解决不断涌现的行业难题的同时，我国新能源发电在国际上逐渐走向引领地位。

1. 解决新能源发电技术难题

破解风电机组大规模连锁脱网问题。如果遴选 2011 年新能源发电行业的最高频词，一定是"脱网"。2011 年 1～8 月，全国共发生 193 起风电机组脱网事故，一次损失风电出力 50 万 kW 以上的脱网事故高达 12 起，最大脱网容量 130 万 kW，相当于每 20 天就有一台百万机组跳机，而且 2/3 的脱网事故发生在张家口地区。这是第一个受到全社会关注的新能源发电行业热点，也深刻暴露出风电行业在前一阶段超常规发展中隐藏的问题。

早期的风电机组受限于设备耐受能力，在设计的时候为了保证自身安全，一旦电网发生扰动，便会主动脱离电网。随着风电装机占比越来越大，大规模风电脱网事故带来的冲击严重威胁了电网安全，风电机组并网性能亟需迭代升级。2011 年，风电行业纲领性国家标准《风电场接入电力系统技术规定》（GB/T 19963）针对风电脱网事故进行了更新，首次明确风电机组必须具备低电压穿越能力。

同年，国网中国电力科学研究院牵头建成了张北试验基地，该基地是当时世界上规模最大、唯一具备低电压穿越型式试验检测能力与电网适应性检测能力的风电试验基地。2012 年，在国家能源局的牵头组织下，在全国范围开展了在役风电机组的低电压穿越能力抽检工作。受益于此，风电机组大规模脱网问题得到了有效缓解。

攻克新能源发电新型并网稳定难题。新能源发电广泛使用电力电子元件，深刻改变了电力系统形态，新的稳定性问题层出不穷，其中新能源发电参与的宽频振荡问题尤为突出。我国第一起风电次同步振荡问题于 2010 年出现在河北沽源，并在随后两年愈演愈烈。2015 年新疆哈密发生了风电次/超同步振荡，造成火电机组跳闸；2021 年张北柔性直流送端出现了更加复杂的新能源发电宽频振荡现象。针对沽源振荡问题，国网冀北电力有限公司牵头提出了风电–串补系统次同步振荡的机理，自主研制了世界首台网侧次同步阻尼控制装置（见图 1-6），并在沽源地区建成了首个风电次同步振荡抑制技术示范工程，解决了沽源地区风电次同步振荡难题。

图 1-6　网侧次同步阻尼控制装置

改善大规模弃风弃光问题。从 2011 年开始，我国弃风弃光现象逐渐加重，2016 年全年弃风弃光电量接近 700 亿 kWh，大约相当于 1.5 个大亚湾核电站的发电量，弃风率高达 17%。在这种状况下，如何保证海量新能源发电高效消纳是我国新能源发电技术、政策亟需应对的问题。2018 年，国家能源局制定了《清洁能源消纳三年行动计划》，提出落实责任主体、提高消纳考核及监管水平等七项具体举措，力求解决清洁能源消纳问题。在深挖电源侧调峰潜力、全面提升电力系统调节能力方面，国网冀北电力有限公司率先在国内建成了千万千瓦级新能源有功、无功优化调度控制系统，精细化提升新能源发电利用水平；率先实现了分层分区、就地平衡原则下的新能源发电集群并网无功电压控制系统全覆盖，统筹大规模新能源发电基地各类无功设备，保证新能源发电整体开发规模与电网消纳能力协调发展，新能源发电利用率逐年提升。

2. 多点突破，跻身世界前列

在世界新能源发电行业共同关注的热点领域，我国也在加速赶超，多点突破，跻身世界前列。

新能源发电领域标准话语权跻身世界前列。2013 年，国家电网有限公司牵头发起的国际电工委员会 IEC SC 8A "大容量可再生能源接入电网" 分技术委员会正式成立，这是第一个设立在我国的新能源发电领域的 IEC 技术委员会，标志着我国新能源发电行业的标准化建设已经跻身世界前列。2017 年，国家电网有限公司主导发起的 IEC SC 8B "分布式电力能源系统" 分技术委员会获批成立并设在我国，我国在新能源发电领域标准的话语权和影响力进一步提升。

新能源发电设备制造达到国际先进水平。为提升风资源利用效率、降低风电的度电成本，国内风电整机制造企业迅速完成了从技术引进到自主研发的转变，并向大型化方向发展。2011～2021 年，我国新增风电机组的平均单机容量整体实现了翻番。针对我国风资源的特点，风电整机制造企业也对机组进行量身改造，在装备技术方面几乎引领了低风速、复杂地形风电机组的所有技术路线。在光伏装备制造方面，我国也在不断刷新光伏电池转换效率的世界纪录。新能源发电领域科技创新实现从 "跟跑、并跑" 为主向 "创新、主导" 加速转变。

新能源发电装备产能遥遥领先。截至 2021 年，我国新能源发电装备产能在国际上遥遥领先。全球前十大风电机组供应商中我国有七家，在风电机组总装机容量和每年新增装机容量上也遥遥领先。

光伏装备制造方面，我国从原材料到成品全产业链均处于全球的绝对霸主地位，光伏组件产能占世界 2/3 以上。全球前十的光伏逆变器厂家中我国有 6 家。

新能源发电装机规模稳居世界首位。我国的累计风电装机容量在 2010 年首次超过美国，跃居世界第一，自此之后始终保持世界第一；光伏发电装机容量也在 2015 年超过德国后持续位居世界第一；我国可再生能源累计装机容量在全球占比已达 1/3，风电、光伏新增装机占全球一半以上，在国际上遥遥领先。

2013～2021 年我国光伏发电累计装机容量及新增容量如图 1-7 所示，累计装机稳步提升，增长近 20 倍，自 2021 年起连续两年新增装机容量超过 5000 万 kW。2014～2022 年 9 月我国新增集中式与分布式光伏电站装机容量如图 1-8 所示，分布式光伏新增容量逐渐成为主体，自 2021 年起连续两年超过集中式；后续以沙漠、戈壁、荒漠地区为重点的大型光伏基地建设和屋顶分布式光伏开发建设提速，将持续推动光伏发电规模的快速发展。

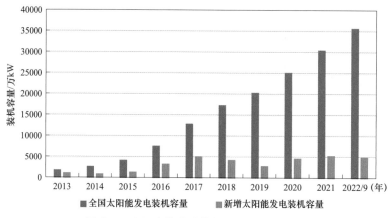

图 1-7　全国光伏累计装机与新增装机容量

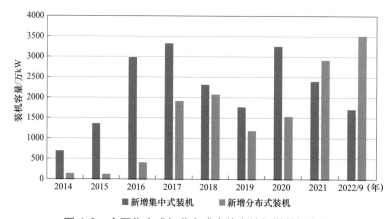

图 1-8　全国集中式与分布式光伏电站新增装机容量

　　根据国家能源局发布的数据，截至 2022 年底，全国风电累计装机约 3.65 亿 kW，同比增长 11.2%。2013～2022 年我国风电累计装机容量及新增容量如图 1-9 所示。从全国风电装机容量的分布看，我国的风电产业主要聚集在西部、北部和东部沿海等地区，这也与我国的优质风资源分布相契合。根据中国风能协会（Chinese Wind Energy Association，CWEA）发布的数据，2021 年华北地区风电装机 8819 万 kW，占比 26.9%；西北地区紧随其后，风电装机 7505 万 kW，占比 22.8%；华东地区风电装机 6440 万 kW，占比 19.6%；华中地区、东北地区、西南地区、华南地区风电装机较少，分别占比 10.3%、7.9%、6.6%、6.0%。

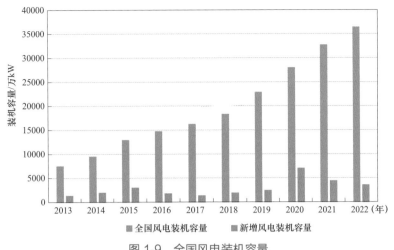

图 1-9　全国风电装机容量

3. 引领世界新能源发电技术潮流

风光储联合发电模式探索。2011 年 12 月 25 日，国家风光储输示范工程在河北省张北县建成投运（见图 1-10）。作为当时世界上规模最大的风电、光伏发电、储能及先进输电工程四位一体的新能源发电项目，该工程探索出了实现新能源可靠发电的技术路线，可有效破解新能源并网的技术难题。风光储输示范工程的建设思路和技术路线，为我国新能源电站提供了样板示范，是新能源多能互补技术发展历程上的一个重要里程碑，开启了我国"新能源＋储能"的开发利用模式。

图 1-10　国家风光储输示范工程

先进输电技术保障新能源发电可靠送出。新能源发电发展面临的主要矛盾之一在于风光资源与负荷需求的空间分布不匹配。可再生能源禀赋丰富的地区用电需求有限，无法大规模消纳本地区新能源发电，远距离外送是必然选择。为保证大量的风光资源不被浪费，我国探索了特高压、柔性直流等先进输电技术。2020 年 6 月，世界首个柔性直流电网工程——张北柔性直流工程竣工投产（见图 1-11）。作为世界上电压等级最高、输送容量最大的柔性直流工程,其核心技术创造了 12 项世界第一,提供了破解新能源发电大规模开发利用世界级难题的"中国方案"。2020 年 8 月,张北—雄安 1000kV 特高压交流输变电工程投运,工程连接河北张家口新能源基地和雄安新区,实现了雄安新区 100%清洁能源供电,为构建智慧生态雄安、服务千年大计提供了坚强支撑。

图 1-11　张北柔性直流示范工程

风电机组并网友好性引领发展潮流。 随着新能源发电从补充性电源向主力电源转变,新能源发电机组需要在电网中承担起支撑系统运行的责任,变被动适应为主动支撑。2017 年 12 月,世界首个具备虚拟同步机功能的新能源电站在国家风光储输示范电站建成投运,通过先进控制技术使得新能源发电机组能够模拟常规火电机组的运行特征,引领世界新能源行业发展的潮流。

（四）我国新能源发电行业发展现状

1. 开发规模持续扩大

根据国家能源局发布的数据,截至 2022 年底,我国风电、光伏发电量突破 1 万亿 kWh,达到 1.19 万亿 kWh,占全社会用电量的 13.8%,接近全国城乡居民生活用电量。年装机容量增长方面,2022 年,全国风电、光伏发电新增装机突破 1.2 亿 kW,达到 1.25 亿 kW,连续 3 年突破 1 亿 kW,其中风电新增 3763 万 kW、集中式光伏发电新增 3630 万 kW、分布式光伏发电新增 5111 万 kW,占当年光伏新增装机 58%以上,分布式光伏已成为我国新能源发电增长的绝对主力。电力储能装机方面,全国已投运新型储能项目装机规模达 870 万 kW,平均储能时长约 2.1h,比 2021 年底增长 110%以上。我国风电、光伏年新增装机、累计装机容量连续多年稳居世界第一。

2. 新能源发电利用率逐年提升

据全国新能源发电消纳监测预警中心发布的数据,2022 年全国风电平均利用率 96.8%,光伏平均利用率 98.3%,其中风电利用率低的为蒙东 90%、青海 92.7%、蒙西 92.9%,甘肃 93.8%,光伏利用率低的为西藏 80%、青海 91.1%、新疆 97.2%。我国历年新能源利用率变化趋势如图 1-12 所示，可以看出我国新能源总体利用水平逐年提升，2020 年以后风电利用率稳定在 96%附近（弃风率约 4%），2019 年以后光伏利用率稳定在 98%附近（弃光率约 2%）。从局部看，华北、西北新能源富集地区的利用率与全国的平均水平有较大差距。

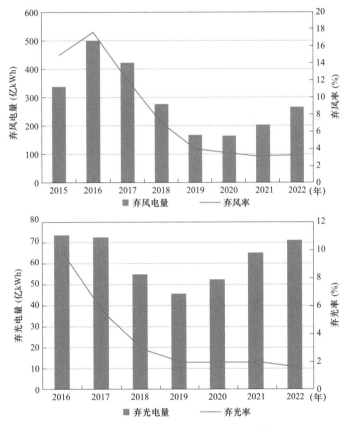

图 1-12　2011～2021 年我国弃风、弃光电量与年弃电率

3. 技术装备水平不断提高

陆上风电装备技术方面几乎引领了低风速、复杂地形风电机组的所有技术路线，大容量风电机组加速迭代升级。根据（CWEA）发布的数据，2011 年我国风电新增装机的机组平均功率为 1.55MW，2021 年我国风电新增装机的机组平均功率为 3.51MW，增长超 120%。其中，新增陆上风电机组平均单机容量由 1.5MW 提升至 3.1MW，海上风电机组平均单机容量由 2.7MW 提升至 5.6MW。2011 年至 2021 年我国新增陆上和海上风电机组平均单机容量如图 1-13 所示。

2021 年，新增陆上风电机组中，3.0～3.9MW 装机容量占比最多，占陆上新增装机容量的 54.1%，同比增长约 24.3%；4.0～4.9MW 装机容量占比为 15.7%，同比增长约 12.7%；5.0MW 及以上占比达到 3.3%，同比增长约 3.2%。新增海上风电机组中，6.0～6.9MW 风电机组新增装机容量占比最高，为 45.9%，同比增长约 29.8%，6.0MW 以下海上风电机组新增占比约 42%，同比下降了约 37%。

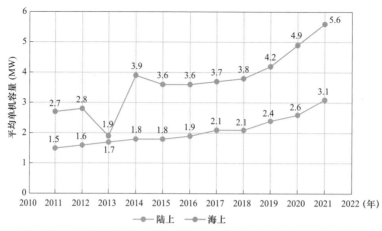

图 1-13 2011～2021 中国新增陆上和海上风电机组平均单机容量

从风电项目招标对机组容量的要求方面看，2021 年上半年，招标文件明确要求机组在 4MW 及以上的项目偶尔出现。2021 年下半年，已出现项目要求单机容量不小于 5MW、6MW 及以上。2022 年，"三北"地区（我国的东北、华北北部和西北地区）招标要求风电机组单机容量基本稳定在 5～7MW；2022 年 12 月，在吉林通榆，三一重能股份有限公司 7.XMW 平台首台风电机组成功完成吊装，所在总容量 100MW 的风电场全部采用 7.XMW 风电机组，成为全球首个单机 7.XMW 风电机组批量商业化陆上风电场；2022 年 12 月 29 日，明阳智慧能源集团股份公司发布了全新一代陆上大兆瓦风电机组 MySE8.5－216 机型，单机容量 8.5MW，叶轮直径 216m；同日，中车株洲电机有限公司面向"沙戈荒"大基地推出的最新机型——8MW＋风电机组在河北张家口市成功吊装；2023 年 1 月，浙江运达风电股份有限公司表示，WD215－9100、WD215－10000 机组将于 2023 年 6 月在山东滨州进行交付、吊装，风电场目前已开始前期建设工作；2023 年 2 月 9 日，远景能源有限公司发布 10MW 风电机组 EN－220/10MW，该风电机组单机容量和叶轮直径均是目前全球最大，专为新疆及"三北"中高风速区域和沙漠、戈壁、荒漠场景设计，预计当年 8 月开始交付。

海上风电方面，2022 年 11 月 23 日，由三峡集团与金风科技联合研制的 16MW 海上风电机组下线，该机组叶轮直径 252m，叶轮扫风面积约 5 万 m²，轮毂高度 146m，在满发风速下，单机每转动一圈可发电 34.2kWh，这是目前全球范围内单机容量最大、叶轮直径最大、单位兆瓦重量最轻的风电机组，标志着我国海上风电大容量机组在高端装备制造能力上实现重要突破。

4. 光伏技术快速迭代

原材料方面，量产单晶硅、多晶硅电池平均转换效率分别达到 23.1% 和 20.8%，屡次打破世界纪录。硅片尺寸持续增加，2012 年以前，硅片尺寸主要有边距 100mm 和 125mm 两种，组件功率维持在 300W 以下，之后硅片尺寸经历了数次增大，2019 年隆基绿能科技股份有限公司等头部企业推出 166mm 和 210mm 的大尺寸硅片，组件容量上升到 500W＋。采用大电池的组件降低了制造成本、转换效率提升 0.5%～0.8%。单机容量方面，大容量逆变升压一体机与大容量组串逆变器并举，已并网发电的集中式光伏逆变器容量达到 4.15MW，即将投入市场的直挂式光伏逆变器容量将超过 6.0MW，组串式光伏逆变器常见容量达 196kW、225kW，部分品牌逆变器容量超过 300kW。相比早期集中式 500kW、组串式 50kW 机型，光伏逆变器功率密度已有了近十倍增加，可有效降低系统投资成本 1%～2%。

5. 产业优势持续增强

全球新能源发电产业重心进一步向我国转移，我国生产的光伏组件、风力发电机、齿轮箱等关键零部件占全球市场份额的 70%，光伏产业占据全球主导地位，多晶硅、硅片、电池片和组件分别占全球产量的 76%、96%、83% 和 76%，2021 年全球光伏逆变器市场中我国内企业出货量名列前茅，前四席位均为国产逆变器企业，分别是华为数字能源技术有限公司、阳光电源股份有限公司、锦浪科技股份有限公司和深圳古瑞瓦特新能源有限公司，总市场份额达 57.7%。

6. 平价、低价上网

我国新能源发电政策一直强力影响着产业发展，图 1-14 展示了我国主要新能源发电政策的发展过程。

（1）**标杆电价之前时期**。1998 年之前，风电发展的初期，上网电价很低，其水平基本上参照当地燃煤电厂上网电价，每千瓦时电上网价格不足 0.3 元。1998～2003 年，上网电价由各地价格主管部门批准，报中央政府备案。这一阶段的风电价格高低不一，2003 年国家发展改革委组织了第一期全国风电特许权项目招标，将竞争机制引入风电场开发，以市场化方式确定风电上网电价。2003～2005 年，是风电电价的"双轨制"阶段，在省（区）项目审批范围内的项目仍采用的是审批电价的方式，出现招标电价和审批电价并存的局面。2006 年，国家发展改革委会同国家电监会制定《可再生能源发电价格和费用分摊管理试行办法》（发改价格〔2006〕7 号），提出了"风力发电项目的上网电价实行政府指导价，电价标准由国务院电价主管部门按照招标形成的电价确定"。部分省（区、市）如内蒙古、吉林、甘肃、福建等，组织了若干省级风电特许权项目的招标，并以中标电价为参考，确定省内其他风电场项目的核准电价。在 2002 年之前，我国的光伏项目是由政府主导的示范项目，主要依赖国际援助和国内扶贫项目的支持；2002～2006 年，先后实施了"西藏尤电县建设""中国光明工程""西藏阿里光电计划""送电到乡工程""无电地区电力建设"等国家计划，采用的均是初始投资补贴方式；2007～2009 年，国家发展改革委分两次核准了 4 个光伏电站项目，其中上海 2 个、内蒙古和宁夏各 1 个，批复的上网电价均为 4 元/kWh，是我国第一次光伏核准电价；2009～2010 年，国家能源局实施了两批特许权招标项目，共 18 个项目，上网电价 0.7～1.2 元/kWh 不等；2009 年 7 月～2013 年，多部委联合发布《关于实施金太阳示范工程的通知》（财建〔2009〕397 号），旨在促进光伏发电产业规模化发展，每省示范工程不超过 20MW，并网光伏发电项目原则上按光伏发电系统及其配套输配电工程总投资的 50% 给予补助，偏远地区的独立光伏发电系统按总投资的 70% 给予补助。

（2）**标杆电价时期**。2009 年 7 月、2011 年 7 月，国家发展改革委先后发布《关于完善风力发电上网电价政策的通知》（发改价格〔2019〕882 号）、《关于完善太阳能发电上网电价政策的通知》（发改价格〔2011〕1594 号），开始了持续到 2019 年末的标杆电价政策，风电、光伏逐年补贴电价如表 1-1 所示。我国新能源发电装机进入爆发式发展阶段，

"三北"地区出现了新能源发电消纳难、弃电率高的问题，国家陆续发布文件要求确定各省最低保障年利用小时数，建立年度风电投资监测预警机制，并明确了新能源发电弃电率不大于5%的消纳目标。

（3）平价低价时期。2019年，两部委发布《关于积极推进风电、光伏发电无补贴平价上网有关工作的通知》（发改能源〔2019〕19号），标志着新能源发电平价时代的到来。2020年，财政部、国家发展改革委、国家能源局联合发布《关于促进非水可再生能源发电健康发展的若干意见》（财建〔2020〕4号），确定了存量补贴电站全生命周期补贴小时及结算方法，标志着新能源发电补贴上网时代的结束。

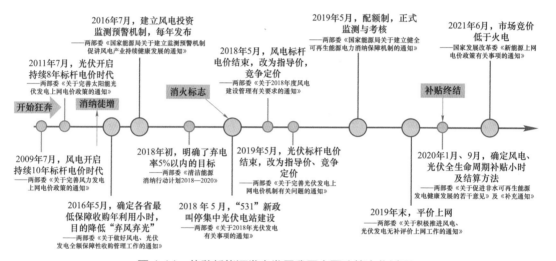

图 1-14　伴随新能源发电发展我国主要政策变化过程

表 1-1　　　　　我国新能源发电逐年补贴电价（分三类资源区*）

年份	风电（元/kWh）			光伏（元/kWh）		
	一类	二类	三类	一类	二类	三类
2009	0.51	0.54	0.58	—	—	—
2010	0.51	0.54	0.58	—	—	—
2011	0.51	0.54	0.58	1.15	1.15	1.15
2012	0.51	0.54	0.58	1	1	1
2013	0.51	0.54	0.58	1	1	1
2014	0.51	0.54	0.58	0.9	0.95	1
2015	0.49	0.52	0.56	0.9	0.95	1
2016	0.49	0.52	0.56	0.8	0.88	0.98
2017	0.49	0.52	0.60	0.65	0.75	0.85
2018	0.40	0.45	0.49	0.55	0.65	0.75
2019	指导价，竞争定价					
2020	平价上网					

* 风电一类、二类、三类、四类资源区项目全生命周期合理利用小时数分别为48000h、44000h、40000h 和36000h。海上风电全生命周期合理利用小时数为52000h。光伏发电一类、二类、三类资源区项目全生命周期合理利用小时数为32000h、26000h 和22000h。国家确定的光伏领跑者基地项目和2019、2020年竞价项目全生命周期合理利用小时数在所在资源区小时数基础上增加10%。

虽然我国可再生能源发电增长较快，但在能源消费增量中的比例还低于国际平均水平；可再生能源规模化发展和高效消纳利用的矛盾仍然突出，新型电力系统亟待加快构建；制造成本下降较快，但非技术成本仍相对较高；可再生能源非电利用发展相对滞后；保障可再生能源高质量发展的体制机制有待进一步完善。

二、我国新能源发电展望

（一）新能源发电发展规划

2020 年 9 月 22 日，国家主席习近平在第七十五届联合国大会一般性辩论上表示，应对气候变化各国必须迈出决定性步伐，中国将提高国家自主贡献力度，采取更加有力的措施和政策，二氧化碳排放力争于 2030 年前达到峰值，努力争取 2060 年前实现碳中和。这是我国首次明确提出"碳达峰、碳中和"目标，也是我国经济低碳转型的长期政策信号，引起国际社会广泛关注和高度评价。

2021 年 6 月 1 日，《"十四五"可再生能源发展规划》发布，提出 2025 年可再生能源消费总量将达到 10 亿吨标准煤左右，"十四五"期间，可再生能源发电量增量在全社会用电量增量中的占比超过 50%，风电和太阳能发电量实现翻倍，到 2030 年，风电和光伏发电总装机容量将达 12 亿 kW。

2021 年 9 月 21 日，国家主席习近平在第七十六届联合国大会一般性辩论上再次强调，"中国将力争 2030 年前实现碳达峰、2060 年前实现碳中和，这需要付出艰苦努力，但我们会全力以赴"，充分表达了我国实现这一战略目标的决心。

2021 年 10 月 24 日，中共中央国务院印发《关于完整准确全面贯彻新发展理念做好碳达峰、碳中和工作的意见》和《2030 年前碳达峰行动方案》，提出开展能源绿色低碳转型行动、构建新能源发电占比逐渐提高的新型电力系统，从而明确了**新能源发电在实现碳达峰、碳中和目标过程中的重要地位**，指出到 2025 年，非化石能源消费比例达到 20% 左右，为实现碳达峰、碳中和奠定坚实基础；到 2030 年，非化石能源消费比例达到 25% 左右，风电、太阳能发电总装机容量达到 12 亿 kW 以上；到 2060 年，非化石能源消费比例达到 80% 以上，碳中和目标顺利实现。

2023 年 1 月 6 日，国家能源局发布《新型电力系统发展蓝皮书（征求意见稿）》，进一步明确了按照党中央提出的新时代"两步走"战略安排要求，锚定 2030 年前实现碳达峰、2060 年前实现碳中和的战略目标，以 2030 年、2045 年、2060 年为新型电力系统构建战略目标的重要时间节点，制定新型电力系统"三步走"发展路径，即加速转型期（当前至 2030 年）、总体形成期（2030～2045 年）、巩固完善期（2045～2060 年）。

随着时间的推移，相关政策在不断优化调整，但积极发展新能源发电，助力碳达峰、碳中和目标的方向从未变化，对新能源发电等相关行业未来发展的规划也越来越清晰。为了实现碳达峰、碳中和目标，新能源发电还需大力发展，在新能源发电安全可靠的替代基础上，提高电能在终端能源消费中的比例，构建以电为核心的清洁能源体系，在全国范围内逐步实现高比例甚至超高比例的新能源发电并网。

（二）新能源发电发展态势

1. 中期（2020～2030 年）

新能源开发。新能源集中式开发与分布式开发并举，截至 2021 年 10 月，第一批以沙漠、戈壁、荒漠地区为重点的大型风电、光伏基地建设项目已陆续开工，涉及河北、内蒙古、青海、甘肃等 19 个省份，规模总计 9705 万 kW。第二批大型风光电基地项目清单也已印发，2030 年规划建设的风光基地装机容量约为 4.55 亿 kW（含外送容量 3.15 亿 kW）。为促进新能源就近就地开发利用，分布式电源和各类新型负荷也将继续快速发展，配电网有源化特征日益显著。根据全球能源互联网发展合作组织发布的《中国 2030 年能源电力发展规划研究及 2060 年展望》，到 2030 年，分布式光伏装机将达到约 3 亿 kW。

新能源装机。新能源逐步成为发电量增量主体，2020 年，非化石能源在我国一次能源消费中的占比约为 15.9%，如果到 2030 年达到 25%，则未来十年非化石能源的占比平均每年将提升 1%。按照 2030 年我国能源消费 60 亿吨标准煤测算，非化石能源的占比每年提升 1% 相当于每年新增 6000 万吨标准煤产生的电能，按照 3000kWh/吨标准煤计算，每年约新增新能源装机 1 亿 kW。据预测，到 2030 年，我国总发电装机将达到约为 28.74 亿 kW，其中风电装机占 17%、光伏发电装机占 20%，约为 2020 年底风光装机的 2 倍。

新能源并网性能要求。随着新能源发电并网设备增加，电力电子设备在电力系统中占比逐渐提高，系统转动惯量及强度随之不断下降，导致系统调节能力减弱，进而连锁故障风险增高，导致电力系统的安全稳定问题更为突出，进而对新能源、储能等新型并网设备的调节与支撑能力提出更高要求。

2. 远期（2030～2060 年）

新能源发电开发。从中远期角度来看，新能源发电将继续呈现多元化趋势，我国"三北"地区风能资源、土地条件优势明显，风电仍将以"三北"地区的集中式陆上风电基地开发为主，东南沿海海上风电基地和中东部分散式风电建设为辅，同时海上风电逐步向远海拓展；光伏重点开发西北部大型太阳能发电基地，在中东部地区因地制宜发展分布式光伏，光伏电站与分布式发电协同发展。整体来看，新能源发电主要分布在"三北"地区，负荷中心分布在中东部地区，为实现空间上的供需匹配，需要更大的跨区域输电容量来传输新能源电力电量。

新能源发电装机。新能源发电逐步成为主体电源，据预测，到 2060 年，风电装机容量将达到 20 亿 kW（含海上风电的 5×10^8 kW），光伏装机容量将达到 26 亿 kW，风电和光伏新能源发电装机和发电量占比将均超过 60%，在全国范围内形成高比例新能源电力系统。

新能源发电并网性能要求。对新能源发电并网设备的电力支撑能力的需求将进一步提高，随着新能源发电逐渐成为发电结构的主体电源和基础保障型电源，新能源发电将代替同步机组作为主要角色承担维持电力系统构建和稳定的作用，虚拟同步机技术、长时间尺度新能源发电资源评估和功率预测技术、智慧集控技术等需要实现创新突破，从而实现电力支撑、电力安全保障、系统调节等重要功能。

（三）新型电力系统建设面临的挑战

新型电力系统的演进伴随着以下几方面的巨大变化：电力系统构成由以同步机、电动机等电磁元件为主转变为以海量电力电子元件为主；电网形态由大电网为主转变为大电网与分布式、微电网等多种形态并存；电源由连续可控电源转变为弱可控和强不确定性电源。新型电力系统建设将面临**系统电力电量平衡**和**系统安全稳定运行**两方面的挑战。

1. 系统电力电量平衡

系统平衡机理显著转变。现阶段我国电力系统电力电量平衡以确定性思路为主，以火电作为主导，依托源随荷动的平衡模式来保证电力供需平衡。随着新能源发电占比的不断增高，电力系统的供应侧和需求侧将同时存在强不确定性，新能源、负荷都需承担起电力电量平衡的责任。据预测，随着新能源发电装机容量的增加，2030 年全国新能源出力日内最大波动将达 4 亿 kW，2060 年全国新能源出力日内最大波动将超过 10 亿 kW，电力系统电力电量平衡将面临极大挑战。

灵活平衡体系亟需构建。极高比例的新能源接入使得新型电力系统电力电量平衡将在不同的尺度凸显不同的矛盾，主要体现在以下三方面：① 电力系统呈现出弃电与缺电风险并存的特点，新能源发电尤其是风电尖峰出力功率大、电量小，保证尖峰出力消纳需要调动巨大的灵活性资源，未来高比例新能源场景中，灵活性不足将导致局部地区消纳困难；新能源保障出力水平较低，部分时段可能出现光伏发电出力为零、风电出力受天气影响明显下降的情况，使得新能源发电出力偏低，叠加负荷高峰会导致系统紧平衡甚至出现电力缺额。② 新能源电站单体容量小，数量多，精准调控复杂。目前，西北地区新能源场站超过 1500 个，国家电网公司辖区内大型新能源场站超过 4000 个，低压接入的分布式发电系统超过 170 万个。未来新能源发电单元将达数千万，气象环境、运行控制等信号数量达数十亿，系统调度运行极其复杂，控制措施配置和实施难度大。③ 我国电力调度经历了"三公"调度、经济调度、节能调度等方式的演变，面向"双碳"目标，新型电力系统需要引入低碳目标，考虑经济－安全－绿色的综合效益，计及源网荷储各环节的低碳要素，构建新型、科学、高效的低碳电力调度方式。

2. 系统安全稳定运行

系统安全稳定理论需完善。随着新能源发电占比的不断提高，新能源发电通过电力电子设备并网，电网呈现交直流混联态势，涌现多样化的电力电子接口新型负荷与储能设备，新型电力系统的源网荷储全环节都将呈现高度电力电子化的趋势。电力电子装置具有低惯性、弱抗扰性和多时间尺度响应特性，导致电力系统的暂态特性与电压稳定难以用现有的经典理论解释与分析，电力系统呈现多失稳模式耦合的复杂特性，出现了宽频振荡等新形态稳定问题。此外，电力电子装置具有海量、碎片化、分布式的并网特点，同时具有快速响应能力，控制策略多样化等特性，迫切需要构建适应高比例电力电子化形态的电力系统稳定分析新理论与协同控制新技术。

安全稳定问题不断加剧。① 频率问题。新能源发电无惯量或弱惯量，随着常规同步机组比例降低，系统转动惯量降低，调频能力下降，导致频率波动幅度增大、稳态频率偏差增大、越限风险增加。新能源参与一次调频可降低稳态频率偏差和暂态最大频率偏差，但由于一次能源输入的可控性差，可能导致频率二次跌落的次生事故，由于系统惯量、频率变化特性未能改善，频率越限风险仍存在。② 电压问题。新能源接入导致系统短路容量下降，暂态无功变化量增加，使暂态电压问题突出，可能超过设备耐受水平，造成新能源发电大规模脱网以及连锁故障。③ 宽频带振荡问题。"双高"（高比例可再生能源、高比例电力电子装备）电力系统多种功率调节设备的共同作用下，已出现宽频带振荡问题，振荡频率范围可能覆盖几赫兹到数千赫兹，随着新能源发电渗透率增加，宽频带振荡问题将愈发严重，严重危害设备安全和电网运行安全。

系统仿真分析能力亟待完善。机电暂态仿真技术较好地满足了传统交流电网运行分析的需求，有效支撑了我国电网的快速发展。随着特高压直流工程密集投运和风电、光伏等新能源发电大规模并网，机电仿真已无法准确反映系统的运行特性，难以准确模拟运行过程中出现的次/超同步振荡等非工频问题，电压等问题也难以准确仿真，亟需开展电磁暂态分析，提升仿真技术。与传统仿真技术相比，大电网电磁暂态仿真分析难度极大，复杂程度呈指数倍增加，必须探索新的技术手段予以解决。

在新能源发电规模化开发和利用方面，我国已经走在了世界前列。但是实现"碳达峰、碳中和"的目标并非易事，随着新能源发电、直流电网、电动汽车等的加速发展，电力系统接入越来越多的新设备，电力系统形态也将随之发生根本性变革，电力保障供应难度逐年加大、运行风险日益升高、协同控制日趋复杂，"打补丁"式的升级更新将难以适应新型电力系统的发展，推动新型电力系统技术创新，加快攻克"卡脖子""无人区"技术是我们面临的紧迫课题。

第二节　新能源发电技术现状

本节分别介绍光伏发电技术、风力发电技术以及新能源电站运行技术现状，重点讲述目前常规新能源发电控制技术，旨在与后续虚拟同步发电机技术做对比。

一、光伏发电技术

（一）光伏发电原理

1. 光伏阵列数学模型

光伏发电系统是利用光伏电池组件、电力电子逆变器和其他辅助设备将太阳能转换为电能的系统。光伏电池利用半导体的光生伏特效应将光能直接转变为电能，太阳光照射到光伏电池表面时，吸收的太阳光子使得半导体中原子的价电子受到激发，产生电子—空穴对，在内电场的影响下，电子流入 N 区，空穴流入 P 区，在 PN 结两侧产生正、负电荷的积累，在电池层形成光生电势，如图 1-15 所示。

（1）基于物理过程的光伏发电单元模型

光伏电池是光伏发电系统中最基本的单元，简化的模型可以等效为二极管和电流源并联，其等效电路如图 1-16 所示。

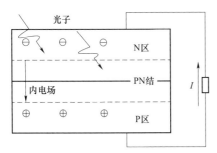
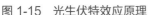

图 1-15　光生伏特效应原理

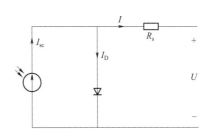

图 1-16　光伏电池等效电路图（忽略等效并联电阻）

并联电阻 R_{sh} 为漏电阻，R_s 为串联电阻。由基尔霍夫电流定律得到光伏电池输出电流为：

$$I = I_{SC} - I_D - I_{sh} = I_{SC} - I_o\left[\exp\left(\frac{U + IR_s}{nU_T}\right) - 1\right] - \frac{U + IR_s}{R_{sh}} \tag{1-1}$$

式中：U、I 为光伏电池输出端电压、电流，I_{SC} 为光伏电池短路电流，I_o 为二极管饱和电流，R_{sh} 为等效并联电阻，R_s 为等效串联电阻，n 为结常数，U_T 为光伏电池热电势。

由于等效串联电阻 R_{sh} 一般较大，因此在绝大部分情况下会忽略 R_{sh} 的影响。式（1-1）简化为：

$$I = I_{SC} - I_D = I_{SC} - I_o\left[\exp\left(\frac{U + IR_s}{nU_T}\right) - 1\right] \tag{1-2}$$

对于单个光伏电池，其热电势为：

$$U_T = \frac{kT}{q} \tag{1-3}$$

式中：k 为玻尔兹曼常数，数值为 1.38×10^{-23}，q 表示电子电荷常数，1.602×10^{-19}。

对于由 m 个光伏电池封装组成的光伏电池组件的热电势为：

$$U_T = \frac{mkT}{q} \tag{1-4}$$

式（1-2）中，光伏电池短路电流 I_{SC} 取决于光照强度 S 和温度 T，二极管饱和电流 I_o 仅与温度 T 有关，它们之间的关系如下：

$$I_{SC} = I_{SC.ref}\left[\frac{S}{1000} + \frac{J}{100}(T - T_{ref})\right] \tag{1-5}$$

$$I_o = A_T T^\gamma \exp\left[\frac{-E_g m}{nkT}\right] \tag{1-6}$$

式中：E_g 为光伏电池的能带电势。

对于由 m 个光伏电池封装组成的光伏电池组件而言，其数学模型变成：

$$I = I_{SC} - I_D = I_{SC} - I_o\left[\exp\left(\frac{U + IR_{sm}}{nU_T}\right) - 1\right] \tag{1-7}$$

再将式（1-5）、式（1-6）代入式（1-7）后可以发现，光伏电池组件的数学模型中只有光伏阵列等效串联电阻 R_{sm} 和二极管饱和电流温度系数 A_T 未知，但是这两个参数是固定常数，可以由光伏电池组件的标准工作状态的输出端电压和电流计算得到。

在标准工作状态（$S_{ref} = 1000W/m^2$，$T_{ref} = 298K$）下，由式（1-6）可求出此时的二极管饱和电流 I_{oref} 为：

$$I_{o.ref} = A_T \cdot 298^\gamma \exp\left[\frac{-E_{g.ref} m}{nkT_{ref}}\right] \tag{1-8}$$

当光伏电池处于开路状态（标准态）时且光伏电池组件工作于（0，$U_{oc,ref}$）点时，式（1-7）可以写成：

$$0 = I_{SC.ref} - I_{o.ref}\left[\exp\left(\frac{U_{OC.ref}}{nU_{T.ref}}\right) - 1\right] \tag{1-9}$$

因此，可得：

$$I_{o.ref} = I_{SC.ref}\left[\exp\left(\frac{U_{OC.ref}}{nU_{T.ref}}\right) - 1\right] \tag{1-10}$$

联立式（1-8）和式（1-10），可以求得 A_T 为：

$$A_T = I_{o.ref} / T_{ref}^\gamma \cdot \exp\left[\frac{-E_{g.ref} m}{nU_{T.ref}}\right] \tag{1-11}$$

当光伏电池工作于最大功率点（标准态）时，即光伏电池组件工作于（$I_{mp.ref}$，$U_{mp.ref}$）点时，式（1-7）可以写成：

$$I_{mp.ref} = I_{SC.ref} - I_{o.ref}\left[\exp\left(\frac{U_{mp.ref} + I_{mp.ref} R_{sm}}{nU_{T.ref}}\right) - 1\right] \tag{1-12}$$

由式（1-12）可以求得 R_{sm} 为：

$$R_{sm} = \frac{nU_{T.ref} \cdot \ln[(I_{SC.ref} - I_{mp.ref}) / I_{o.ref} + 1] - U_{mp.ref}}{I_{mp.ref}} \tag{1-13}$$

求出 R_{sm} 和 A_T 后，根据式（1-7）就可以求出在任何光照强度和温度条件下光伏电池组件的输出电压和输出电流的关系。光伏电池开路时，输出电压为：

$$U_{OC} = (n \cdot U_T)\ln(I_{SC} / I_o + 1) \tag{1-14}$$

对于由 N_s 个光伏电池串联 N_p 个光伏电池组件并联光伏阵列而言，根据之前的分析，可以得到如下的关系式：

$$U_{OC.A} = N_S \cdot U_{OC} \tag{1-15}$$

$$I_{SC.A} = N_P \cdot I_{SC} \tag{1-16}$$

$$R_{sa} = N_S \cdot R_{sm} / N_P \tag{1-17}$$

$$I_A = N_P I_{SC} - N_P I_O \left[\exp\left(\frac{U_A + I_A R_{sa}}{n U_T N_S} \right) - 1 \right] \tag{1-18}$$

式（1-1）～式（1-18）中涉及的光伏阵列术语见表1-2。

表1-2 光伏阵列术语表

参数名称	符号	参数名称	符号
光伏电池开路电压（V）、短路电流（A）	U_{OC}、I_{SC}	光伏电池短路电流参考值（标准态）（A）	$I_{SC,ref}$
二极管电流（A）	I_D	光伏电池开路电压参考值（标准态）（V）	$U_{oc,ref}$
二极管饱和电流（A）	I_O	光伏电池最大功率（标准态）（W）	$P_{max,ref}$
光伏电池输出电压（V）、电流（A）	U、I	光伏电池最大功率时电压（标准态）（V）	$U_{mp,ref}$
光伏电池结温（K）	T	光伏电池最大功率时电流（标准态）（A）	$I_{mp,ref}$
光照强度（W/m²）	S	光伏阵列输出电压（V）、开路电压（V）	U_A, $U_{OC,A}$
光伏电池短路电流温度系数（%/℃）	J	光伏阵列输出电流（A）、短路电流（A）	I_A, $I_{SC,A}$
二极管饱和电流温度系数	A_T	光伏阵列等效串联电阻（Ω）	R_{sa}
光伏电池等效串联电阻（Ω）	R_s	串联光伏电池组件数	N_s
温度影响系数	$\gamma = 3$	并联光伏电池组件数	N_p
光伏电池热电势（V）	U_T	光伏电池组件含光伏电池数	m
光伏电池能带（eV）	E_g	光伏电池组件等效串联电阻（Ω）	R_{sm}
结常数	n	标准光照强度	$S_{ref} = 1000W/m^2$
玻尔兹曼常数	$k = 1.38 \times 10^{-23} J/K$	标准电池温度	$T_{ref} = 298K$
库仑常数	$q = 1.6 \times 10^{-19} C$		

目前的并网型光伏逆变器的拓扑有两级式和单级式光伏并网逆变器拓扑两种。为了分析 MPPT（Maximum Power Point Tracking，最大功率点跟踪）控制的实质，将光伏发电系统简化，如图1-17所示。

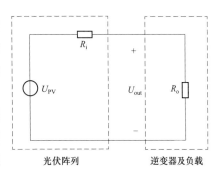

简化过程中，忽略了电容电感等储能元件、二极管、IGBT 等电力电子器件。虽然光伏发电系统是非线性系统，但是在短时间内可以将其简化为以上只含纯电阻和理想电源的等值电路。

图 1-17 光伏发电系统简化图

对于单级式光伏发电系统，等效输出电阻 $R_{load} = R_o$。对于两级式光伏发电系统，由于在逆变器和光伏阵列之间存在升压斩波电路，相应的输出电阻需做出修正，使 $R_{load} = (1-D)R_o$（其中，D 为升压斩波电路开关器件的占空比，R_{load} 为实际输出电阻）。

由电路原理可知：

$$P_{o} = i^2 R_{o} = \left(\frac{U_{out}}{R_{i} + R_{o}}\right)^2 R_{o} \tag{1-19}$$

$$\frac{dP_{o}}{dR_{o}} = \frac{U_{out}^2 (R_{i} - R_{o})}{(R_{i} + R_{o})^3} \tag{1-20}$$

即：当光伏阵列的输出阻抗和负载阻抗相等时，光伏阵列的输出功率最大。可见，光伏发电系统的 MPPT 过程实际上就是使光伏阵列的输出阻抗和负载阻抗匹配的过程。

（2）现有标准中光伏组串模型对比

这里给出三个常用光伏标准中的光伏组串数学模型，如表 1-3 所示。

表 1-3　　　　　　　　　　　标准中的光伏组串模型

标准	数学模型
GB/T 32826—2016《光伏发电系统建模导则》	光伏方阵工程应用模型模拟不同辐照度和温度下光伏方阵的光电转换特性，输入量包括太阳辐照度 S、工作温度 T、光伏方阵直流工作电压 U_{dc}；输出量为光伏仿真输出电流 I_{array}。 在给定太阳辐照度 S 和工作温度 T 下，光伏方阵 $I\text{-}U$ 特性如下式表示： $$I_{m} = I_{m\_sta} \cdot \frac{S}{S_{ref}} \cdot [1 + a(T - T_{ref})]$$ $$U_{m} = U_{m\_sta}[1 - c(T - T_{ref})] \cdot \ln[e + b(S - S_{ref})]$$ $$I_{SC} = I_{SC\_sta} \cdot \frac{S}{S_{ref}} \cdot [1 + a(T - T_{ref})]$$ $$U_{OC} = U_{OC\_sta}[1 - c(T - T_{ref})] \cdot \ln[e + b(S - S_{ref})]$$ $$P_{m} = U_{m} I_{m}$$ $$I_{array} = I_{SC}[1 - \alpha(e^{\beta U_{dc}} - 1)]$$ 其中： $$\alpha = \left(\frac{I_{SC\_sta} - I_{m\_sta}}{I_{SC\_sta}}\right)^{\frac{U_{OC\_sta}}{U_{OC\_sta} - U_{m\_sta}}}$$ $$\beta = \frac{1}{U_{OC}} \ln\left(\frac{1 + \alpha}{\alpha}\right)$$ 式中　a ——计算常数，由硅材料构成的光伏方阵典型值为 0.0025/℃； 　　　b ——计算常数，由硅材料构成的光伏方阵典型值为 0.0005/℃； 　　　c ——计算常数，由硅材料构成的光伏方阵典型值为 0.00288/℃； 　　I_{array} ——光伏方阵输出电流，A； 　　　I_{m} ——光伏方阵最大功率点电流，A； 　　I_{m_sta} ——光伏方阵标准测试条件最大功率点电流，A； 　　I_{SC} ——光伏方阵短路电流，A； 　I_{SC_sta} ——光伏方阵标准测试条件短路电流，A； 　　　P_{m} ——光伏方阵最大功率点功率，W； 　　　S ——太阳辐照度，W/m²； 　　S_{ref} ——标准测试条件下的太阳辐照度，S_{ref} = 1000 W/m²； 　　　T ——光伏方阵工作温度，℃； 　　T_{ref} ——标准测试条件下的工作温度，T_{ref} = 25℃； 　　U_{dc} ——光伏方阵直流工作电压，即逆变器直流侧电压，V； 　　U_{m} ——光伏方阵最大功率电压，V； 　U_{m_sta} ——光伏方阵标准工作条件下最大功率电压，V； 　　U_{OC} ——光伏方阵开路电压，V； 　U_{OC_sta} ——光伏方阵标准工作条件下开路电压，V

标准	数学模型
NB/T 32034—2016《光伏发电站现场组件检测规程》	① 采用测试仪寻找热斑明显的光伏组件。 ② 测量选取被测光伏组件所在的光伏阵列中心的背板表面温度 T_{SA}。 ③ 测量选取被测光伏组件所在的光伏阵列中任一非中心组件的背板表面温度 T_{SM}。 ④ 计算温度差 $\Delta T = T_{SA} - T_{SM}$。 ⑤ 测量光伏组件开路电压 U_{OC}，并计算组件电池节点温度 T_{JRO}：$$T_{JRO} = (U_{OC} - k U_{OC\_sta})/\nu\beta + 25℃$$ 式中　β——被测光伏组件的电压温度系数，V/℃； 　　　k——被测光伏组件所处辐照度与 1000 W/m² 的比例系数，如下表：

k 值	辐照度（W/m²）
1.000	1000
0.996	900
0.989	800
0.983	700

⑥ 测量被测光伏组件的背板表面中心温度 T_{SR} 和背板非中心温度 T_{SM}，测试应在 60s 内完成。

⑦ 计算光伏组件与光伏方阵连接点的修正温度：
$$T_O = T_{SM} + \Delta T + T_{JRO} - T_{SR}$$

⑧ 将被测光伏组件连接到测量装置进行测试并获取 $I-U$ 曲线参数，测试期间总辐照度变化不应超过 10%。

⑨ 分别计算 I_{SC_STC}，U_{OC_STC}，I_{MPP_STC}，U_{MPP_STC} 和 P_{MPP_STC}：

$$I_{SC\_STC} = I_{SC\_TEST} + I_{SC\_TEST}\left(\frac{1000}{G} - 1\right) + \alpha \cdot \frac{I_{SC\_TEST}}{100}$$

$$U_{OC\_STC} = U_{OC\_TEST} + \beta \cdot \frac{U_{OC\_TEST}(25 - T_O)}{100}$$

$$I_{MPP\_STC} = I_{MPP\_TEST} + I_{MPP\_TEST}\left(\frac{1000}{G} - 1\right) + \alpha \cdot \frac{I_{MPP\_TEST}}{100}$$

$$U_{MPP\_STC} = U_{MPP\_TEST} + \beta \cdot \frac{U_{MPP\_TEST}(25 - T_O)}{100}$$

$$P_{MPP\_STC} = U_{MPP\_STC} I_{MPP\_STC}$$

式中　G——太阳辐照度；
　　　α——被测光伏组件电流温度系数；
　　　β——被测光伏组件电压温度系数。

⑩ 被测光伏组件的填充因数为：
$$FF = \frac{P_{MPP\_STC}}{U_{OC\_STC} I_{SC\_STC}}$$

⑪ 被测光伏组件的组件效率为：
$$\eta_{out} = \frac{P_{MPP\_STC}}{1000 A_{out}}$$

式中　A_{out}——被测光伏组件标称总面积。

⑫ 被测光伏组件的实际效率为：
$$\eta_{in} = \frac{P_{MPP\_STC}}{1000 A_{in}}$$

式中　A_{in}——被测光伏组件标称电池片总面积。

标准	数学模型
CNCA/CTS 0016—2015 7.4《电流、电压和功率的修正计算公式》	① 组件（或组串）参数：实测电压 U_C、实测电流 I_C、实测功率 P_C、修正电压 U_X、修正电流 I_X、修正功率 P_X，测试温度 T_C、测试光强 Q_C、电流温度系数 α、电压温度系数 β、功率温度系数 δ。 ② 修正到标准工作状态的基准条件：辐照度基准为 1000W/m²，温度基准为 25℃。 ③ 不对光谱进行修正。 ④ 从对电压和电流的修正得到修正功率的计算公式： $$U_X = U_C/[1-\beta(25-T_C)]$$ $$I_X = I_C\times(1000/Q_C)/[1-\alpha(25-T_C)]$$ $$P_X = U_X I_X$$ ⑤ 从功率直接修正的计算公式： $$P_X = P_C\times(1000/Q_C)/[1-\delta(25-T_C)]$$

2. 光伏逆变器

光伏逆变器可分为组串式逆变器、集中式逆变器和集散式逆变器三种。

（1）组串式光伏逆变器

组串式逆变器的功率范围一般为 3～300kW，应用于分布式或集中式光伏电站。组串式逆变器由于功率等级较低，直流侧接入光伏组件数量较少，每个光伏组串通常由几块或十几块光伏电池板串联而成，由单个或少量并联的光伏组串经过各自独立的 DC/DC 进行直流升压，然后共用同一个逆变电路，结构如图 1-18 所示。

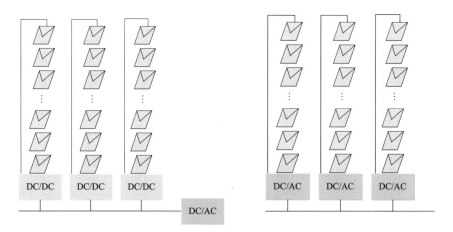

图 1-18　组串式逆变器组件接入方式

从图 1-18 可以看出，组串式逆变器通常采用两级式结构，拓扑如图 1-19 所示。由于光伏组件输出的直流电压通常低于网侧电压峰值，逆变器的前级需要通过 Boost 变换器或 Buck-Boost 变换器进行升压，输出给后级的网侧逆变器，然后通过基于电压定向或虚拟磁链定向的控制策略将直流电逆变为交流电，并入工频电网。

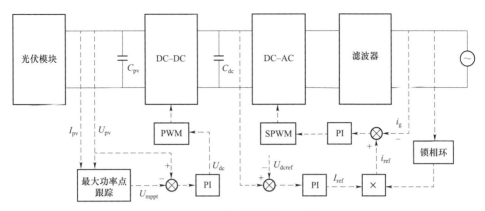

图 1-19　组串式逆变器拓扑

组串式逆变器的 MPPT 控制通常基于前级实现，后级网侧逆变器实现直流母线的稳压控制，即通过 DC/AC 环节控制升压电路的输出电压，通过升压电路的占空比调节 DC/DC 环节的输入电流，进而调节光伏组件的输出电压，实现最大功率点跟踪。

后级 DC/AC 逆变桥除了实现直流母线的稳压控制，还要完成逆变过程的网侧电流控制。典型的并网控制策略是通过对逆变器输出电流矢量的控制来实现并网及网侧有功和无功功率的控制，基本思路是：首先根据控制给定的有功、无功功率指令及电网电压矢量，计算出所需的输出电流矢量，再结合滤波电感上的电压矢量计算出逆变器桥臂输出的电压矢量，最后通过正弦脉宽调制（Sinusoidal Pulse Width Modulation，SPWM）或空间矢量脉宽调制（Space Vector Pulse Width Modulation，SVPWM）控制使并网逆变器桥臂按指令输出所需的电压矢量，以此进行逆变器并网电流的控制。

组串式逆变器各级的控制目标和结构相对独立，具有多路 MPPT 跟踪电路，可以减少光伏组串间失配导致的发电损失；组串直接连接到逆变器，省去了汇流箱和直流柜，减少了直流回路线损。但通过其电路结构可以看出，组串式逆变器电子元器件较多，导致效率和可靠性降低，两级式结构使电流经过 DC/DC 和 DC/AC 两次转换，系统效率难以提高。应用于大型光伏电站时，由于单机容量较小，往往需要几十甚至上百台逆变器并联运行，内部容易产生环流，会导致各逆变器的功率器件承受的电流应力不均衡，也会在一定程度上降低系统的有效容量，造成额外损耗。

（2）集中式光伏逆变器

集中式光伏逆变器的功率范围一般在 500kW 以上，主要应用于大型并网光伏电站。集中式逆变器直流侧接入的光伏组件数量较多，多个光伏组件串联构成光伏组串，再由多个光伏组串并联接入逆变器，从而得到较高的直流电压与功率，结构如图 1-20 所示。

集中式并网光伏逆变器系统由光伏电池、直流母线电容、逆变器桥及滤波电感等组成。逆变器常采用单级式结构，拓扑如图 1-21 所示。与组串式比相对简单，但其 MPPT、电压同步、正弦控制等目标均通过 DC/AC 环节来实现，控制相对复杂。

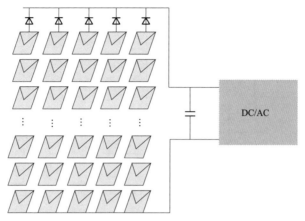

图 1-20　集中式逆变器组件接入方式

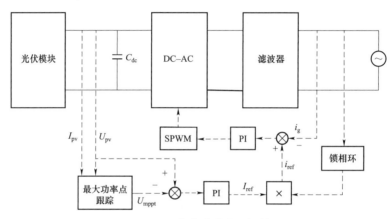

图 1-21　集中式逆变器拓扑

集中式逆变器的 MPPT 控制通过不断调整逆变器有功功率的输出，使光伏电池实际工作点能跟踪器最大功率点。若 MPPT 采用基于电压扰动的策略，则一般采用基于电流内环、直流电压中环以及 MPPT 功率外环的三环控制。其中，电流内环主要由电网电压和电流采样环节、电压同步环节、电流调节器、脉宽调制（Pulse Width Modulation，PWM）调制和驱动环节等组成，从而实现正弦控制；直流电压中环主要由直流母线电压采样、电压调节器等组成，可以调节直流母线电压；MPPT 功率外环的输出作为直流电压中环的电压指令，通过电压调节来跟踪最大功率点。

逆变器的并网控制策略以并网电流为控制对象，通常采用双闭环方案。外环采用直流电压外环，以控制直流母线电压的稳定，内环常采用电流内环或直接功率控制，其作用主要是跟踪外环输出的指令信号，实现电流的正弦控制或无功控制。电流内环控制以实际电流采样作为反馈量，动态性能高，但控制算法相对复杂，直接功率控制的有功和无功实现了解耦控制，使坐标变换得以简化，动态响应更快。

集中式光伏逆变器集成度较高，转换效率在 98% 以上，元器件数量少，因而可靠性较高。集中式逆变器的功率等级主要受逆变电路开关器件的容量影响，因此可以通过多个逆变单元并联运行的方式来提高单机容量。此外，集中式逆变器谐波畸变率通常能控制在3%以下，输出的电能质量较高，当电网电压波动时，能在一定程度上适应其带来的影响。但由于没有 DC/DC 环节，直流电压输入范围一般比组串式较窄，直流侧需要通过增加组件串联数量来产生相对较高的直流母线电压，并且用一路 MPPT 对整个阵列多组串进行控制，难以实现良好的最大功率点跟踪，容易导致系统发电量受损。

（3）集散式光伏逆变器

集散式光伏逆变器可以认为是集中式和组串式的折中方案，前级为 DC/DC 升压环节，一般与汇流箱集成布置，每个 DC/AC 对少量几组光伏组件单独进行最大功率点跟踪，以提升光伏能量的捕获。前级升压后汇集在一起，经过一个类似集中式的光伏逆变器并入交流电网，结构如图 1-22 所示。其有较多输入可以获得多路最大功率跟踪，并且统一进行逆变以降低变换成本，主要应用于大型光伏电站。

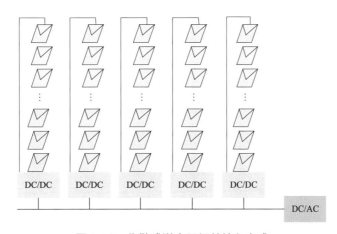

图 1-22　集散式逆变器组件接入方式

（二）光伏发电控制技术

1. 光伏逆变器控制原理

并网逆变器的控制策略是新能源发电并网系统并网控制的关键，并且无论何种新能源发电并网发电系统都不能缺少网侧的 DC－AC 变换单元。并网逆变器一般分为电压型并网逆变器和电流型并网逆变器两种。在新能源发电系统中，主要采用电压型并网逆变器，因此。本书主要讨论电压型并网逆变器及其控制策略。

三相电压源型并网逆变器主电路拓扑如图 1-23 所示。对电压型并网逆变器而言，典型的并网控制策略就是通过调节逆变器的三相交流输出电压（幅值、相位）来控制其三相并网电流（幅值、相位），进而实现对并网逆变器网侧有功和无功功率的控制。在电力电子技术中，电压源型逆变器由于只能输出有限的开关状态，在空间对应数个离散电压矢量，因此，通常将三相逆变器的输出电压、电流向量称为电压矢量和电流矢量。若忽略图 1-23 中并网逆变器的输出等效电阻 R，则三相电压源并网逆变器发电运行时典型状态的矢量关系如图 1-24 所示。

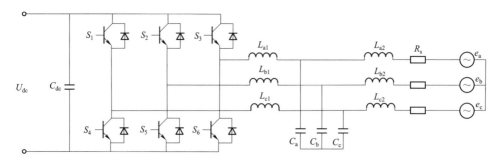

图 1-23 三相电压源型并网逆变器主电路拓扑

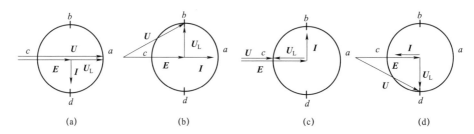

图 1-24 三相电压源型并网逆变器交流侧典型运行状态时的矢量关系

（a）纯感性运行；（b）单位功率因数发电运行；（c）纯容性运行；（d）单位功率因数整流运行

图 1-24 中 $\boldsymbol{E}$ 表示电网的电压矢量，$\boldsymbol{U}_{\mathrm{L}}$ 表示滤波电感上的电压矢量，$\boldsymbol{U}$ 表示逆变器桥臂输出即交流侧的电压矢量，$\boldsymbol{I}$ 表示输出的电流矢量。

由图 1-24 中的矢量图不难分析出相应的矢量关系，即

$$\boldsymbol{U} = \boldsymbol{U}_{\mathrm{L}} + \boldsymbol{E} \tag{1-21}$$

考虑并网逆变器的稳态运行，由于 $|\boldsymbol{I}|$ 不变，$|\boldsymbol{U}_{\mathrm{L}}| = \omega L |\boldsymbol{I}|$ 也不变，因此在并网逆变器交流侧电压矢量的端点形成一个以矢量 $\boldsymbol{E}$ 端点为圆心、以 $\boldsymbol{U}_{\mathrm{L}}$ 为半径的圆。显然，通过控制并网逆变器输出电压矢量的幅值和相位，即可控制电感电压矢量的幅值和相位，进而也就控制了输出电流矢量的幅值和相位（$\boldsymbol{U}_{\mathrm{L}} = \mathrm{j}\omega L \boldsymbol{I}$）。

实际上，可按图 1-24 所示的矢量关系来讨论并网逆变器的运行状态。

如图 1-24（a）所示，若按照发电机惯例（将电网等效为逆变器的负载，且电流从逆变器流向电网，此时电流方向与图中所示参考方向相同），当控制并网逆变器的输出电流并使其滞后电网电压 90°时，电网呈现出纯电感特性；但若按照电动机惯例（将逆变器等效为电网的负载，且电流从电网流向逆变器，此时电流方向与图中所示参考方向相反），则并网逆变器此时为纯电容运行状态。

如图 1-24（b）所示，若按照发电机惯例（将电网等效为逆变器的负载，且电流从逆变器流向电网，此时电流方向与图中所示参考方向相同），当控制并网逆变器的输出电流并使其与电网电压同相位时，电网呈现出纯电阻特性（吸收功率）；但若按照电动机惯例（将逆变器等效为电网的负载，且电流从电网流向逆变器，此时电流方向与图中所示参考方向相反），则并网逆变器此时呈现出负阻特性（吸收负功率—发电），表明此时并网逆变

器为单位功率因数发电运行状态。

如图 1-24（c）所示，若按照发电机惯例（将电网等效为逆变器的负载，且电流从逆变器流向电网，此时电流方向与图中所示参考方向相同），当控制并网逆变器的输出电流并使其超前电网电压 90° 时，电网呈现出纯电容特性；但若按照电动机惯例（将逆变器等效为电网的负载，且电流从电网流向逆变器，此时电流方向与图中所示参考方向相反），则并网逆变器此时为纯电感运行状态。

如图 1-24（d）所示。若按照发电机惯例（将电网等效为逆变器的负载，且电流从逆变器流向电网，此时电流方向与图中所示参考方向相同），当控制并网逆变器的输出电流并使其与电网电压相位差为 180° 时，电网呈现出负阻特性（吸收负功率—发电）；若按照发电动机惯例（将逆变器等效为电网的负载，且电流从电网流向逆变器，此时电流方向与图中所示参考方向相反），则并网逆变器此时呈现纯电阻特性，表明此时并网逆变器为单位功率因数整流运行状态。

实际上，当控制并网逆变器桥臂电压矢量 U 沿图 1-24 所示圆周运行时，即可实现并网逆变器的四象限运行。换言之，通过控制并网逆变器的输出电流矢量，即可实现并网逆变器的有功和无功功率控制。

总之，并网逆变器并网控制的基本原理可概括如下：首先根据并网控制给定的有功和无功功率指令以及检测到的电网电压矢量，计算出所需的输出电流矢量 I；再由式（1-21）和 $U_L = j\omega L I^*$，计算出并网逆变器交流侧输出的电压矢量指令 U^*，即 $U^* = E + j\omega L I^*$；最后，通过正弦脉宽调制（SPWM）或空间矢量脉宽调制（SVPWM），使并网逆变器交流测按照指令输出所需电压矢量，以此实现对并网逆变器网侧电流的控制。

上述并网控制方法，实际上是通过式（1-21）得出的并网逆变器交流测电压矢量来间接控制输出电流矢量，因而称为间接电流控制（Indirect Current Control，ICC）。这种间接电流控制方法虽然无需电流检测且控制简单，但也存在明显不足：① 对系统参数变化较为敏感；② 由于其基于系统的稳态模型进行控制，因而动态响应速度慢；③ 由于无电流反馈控制，因而并网逆变器输出电流的波形品质难以保证，甚至在动态过程中含有一定的直流分量。

为了克服间接电流控制方案的不足，实际应用中通常采用直接电流控制（Direct Current Control，DCC）方案。直接电流控制方案依据系统动态数学模型，构造了电流闭环控制系统，不仅提高了系统的动态响应速度和输出电流的波形品质，同时也降低了其对参数变化的敏感程度，提高了系统的鲁棒性。

在直接电流控制前提下，如果在如图 1-25 所示的同步旋转坐标系中，电网电压矢量 E 以同步旋转坐标系 d 轴进行定向，即 $e_d = |E|$、$e_q = 0$，则通过控制并网逆变器输出电流矢量 I 的幅值以及相对于电网电压矢量 E 的相位，即可控制并网逆变器的有功电流 i_d 和无功电流 i_q，以此实现对并网逆变器的功率控制。

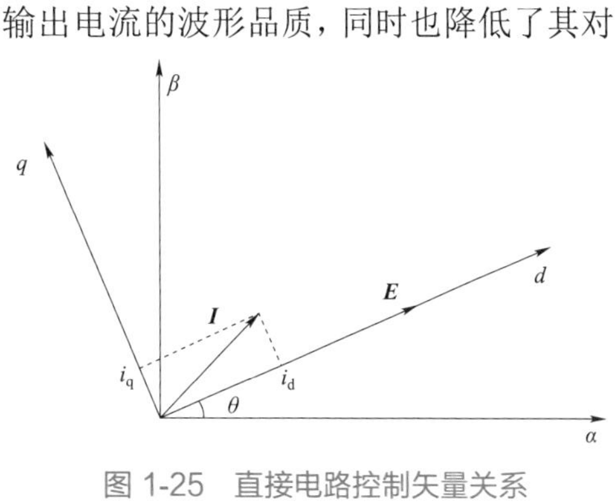

图 1-25 直接电路控制矢量关系

由于上述电流矢量控制是以电网电压矢量位置为定向参考的,因此称其为基于电压定向的直接电流控制(VO–DCC)。可见,VO–DCC 策略是在电压定向基础上,通过直接电流控制实现并网逆变器的输出有功和无功功率的控制。显然,VO–DCC 策略的控制性能依赖于电网电压矢量位置的准确获得,而电网电压矢量位置可以通过电网电压的锁相环控制运算来获得。

另外,在并网系统中,对逆变器并网电流的谐波有严格的限制要求,即要求并网电流的总谐波畸变率(Total Harmonics Distortion,THD)足够小,一般要求并网电流的 THD≤5%,因此并网逆变器的输出滤波器设计就极为关键。为有效降低并网逆变器输出滤波器体积和损耗,其滤波器通常采用 LCL 型滤波器设计。然而,这种 LCL 型滤波器幅频特性中存在谐振峰,降低了并网逆变器的控制稳定性,甚至还会导致并网逆变器的震荡。

根据上述基于 VO–DCC 策略的并网逆变器控制要求,下面将讨论同步坐标系下并网逆变器的数学模型,在此基础上讨论并网逆变器的电流内环和直流电压外环的控制设计,并介绍几种针对基于 LCL 型滤波器的并网逆变器的控制策略,最后还将概述锁相环技术基础。

(1)同步坐标系下并网逆变器的数学模型

讨论基于矢量定向的并网逆变器控制策略时,根据选择的参考坐标系不同,其控制(调节)器设计主要分为基于同步转坐标系(dq)以及基于静止坐标系(abc 或 $\alpha\beta$)两种结构的控制器设计。值得注意的是,同步旋转坐标系是与选定的定向矢量同步旋转的,如图 1-25 所示的坐标系(dq)与矢量 E 同步旋转。对于基于同步旋转坐标系的并网逆变器控制而言,利用坐标变换一方面可将静止坐标系中的交流量变换成同步坐标系下的直流量,这样采用比例积分(Proportional Integral,PI)调节器设计即可实现同步坐标系下直流量的无静差控制,另一方面通过前馈补偿还可以实现并网逆变器有功和无功的解耦控制。

可见,对于三相并网逆变器的控制而言,大都采用基于同步旋转坐标系的控制设计。为方便讨论并网逆变器的 VO–DCC 控制策略,以下首先介绍同步坐标系下并网逆变器的数学模型。

由分析可知,在三相静止 abc 坐标系下,并网逆变器的电压方程为:

$$U_{\mathrm{abc}} - E_{\mathrm{abc}} = I_{\mathrm{abc}}R + L\frac{\mathrm{d}I_{\mathrm{abc}}}{\mathrm{d}t} \tag{1-22}$$

式中:矢量 $U_{\mathrm{abc}} = (u_{\mathrm{a}}, u_{\mathrm{b}}, u_{\mathrm{c}})$,下标表示 abc 坐标系中各相的变量,其他矢量依次类推。

当只考虑三相平衡系统时,系统只有两个自由度,即三相系统可以简化成两相系统,因此可将三相静止 abc 坐标系下的数学模型变换成两相垂直静止 $\alpha\beta$ 坐标系下的数学模型,即

$$X_{\alpha\beta} = TX_{\mathrm{abc}} \tag{1-23}$$

式中，变换矩阵 $\boldsymbol{T} = \begin{pmatrix} 1 & 0 \\ \dfrac{1}{\sqrt{3}} & \dfrac{2}{\sqrt{3}} \end{pmatrix}$，矢量 $\boldsymbol{X}_{\alpha\beta} = (x_\alpha, x_\beta)^{\mathrm{T}}$。

显然，相应的逆变换可表示为 $\boldsymbol{X}_{\mathrm{abc}} = \boldsymbol{T}^{-1}\boldsymbol{X}_{\alpha\beta}$，并将其带入式（1-21）化简得到：

$$\boldsymbol{U}_{\alpha\beta} - \boldsymbol{E}_{\alpha\beta} = \boldsymbol{I}_{\alpha\beta}R + L\frac{\mathrm{d}\boldsymbol{I}_{\alpha\beta}}{\mathrm{d}t} \qquad (1-24)$$

再将两相静止 $\alpha\beta$ 坐标系下的数学模型变换成同步转坐标系下的数学模型，即：

$$\boldsymbol{X}_{\mathrm{dq}} = \boldsymbol{T}(\gamma)\boldsymbol{X}_{\alpha\beta} \qquad (1-25)$$

式中，变换矩阵 $\boldsymbol{T}(\gamma) = \begin{pmatrix} \cos\gamma & \sin\gamma \\ -\sin\gamma & \cos\gamma \end{pmatrix}$，矢量 $\boldsymbol{X}_{\mathrm{dq}} = (x_{\mathrm{d}}, x_{\mathrm{q}})^{\mathrm{T}}$。

同上，式（1-25）的逆变换可表示为 $\boldsymbol{X}_{\alpha\beta} = \boldsymbol{T}(\gamma)^{-1}\boldsymbol{X}_{\mathrm{dq}}$，将其代入式（1-24）并进行数学变换可得：

$$\boldsymbol{U}_{\mathrm{dq}} - \boldsymbol{E}_{\mathrm{dq}} = L\begin{pmatrix} 0 & -\omega_0 \\ \omega_0 & 0 \end{pmatrix}\boldsymbol{I}_{\mathrm{dq}} + L\frac{\mathrm{d}\boldsymbol{I}_{\mathrm{dq}}}{\mathrm{d}t} + \boldsymbol{I}_{\mathrm{dq}}R \qquad (1-26)$$

式中　ω_0 ——同步旋转角频率，且 $\omega_0 = \mathrm{d}\gamma/\mathrm{d}t$。

若忽略线路电阻 R，则由式（1-26）可得到同步旋转坐标系下的 dq 模型方程：

$$\begin{cases} u_{\mathrm{d}} = L\dfrac{\mathrm{d}i_{\mathrm{d}}}{\mathrm{d}t} - \omega_0 L i_{\mathrm{q}} + e_{\mathrm{d}} \\[3mm] u_{\mathrm{q}} = L\dfrac{\mathrm{d}i_{\mathrm{q}}}{\mathrm{d}t} + \omega_0 L i_{\mathrm{d}} + e_{\mathrm{q}} \end{cases} \qquad (1-27)$$

式中　e_{d}、e_{q} ——电网电动势矢量 $\boldsymbol{E}_{\mathrm{dq}}$ 的 d、q 轴分量；

$\qquad u_{\mathrm{d}}$、u_{q} ——三相逆变器交流侧电压矢量 $\boldsymbol{U}_{\mathrm{dq}}$ 的 d、q 轴分量；

$\qquad i_{\mathrm{d}}$、i_{q} ——三相逆变器交流侧电流矢量 $\boldsymbol{I}_{\mathrm{dq}}$ 的 d、q 轴分量。

（2）基于前馈解耦的并网逆变器电流环控制结构

观察式（1-27）不难发现，并网逆变器的电流控制不仅取决于对动态电流的控制，而且受 d、q 轴电感压降和电网电压扰动的影响，并且 d、q 轴相互耦合，为此可采用基于前馈解耦的电流环控制策略。

如果电流控制器采用 PI 调节器设计，则式（1-27）中的电流微分项（动态电流）可由 PI 调节器运算获得，而其他耦合扰动项则采用前馈补偿运算，即在构建控制方程时保留式（1-27）中的耦合扰动项，以此构建的基于 u_{d}、u_{q} 的并网逆变器电流控制方程如下：

$$\begin{aligned} u_{\mathrm{d}} &= \left(K_{\mathrm{iP}} + \frac{K_{\mathrm{iI}}}{s}\right)(i_{\mathrm{d}}^* - i_{\mathrm{d}}) - \omega_0 L i_{\mathrm{q}} + e_{\mathrm{d}} \\[2mm] u_{\mathrm{q}} &= \left(K_{\mathrm{iP}} + \frac{K_{\mathrm{iI}}}{s}\right)(i_{\mathrm{q}}^* - i_{\mathrm{q}}) + \omega_0 L i_{\mathrm{d}} + e_{\mathrm{q}} \end{aligned} \qquad (1-28)$$

式中 K_{iP}、K_{iI} ——电流内环比例调节增益和积分调节增益；

i_d^*、i_q^* ——i_d、i_q 电流指令值。

将式（1-28）代入式（1-27）可得：

$$\begin{cases} L\dfrac{\mathrm{d}i_d}{\mathrm{d}t}=\left(K_{iP}+\dfrac{K_{iI}}{s}\right)(i_d^*-i_d) \\ L\dfrac{\mathrm{d}i_q}{\mathrm{d}t}=\left(K_{iP}+\dfrac{K_{iI}}{s}\right)(i_q^*-i_q) \end{cases} \tag{1-29}$$

观察式（1-29）可知，电流控制的 d、q 轴耦合得以消除，可见通过扰动量的前馈补偿即可实现并网逆变器电流环的解耦控制。由于扰动耦合项是通过前馈补偿进行解耦的，因此这实际上是一种前馈解耦控制。基于前馈解耦的并网逆变器电流环控制结构如图 1-26 所示。这种前馈解耦方案算法较为简单，便于工程实现，但其解耦性能依赖于系统模型参数的准确性。

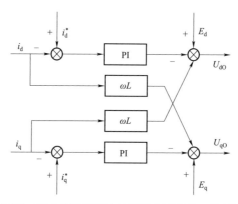

图 1-26   基于前馈解耦的并网逆变器电流环控制结构

（3）基于电压矢量定向的并网逆变器双环控制结构

如图 1-25 所示，若同步旋转 dq 坐标系与电网电压矢量 E 同步旋转，且同步旋转坐标系的 d 轴与电网电压矢量 E 重合，即 $e_d=|E|$、$e_q=0$，则根据瞬时功率理论，系统的瞬时有功功率 p 和无功功率 q 分别为

$$\begin{cases} p=\dfrac{3}{2}(e_d i_d+e_q i_q) \\ q=\dfrac{3}{2}(e_d i_q-e_q i_d) \end{cases} \tag{1-30}$$

由于在基于电网电压定向时，$e_q=0$，故式（1-30）可简化为

$$\begin{cases} p=\dfrac{3}{2}e_d i_d \\ q=-\dfrac{3}{2}e_q i_d \end{cases} \tag{1-31}$$

若不考虑电网的波动，则 e_d 为一定值，则由式（1-31）表示的并网逆变器的瞬时有功功率 p 和无功功率 q 仅与并网逆变器输出电流的 d、q 轴分量 i_d、i_q 成正比。这表明如果

电网电压不变，则通过控制 i_d、i_q 就可以分别控制并网逆变器的有功和无功功率。

在图 1-23 所示的并网逆变器中，直流侧输入有功功率的瞬时值为 $p = i_{dc}u_{dc}$，若不考虑逆变器的功率损耗，则由式（1-32）可知 $i_{dc}u_{dc} = p = \dfrac{3}{2}e_d i_d$。可见，当电网电压不变且忽略逆变器的功率损耗时，并网逆变器的直流侧电压 u_{dc} 与并网逆变器输出电流的 d 轴分量 i_d 成正比，由于并网逆变器的有功功率 p 与 i_d 成正比，因此并网逆变器直流侧电压 u_{dc} 的控制可通过控制有功功率 p 或 i_d 来实现。

显然，基于电网电压定向的三相并网逆变器控制可以采用直流电压外环和有功、无功电流内环的双环控制结构，其中电流环采用基于前馈解耦的电流控制。其双环控制结构如图 1-27 所示。

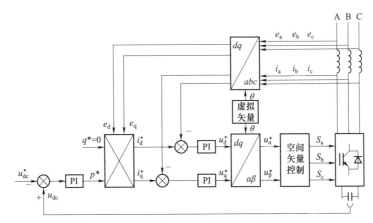

图 1-27　基于电压矢量定向的并网逆变器双环控制结构

电压矢量定向控制系统由直流电压外环以及有功和无功电流内环组成。直流电压外环的作用是为了稳定或调节直流电压，显然，引入直流侧电压反馈并通过 PI 调节器即可实现直流电压的无静差控制。由于直流电压的控制可通过 i_d 的控制实现，因此直流电压外环 PI 调节器的输出量即为有功电流内环的电流参考值 i_d^*，从而对并网逆变器输出的有功功率进行调节。无功电流内环的电流参考值 i_q^* 则是根据需要向电网输送的无功功率参考值 q^*，且由 $q^* = e_q i_q$ 运算而得，当 $i_q^* = 0$ 时，并网逆变器运行于单位功率因数状态，即仅向电网输送有功功率。

在图 1-27 中，电流内环是在 dq 坐标系中实现控制的，即并网逆变器输出电流的检测值 i_a、i_b、i_c 经过 $abc/\alpha\beta/dq$ 坐标变换而转换为同步旋转 dq 坐标系下的直流量 i_d、i_q，将其与电流内环的电流参考值 i_d^*、i_q^* 进行比较，并通过相应的 PI 调节器控制分别实现对 i_d、i_q 的无静差控制。电流内环 PI 调节器的输出信号经过 $dq/\alpha\beta$ 逆变换后，即可通过 SPWM 或 SVPWM 得到并网逆变器相应的开关驱动信号 S_a、S_b、S_c，从而实现逆变器的并网控制。

2. 逆变器拓扑结构

常见的光伏逆变器拓扑主要有两电平和三电平，两电平（见图 1-23）拓扑大多在早期光伏逆变器或分布式逆变器中使用，目前市场主流厂家（涵盖组串逆变器、集中逆变器，容量区间涵盖 50～4500kW）的光伏逆变器均采用三电平结构，其中 NPC 为最常用的拓扑结构，T 型也有出现，如图 1-28 和图 1-29 所示。

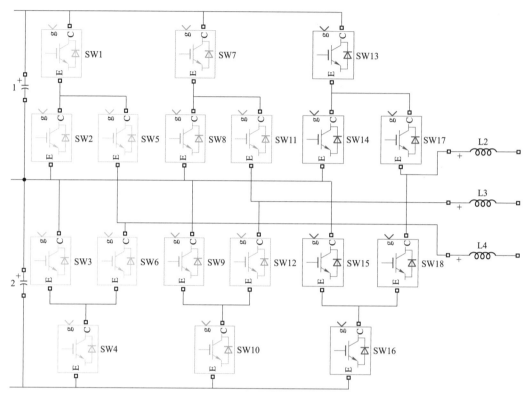

图 1-28　二极管钳位型拓扑结（NPC）

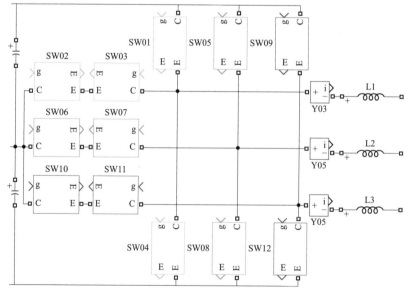

图 1-29　T 型拓扑结构

NPC 三电平逆变器利用一对二极管进行钳位输出零电平，T 型三电平逆变器利用水平桥臂的一对反向串联功率器件进行钳位输出零电平，水平桥臂也可以使用逆阻型 IGBT 来实现。这两种三电平逆变器各有优势，其中 NPC 三电平电路每个功率器件只承受母线电压的一半，开关损耗较小，但是每相桥臂输出任何电平都需要导通两个功率器件，因此导通损耗较大；而 T 型三电平在输出正、负电平时，导通的功率器件只有一个，导通损耗会有所减小，但是垂直桥臂功率器件开关动作时需要承受总母线电压，需要应用较高耐压的功率器件，其开关特性较差，会导致开关损耗有所增加。一般来说，NPC 三电平逆变器比 T 型三电平逆变器更适用于高电压的应用场合，而 T 型三电平逆变器更适用于低电压的应用场合。另外，无论哪种三电平逆变器，均需要对母线中点电压进行均衡控制。

考虑到 IGBT 过流能力和逆变器成本，从目前投运的逆变器设备看，装机容量超过 1MW 的机组一般均采用两组并联方式，单机容量超过 3MW 的机组出现了三组并联的结构。

二、风力发电技术

（一）风力发电原理

风力发电是指利用风力发电机组直接将风能转化成电能的发电方式。近年来，风力发电具有清洁环保、发电成本低、技术发展快等特点，因而受到世界各国的广泛重视和大力推广。根据国际电工委员会（International Electrotechnical Commission，IEC）、电气与电子工程师学会（Institute of Electrical and Electronics Engineers，IEEE）、国际大电网组织（International Council on Large Electric systems，CIGRE）等国际组织的分类方式，风电机组可分为 I 型至 IV 型四种类型。

1. I 型风电机组：普通异步发电机直接并网型风电机组

I 型风电机组是大型风电发展初期的主流装机类型，其发电系统由风力机、齿轮箱、鼠笼型异步发电机、软启动器、无功补偿装置和并网变压器构成。典型普通异步发电机直接并网型风电机组的结构如图 1-30 所示，鼠笼型异步机作为发电机，其转子轴系通过齿轮箱与风力机连接，发电机定子回路与电网相连，同时配备并网所需的软启动器和无功补偿装置。

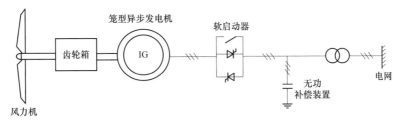

图 1-30　普通异步发电机直接并网型风电机组结构

I 型风电机组属于恒速恒频风力发电机，在运行过程中能保持发电机转速恒定并输出与电网频率一致的恒频电能，其主要优点是结构简单、造价较低、可靠性高、并网容易，但同时也存在风能利用率低、不能有效控制无功功率、有功功率波动大、供电稳定性差等缺点。随着大规模风电并网技术的发展，Ⅰ型风电机组已逐步退出主流市场。

2. Ⅱ型风电机组：滑差控制变速风电机组

Ⅱ型风电机组的结构与Ⅰ型风电机组相似，不同的是其电机采用绕线型转子异步电机，且转子回路串联可变电阻，可在一定范围内调节转子励磁电流，进而实现一定范围的转速调节。滑差控制变速风电机组的结构如图1-31所示。

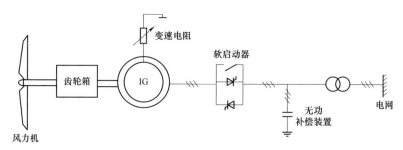

图 1-31 滑差控制变速风电机组结构

3. Ⅲ型风电机组：双馈风电机组

Ⅲ型风电机组采用转子交流励磁的双馈型异步发电机，其定子直接连接电网，转子通过交直交变流器与电网相连，实现基于转子励磁控制的双馈型异步发电机变速恒频控制。发电机向电网输出的总功率由定子侧输出功率和转子侧通过变流器输出的滑差功率组成，因此称为双馈风力发电机。双馈风电机组的结构如图1-32所示。

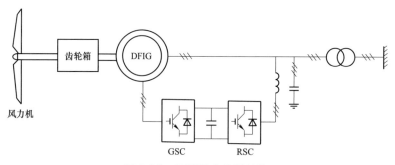

图 1-32 双馈风电机组结构

在图1-32所示的交直交变流器中，与电机转子侧相连的称为转子侧变流器（Rotor Side Converter，RSC），与电网相连的称为网侧变流器（Grid Side Converter，GSC）。转子侧变流器的主要功能是：① 在转子绕组中加入交流励磁，通过调节励磁电流的幅值、频率和相位实现定子侧输出电压的恒频恒压，同时实现无冲击并网；② 通过矢量控制实现双馈风电机组的有功、无功功率独立调节；③ 实现最大风能追踪和定子侧功率因数的调节。网侧变流器的主要功能是：保持直流母线电压稳定，将滑差功率传送至电网，并实现网侧无功功率控制。

由于变速恒频控制是在异步发电机转子电路中实现的，而异步发电机转子功率是由发电机转速运行范围所决定的转差功率，且仅为定子额定功率的一部分，所以连接转子的交直交变流器功率会大幅降低，通常只需发电机功率的1/3，变流器的成本将会大幅降低。然而，由于双馈发电机的定子与电网直接连接，当电网发生故障时会通过定、转子耦合发生暂态电磁冲击，从而增加了转子变流器的控制难度，降低了风电机组的电网适应性。

在当前技术条件下，双馈风力发电机仍是未来主流机型，但在低速电机励磁无功显著增大的趋势下，双馈风电机组的优势或将减小，而且由于电力电子技术的飞速发展，变频器成本的降低也将进一步减小双馈风电机组的优势。

4. Ⅳ型风电机组：全功率变频型风电机组

全功率变频型风电机组是发电机通过与其功率相同的交直交变频器连接并入电网，实现变速恒频发电运行的一类风电机组，目前主流的全功率型风电机组以永磁直驱型为主，半直驱型也有广阔的应用前景，分别介绍如下：

（1）永磁直驱型风电机组

永磁直驱型风力发电机的典型结构如图1-33所示，主要由风力机、发电机、全功率电力电子变流器等设备及控制系统构成。由于来自风电机组的所有功率都通过变流器传递，因而功率变流器的容量与发电机的容量相同。同时，功率变流器起到有效隔离发电机与电网的作用，发电机的电气频率可以随风速的变化而变化，而电网频率恒定，从而实现风力发电机组的变速运行。

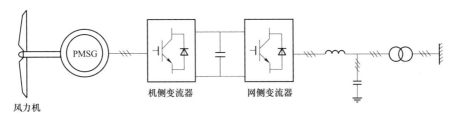

图 1-33　永磁直驱型风电机典型结构

这种风电机组一方面由于发电机采用永磁同步发电机设计，因此无需外部励磁，有效提高了发电机效率；另一方面，风力机与发电机之间采用了无齿轮箱的直驱设计，机组运行可靠性提高，更能适应风电机组大型化趋势。永磁直驱型风力发电系统的主要不足在于发电机体积大、质量大、成本高。另外，全功率变流器的应用在一定程度上也增加了功率变换系统的体积和成本。

（2）半直驱全功率型发电机组

永磁直驱风电机组因省去齿轮箱而具有运行效率高、故障率低等优点，然而其发展因为低速发电机的体积和质量过大而受到一定的限制。如果采用高速发电机设计，虽然可以减小发电机的体积和质量，但必须采用多级齿轮传动设计，而这种多级齿轮箱设计不仅增加了系统的质量和体积，也增加了齿轮箱的故障率。为此，出现了采用一级齿轮箱传动设计的半直驱全功率型风力发电，其系统结构如图1-34所示。这种半直驱全功率型风力发电机最大限度地克服了低速发电机和多级齿轮传动的不足，其发电机多采用中速永磁同步发电机设计，在有效减小发电机和齿轮箱体积、质量的同时，有效提高了发电机的运行效率。

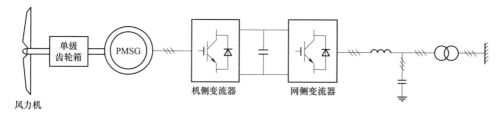

图 1-34 半直驱全功率型发电机结构

半直驱机型综合考量双馈和直驱二者低成本、高可靠性的特点，是适应风电机组大型化的重要发展方向与选择之一。尤其是对于海上风电，从目前海上风电整机厂商的战略布局来看，半直驱是较为主流的技术路径。

（二）风力发电控制技术

由于本书主要关注变流器控制及优化，本章节介绍双馈风电机组与直驱风电机组变流器拓扑结构与控制技术。正常运行情况下风电机组发电系统与变流器相关的核心控制策略包括最大功率跟踪技术、网侧变流器控制和机侧变流器控制。

1. 最大功率跟踪技术

对于风力发电系统来说，要想充分利用风资源，最大程度地捕获风能，就要求风力机的转速需根据外界风速的变化而实时调节。最大功率跟踪技术不仅有利于提高风电系统的发电效率，降低度电成本，也有助于缓解强阵风对机组本体的冲击，延长机组的工作寿命。风力机转速的调节可通过变桨或控制发电机转矩两种方式实现，而控制模式的切换与风电机组的运行状态有关。

图 1-35 为风电机组的发电运行区间，整个最大功率跟踪控制过程可以分为四个阶段：$A-B$ 为启动区间，风电机组在最低转速下运行，进入并网运行状态；$B-C$ 为最大功率跟踪运行区间，利用风电机组转速的实时调节使得风电机组叶尖速比处于最优状态，此时风电机组保持最大功率输出；$C-D$ 为恒定最高转速区间，在此区间内由于机械结构限制，风电机组转速维持在最大值附近，虽然转速仍随风速的增大而增大，但风能利用系数有所降低；$D-E$ 则为额定风速以上的恒功率区间，受限于风电机组的机械强度和电气极限，在此区间内风电机组通过变桨控制来限制功率输出。

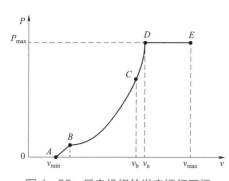

图 1-35 风电机组的发电运行区间

目前，$B-C$ 为最大功率跟踪运行区间内风电机组最大功率跟踪控制策略主要有最优叶尖速比法、爬山搜索法和最佳特性曲线法三种。其中，最优叶尖速比法的最大功率跟踪控制方式，其算法实现最为直观、简单。但由于需要准确地获取风速和风电机组转速信息，检测精度要求较高，因而在实际应用中实现成本较高且效果不佳，目前应用较少。爬山搜索法则根据当前风速下工作点的状态变化，不断调整转速大小和方向，最终使得机组输出逐渐接近最优。但由于搜索方向是在调整过程中通过试探得到的，对于系统惯性较大的大功率风电机组，其最优工作点的搜索时间较长。在风速快速变化时，此方法不但效率较低且容易带来稳定性问题。目前最佳特性曲线法应用最为广泛，具有较高的效率和可靠性。该策略可通过转速反馈或功率反馈两种方法实现。

基于转速反馈的最大功率跟踪控制如图 1-36 所示。在该控制方式中，首先实时采集当前风电机组转速值，然后从机组的最优转矩特性曲线中查询获取该转速值对应的最优输出转矩，并以此作为控制发电机转矩的参考值。对发电机的电磁转矩进行实时计算和反馈，并构建基于 PI 调节器的转矩控制环，其输出作为转矩电流控制的参考值，通过电流闭环控制发电机电磁转矩跟踪最优转矩曲线，从而实现最大功率工作点的运行。

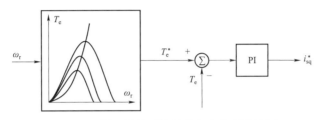

图 1-36　基于转速反馈的最大功率跟踪控制

基于功率反馈的最大功率跟踪控制如图 1-37 所示。在该控制方式中，需要根据机组特性预先获取最优转速输出与功率输入的关系曲线，依据此函数关系计算当前发电功率所对应的最优风电机组转速信息，即得到实时转速控制的参考值，进而采用 PI 调节器设置转速控制外环和转矩控制内环，最终通过对发电机转矩电流的调节来实现最大功率跟踪控制。

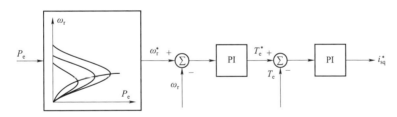

图 1-37　基于功率反馈的最大功率跟踪控制

2. 双馈风电机组变流器控制技术

（1）变流器拓扑结构

双馈风电机组一般采用两电平背靠背变流器结构，如图 1-38 所示，其中机侧变流器实现直交变换，为双馈发电机转子提供频率交变的励磁电流，控制定子侧有功功率、无功功率的输出；网侧变流器为机侧变流器提供稳定的直流母线电压，通过 LC 回路及控制实现网侧电流正弦化，降低电流谐波，通过检测电网电压相位，实现交流侧电流和电压相位差的控制。能量流动过程为：在次同步时，网侧变流器工作在整流状态，机侧变流器工作在逆变状态，能量由电网流向双馈发电机转子；超同步时，能量由双馈发电机转子流向电网；网侧变流器与机侧变流器通过直流侧电容相连，电容起到能量缓冲的作用。

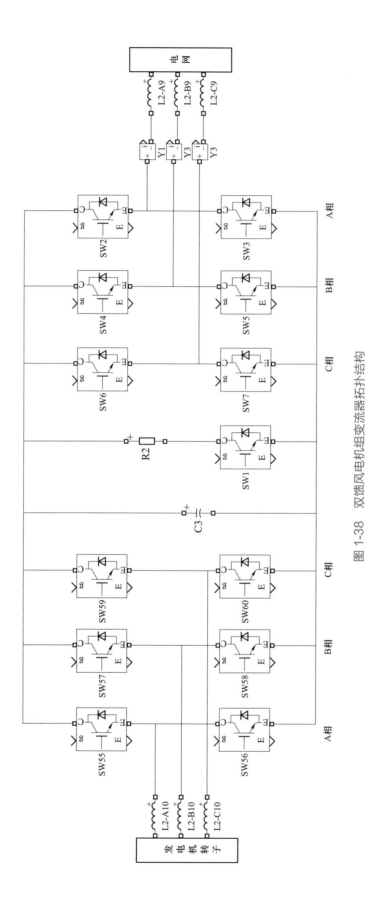

图 1-38 双馈风电机组变流器拓扑结构

（2）控制技术

双馈风电机组变流器分为机侧与网侧两部分。

1）机侧变流器矢量控制

机侧变流器的主要目标是控制双馈发电机的有功和无功输出。通常是采用功率电流双闭环的控制方案，由基于矢量定向策略的电流内环和功率外环组成。定矢量有多种选择，最常用的方法是采用定子磁链定向的方法控制转子电流。也就是说，dq 坐标系的 d 轴与定制磁链矢量方向一致，则转子电流的 q 轴分量决定双馈风电机组的有功功率输出，d 轴分量决定无功功率的输出。

根据空间矢量的定义，可得出同步坐标系下的定子磁链空间矢量：

$$\boldsymbol{\Psi}_{\mathrm{dqs}} = \boldsymbol{\Psi}_{\mathrm{ABCs}} e^{j\tilde{\theta}_1} = \psi_s e^{j(\theta_1 - \tilde{\theta}_1)} \tag{1-32}$$

式中：$\tilde{\theta}_1$ 是同步角位移 θ_1 的评估值；ψ_s 是定子磁通幅值；$\theta_1 - \tilde{\theta}_1$ 是同步角位移和其评估值的误差。

可以看出，对于精确的定子磁链定向必须有 $\theta_1 - \tilde{\theta}_1$，此时：

$$\boldsymbol{\Psi}_{\mathrm{dqs}} = \boldsymbol{\psi}_{\mathrm{ds}} = \psi_s \tag{1-33}$$

由式（1-33）可知，采用定子磁链定向后磁通空间矢量成为一个实数。电子磁链定向示意图如图 1-39 所示，其中，α_s、β_s 表示定子 $\alpha\beta$ 坐标系，α_r、β_r 表示转子 $\alpha\beta$ 坐标系。按照图 1-39 所示，忽略定子绕组电阻后，在稳态情况下易得：

$$\boldsymbol{u}_{\mathrm{dqs}} = j u_{\mathrm{qs}} = j \omega_1 \psi_s \tag{1-34}$$

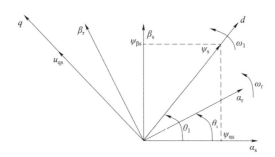

图 1-39　机侧变流器定子磁链定向控制示意图

而同步角位移通常可由定子 $\alpha\beta$ 坐标系下的定子磁通按下式评估：

$$\tilde{\theta}_1 = \angle \boldsymbol{\Psi}_{\alpha\beta s} \tag{1-35}$$

式中：$\boldsymbol{\Psi}_{\alpha\beta s}$ 是定子 $\alpha\beta$ 坐标系中定子磁链空间矢量。

令旋转坐标系转速为零，可得定子 $\alpha\beta$ 坐标系下的定子电压矢量方程：

$$\boldsymbol{u}_{\alpha\beta s} = R_s i_{\alpha\beta s} \frac{\mathrm{d}\boldsymbol{\Psi}_{\alpha\beta s}}{\mathrm{d}t} \tag{1-36}$$

利用上式可求出定子磁链在定子 $\alpha\beta$ 坐标系下的 $\alpha\beta$ 轴分量：

$$\psi_{\alpha s} = \int (u_{\alpha s} - R_s i_{\alpha s}) \, \mathrm{d}t \tag{1-37}$$

$$\psi_{\beta s} = \int (u_{\beta s} - R_s i_{\beta s})\, \mathrm{d}t \qquad (1\text{-}38)$$

则有：

$$\tilde{\theta}_1 = \tan^{-1}(\psi_{\beta s} / \psi_{\alpha s}) \qquad (1\text{-}39)$$

a）转子电流控制：为了导出转子电流控制法则，消去式中的定子电流空间矢量，然后在消去转子磁链空间矢量后，可以推导出基于转子电流额定子磁通的转子电压动态方程：

$$\boldsymbol{u}_{dqr} = R_r \boldsymbol{i}_{dqr} + \sigma L_r \frac{\mathrm{d}\boldsymbol{i}_{dqr}}{\mathrm{d}t} + \mathrm{j}\omega_2 \sigma L_r \boldsymbol{i}_{dqr} + \mathrm{j}\omega_2 \frac{L_m}{L_s}\boldsymbol{\psi}_{dqs} + \frac{L_m}{L_s}\frac{\mathrm{d}\boldsymbol{\psi}_{dqs}}{\mathrm{d}t}$$
$$= R_r \boldsymbol{i}_{dqr} + \sigma L_r \frac{\mathrm{d}\boldsymbol{i}_{dqr}}{\mathrm{d}t} + \boldsymbol{E} \qquad (1\text{-}40)$$

$$\sigma = 1 - \frac{L_m^2}{L_s L_r} \qquad (1\text{-}41)$$

式中：$\boldsymbol{E}$ 是转子回路总感应电动势；σ 是总漏磁系数。

从式（1-40）可以看出，转子电流 d、q 轴分量分别由转子电压 d、q 轴分量控制，但从项 $\mathrm{j}\omega_2 \sigma L_r \boldsymbol{i}_{dqr}$ 中的 $\mathrm{j}\boldsymbol{i}_{dq} = \mathrm{j}(\boldsymbol{i}_{dr} + \mathrm{j}\boldsymbol{i}_{qr})$ 可以看出，转子电流 d、q 轴分量之间存在耦合，另外，定子磁链及其导数也对转子电流有影响。从控制角度看，为了实现解耦控制，耦合项和磁链的影响可以一起作为系统的扰动来处理，从而消除其对转子电流的控制干扰。同时，在定子磁链定向的矢量控制中，不考虑定子的瞬态影响，式（1-40）可简化为：

$$\boldsymbol{u}_{dqr} = R_r \boldsymbol{i}_{dqr} + \sigma L_r \frac{\mathrm{d}\boldsymbol{i}_{dqr}}{\mathrm{d}t} + \mathrm{j}s\omega_1 \sigma L_r \boldsymbol{i}_{dqr} + \mathrm{j}s\frac{L_m}{L_s}u_{qs} \qquad (1\text{-}42)$$

根据式（1-42），可得转子电流控制方程：

$$\boldsymbol{u}_{dqr} = \boldsymbol{u}'_{dqr} + \Delta\boldsymbol{u}_{dqr} \qquad (1\text{-}43)$$

$$\boldsymbol{u}'_{dqr} = k_p(\boldsymbol{i}_{dqr,\,ref} - \boldsymbol{i}_{dqr}) + k_i \int (\boldsymbol{i}_{dqr,\,ref} - \boldsymbol{i}_{dqr})\mathrm{d}t \qquad (1\text{-}44)$$

$$\Delta\boldsymbol{u}_{dqr} = \mathrm{j}s\omega_1 \sigma L_r \boldsymbol{i}_{dqr} + \mathrm{j}s\frac{L_m}{L_s}u_{qs} \qquad (1\text{-}45)$$

式中：k_p、k_i 分别是比例和积分系数；$\Delta\boldsymbol{u}_{dqr}$ 是前馈电压补偿项。

将式（1-43）带入式（1-40），如果前馈电压补偿合适，则转子电流方程可简化为：

$$\sigma L_r \frac{\mathrm{d}\boldsymbol{i}_{dqr}}{\mathrm{d}t} = \boldsymbol{u}'_{dqr} - R_r \boldsymbol{i}_{dqr} \qquad (1\text{-}46)$$

其传递函数为：

$$G(s) = \frac{1}{\sigma L_r p + R_r} \qquad (1\text{-}47)$$

最后，为了习惯起见，写成 dq 分量的形式，则分别有：

$$\begin{cases} u_{dr} = u'_{dr} + \Delta u_{dr} \\ u_{qr} = u'_{qr} + \Delta u_{qr} \end{cases} \qquad (1\text{-}48)$$

$$\begin{cases} u'_{dr} = k_p(i_{dr,ref} - i_{dr}) + k_i \int (i_{dr,ref} - i_{dr}) \mathrm{d}t \\ u'_{qr} = k_p(i_{qr,ref} - i_{qr}) + k_i \int (i_{qr,ref} - i_{qr}) \mathrm{d}t \end{cases} \tag{1-49}$$

$$\begin{cases} \Delta u_{dr} = -\omega_2 \sigma L_r i_{qr} \\ \Delta u_{qr} = \omega_2 \sigma L_r i_{dr} + s u_{qs} \dfrac{L_m}{L_s} \end{cases} \tag{1-50}$$

通过上述公式即可实现转子电流闭环控制。

b）定子有功无功控制：把定子电压空间矢量、电流空间矢量写成复变量的形式为：

$$\boldsymbol{u}_{dqs} = u_{ds} + ju_{qs} \tag{1-51}$$

$$\boldsymbol{i}_{dqs} = i_{ds} + ji_{qs} \tag{1-52}$$

从而得到定子瞬时有功功率和无功功率：

$$P_s = 1.5(u_{ds}i_{ds} + u_{qs}i_{qs}) \tag{1-53}$$

$$Q_s = 1.5(u_{qs}i_{ds} - u_{ds}i_{qs}) \tag{1-54}$$

在定子磁链定向与同步旋转 dq 坐标系下的 d 轴时，上述方程可以进一步简化为：

$$P_s = 1.5u_{qs}i_{qs} = -1.5\frac{L_m}{L_s}u_{qs}i_{qr} \tag{1-55}$$

$$Q_s = 1.5u_{qs}i_{ds} = 1.5u_{qs}\left(\frac{u_{qs}}{\omega_1 L_s} - \frac{L_m}{L_s}i_{dr}\right) \tag{1-56}$$

在电网正常运行条件下，定子电压保持恒定。因此，按上式定子有功和无功可分别有转子电流的 q、d 轴分量控制。当功率外环控制也采用 PI 调节器时，其控制方程式为：

$$i_{dr,ref} = \frac{L_s}{L_m}i_{ds} - \frac{u_{qs}}{\omega_1 L_m} \tag{1-57}$$

2）网侧变流器矢量控制。网侧变流器矢量控制包括网侧变流器电流控制和直流侧母线控制。

a）网侧变流器电流控制。网侧变流器控制直流侧母线电压，由动态响应较快的电流内环和较慢的直流电压控制外环构成。一般利用网侧电压定向的矢量控制方法。

根据空间矢量的定义，网侧电压在同步旋转 dq 坐标系下的空间矢量方程为：

$$\boldsymbol{u}_{dqg} = \boldsymbol{u}_{ABCg} e^{j\tilde{\theta}_g} = U_g e^{j(\theta_g - \tilde{\theta}_g)} \tag{1-58}$$

式中：$\boldsymbol{u}_{ABCg}$ 是三相自然坐标下的网侧电压空间矢量；U_g 为网侧电压幅值；$\tilde{\theta}_g$ 是网侧电压角位移 θ_g 的评估值；$\theta_g - \tilde{\theta}_g$ 是同步角位移评估值的误差。

与定子磁链定向原理一样，当评估值等于网侧电压角位移时，网侧电压矢量成为实数，即：

$$\boldsymbol{U}_{dqg} = u_{dg} = U_g \tag{1-59}$$

式中：u_{dg} 为网侧电压 d 轴分量。

网侧变流器矢量定向控制示意图如图 1-40 所示。

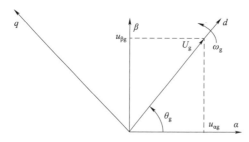

图 1-40 网侧变流器矢量定向控制示意图

而网侧电压角位移可由下式计算得到：

$$\tilde{\theta}_g = \int \omega_g \mathrm{d}t = \tan^{-1}\left(\frac{u_{\beta g}}{u_{\alpha g}}\right) \tag{1-60}$$

式中：$u_{\alpha g}$、$u_{\beta g}$ 分别代表网侧电压静止坐标系下 α、β 轴的分量。

b）直流侧母线电压控制。网侧变流器滤波电路的瞬时有功功率为：

$$P_r = \frac{3}{2}\mathrm{Re}(u_{dqf}i_{dqf}^*) = \frac{3}{2}(u_{df}i_{df} + u_{qf}i_{qf}) \tag{1-61}$$

考虑到网侧电压矢量定向在 d 轴上，根据式（1-51）和式（1-60）可简化为：

$$P_r = \frac{3}{2}\mathrm{Re}(u_{dqf}i_{dqf}^*) = \frac{3}{2}u_{df}i_{df} \tag{1-62}$$

由上式可知，直流侧母线电压可由滤波电路电流的 d 轴分量 i_{df} 控制。其控制率为：

$$i_{dcc} = k_p(u_{dc,ref} - u_{dc}) + k_i \int (u_{dc,ref} - u_{dc})\,\mathrm{d}t \tag{1-63}$$

有功控制通道中电流内环控制参考值为：

$$i_{df,ref} = -\frac{3}{2}\frac{u_{dc}}{u_{df}}(i_{dcc} + i_{dcr}) \tag{1-64}$$

而滤波电路电流的 q 轴分量决定了网侧变流器与电网的无功交换，其参考值通常设置为零。双馈机组网侧变流器基于电压定向的双闭环矢量控制原理如图 1-41 所示。

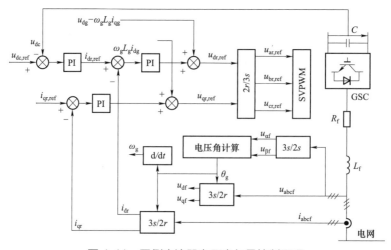

图 1-41 网侧变流器电压定矢量控制原理

3. 直驱风电机组变流器控制技术

（1）变流器拓扑结构

目前直驱风电机组一般采用背靠背变流器结构，如图 1-42 所示，机侧变流器通过调节定子侧 d 轴和 q 轴电流，可以控制发电机的电磁转矩和定子的无功功率，使发电机变速恒频运行，可在额定风速下捕获最大风能；网侧变流器通过控制 d 轴和 q 轴电流，可以实现输出有功和无功的解耦控制、直流母线电压控制以及输出并网，相比于不控整流＋DC/DC＋逆变器三级变换，背靠背变流为两次变换，所以效率高，但缺点是器件多、成本高。

对于大功率变流器，由于传统两电平拓扑结构不能满足变流器电压等级和容量不断增大的需求，因此目前工程中一般采用功率单元并联、三电平背靠背二极管钳位结构。

功率单元并联的变流器拓扑如图 1-43 所示，采用功率器件串并联方式可以提高变流器的功率，具有拓扑结构简单、功率器件少等优点。但是，器件串联会带来分压不均的问题，器件并联会带来器件的均流问题，因此对驱动电路的要求也大大提高，要求尽量做到串联器件同时导通和关断。否则，由于各器件开断时间不一、承受电压不均或分流不均，会导致器件损坏甚至整个变流器崩溃。

直驱风电机组大多使用多电平变换器，主要以三电平为主，如图 1-44 所示。三电平拓扑中的开关器件电压应力仅为两电平的 1/2，滤波电感损耗比两电平的小，可以克服两电平变流器波形畸变率高的缺点，还可以在采用同样耐压等级开关器件的情况下提高变流器的电压等级，从而达到变流器高压大功率传输的目的。但也存在不足之处，如直流母线电压不均衡，同一桥臂功率期间电流电压应力不均衡，功率器件多、控制复杂等。

（2）控制技术

1）网侧变流器控制

网侧变流器的控制以稳定直流母线电压、实现并网功率的解耦控制为主要目标。对于采用 LCL 并网滤波器的变流器，常采用无源阻尼或有源阻尼的方法来抑制存在的谐振峰值，以保证变流系统的稳定运行。由于 LCL 滤波器的低频特性与同电感量的单 L 型滤波器近似，考虑到在正常电网下电流内环的设计以基波控制为主，为简化分析，设计内环控制器时采用单 L 型滤波器的方法。若取 $L_f = L_g + L_i$，$R_f = R_g + R_i$，则网侧变流器的控制方程为：

$$\begin{cases} u_{id} = -\left(R_f i_{gd} + L_f \dfrac{\mathrm{d} i_{gd}}{\mathrm{d} t} \right) + \omega_g L_f i_{gq} + u_{gd} \\ u_{iq} = -\left(R_f i_{gq} + L_f \dfrac{\mathrm{d} i_{gq}}{\mathrm{d} t} \right) - \omega_g L_f i_{gd} + u_{gq} \end{cases} \tag{1-65}$$

根据上式可得网侧变流器输出电流与电压间的传递函数为：

$$\frac{i_{gd}(s)}{u_{id}(s)} = \frac{i_{gq}(s)}{u_{iq}(s)} = \frac{1}{L_f s + R_f} \tag{1-66}$$

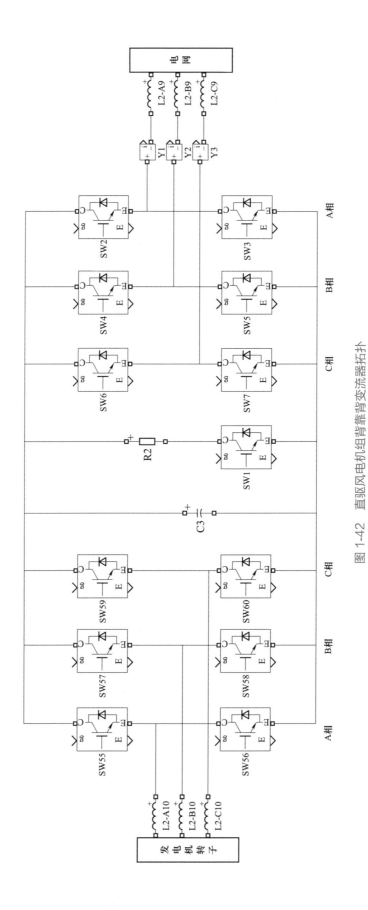

图 1-42 直驱风电机组背靠背变流器拓扑

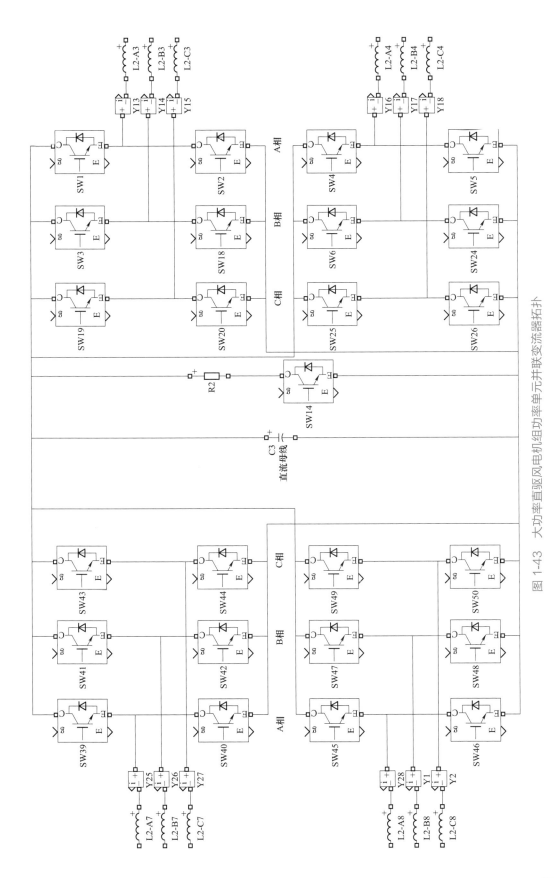

图 1-43　大功率直驱风电机组功率单元并联变流器拓扑

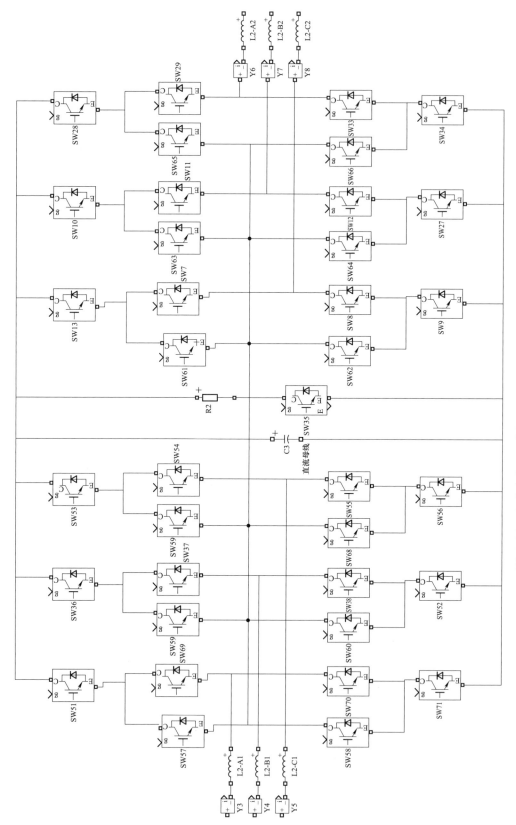

图 1-44 大功率直驱风电机组三电平背靠背变流器拓扑

式（1-67）表明，网侧变流器的 d 轴和 q 轴电流内环的传递函数相同，故可以使用一组参数相同的 PI 调节器来实现电流的零稳态误差跟踪。

基于电网电压定向，网侧变流器的输出功率方程为：

$$\begin{cases} P_\mathrm{g} = \dfrac{3}{2} u_\mathrm{gd} i_\mathrm{gd} = \dfrac{3}{2} u_\mathrm{gm} i_\mathrm{gd} \\ Q_\mathrm{g} = -\dfrac{3}{2} u_\mathrm{gd} i_\mathrm{gq} = -\dfrac{3}{2} u_\mathrm{gm} i_\mathrm{gq} \end{cases} \tag{1-67}$$

网侧变流器一般采用内环电流、外环直流的级联控制方式，电流内环控制方程为：

$$\begin{cases} u_\mathrm{id} = -\left[k_\mathrm{pi\_g}(i_\mathrm{gd}^* - i_\mathrm{gd}) + k_\mathrm{ii\_g}\displaystyle\int (i_\mathrm{gd}^* - i_\mathrm{gd})\mathrm{d}t \right] + \Delta u_\mathrm{id} + u_\mathrm{gm} \\ u_\mathrm{iq} = -\left[k_\mathrm{pi\_g}(i_\mathrm{gq}^* - i_\mathrm{gq}) + k_\mathrm{ii\_g}\displaystyle\int (i_\mathrm{gq}^* - i_\mathrm{gq})\mathrm{d}t \right] + \Delta u_\mathrm{iq} \end{cases} \tag{1-68}$$

$$\begin{cases} \Delta u_\mathrm{id} = \omega_\mathrm{g} L_\mathrm{f} i_\mathrm{gq} \\ \Delta u_\mathrm{iq} = -\omega_\mathrm{g} L_\mathrm{f} i_\mathrm{gd} \end{cases} \tag{1-69}$$

式中：$k_\mathrm{pi\_g}$、$k_\mathrm{pii\_g}$ 分别为电流内环 PI 调节器的比例、积分系数；i_gd^*、i_gq^* 分别为 d 轴和 q 轴电流的给定值；Δu_id 和 Δu_iq 分别表示 d 轴和 q 轴电压之间的耦合补偿项。

对于网侧变流器电压外环的控制方程有：

$$i_\mathrm{gd}^* = k_\mathrm{pu\_g}(u_\mathrm{dc}^* - u_\mathrm{dc}) + k_\mathrm{iu\_g}\int (u_\mathrm{dc}^* - u_\mathrm{dc})\mathrm{d}t \tag{1-70}$$

式中：$k_\mathrm{pu\_g}$、$k_\mathrm{iu\_g}$ 分别为直流电压外环 PI 调节器的比例、积分系数；u_dc^* 为直流母线电压的给定值。

基于电网电压定向的网侧变流器矢量控制框图如图 1-45 所示。其中，电压外环用于控制直流母线电压稳定，输出为内环有功电流分量的参考值。无功电流分量的参考值根据风电机组的需求决定，通常情况下网侧变流器工作在单位功率因数状态，即无功电流的参考值为零。为得到控制开关脉冲的桥臂电压信号，在电流内环的控制环路中加入了耦合电压补偿和电网电压前馈项。脉冲调制部分多采用 SVPWM 算法，以提高变流器的电压利用率和注入电网的电能质量。

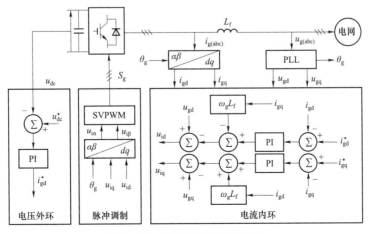

图 1-45　网侧变流器控制框图

2）机侧变流器控制

机侧变流器主要控制发电机的运行，主要有针对鼠笼异步发电机的机侧变流器控制和针对永磁同步发电机的机侧变流器控制。下面主要介绍永磁同步电机的机侧变流器控制。

根据永磁同步电机的转矩方程式可知，通过改变定子电流 i_{sd} 和 i_{sq} 的大小，便可实现对电磁转矩的调节，而根据定子电流矢量在 dq 轴的分配比例不同，永磁同步发电机存在多种不同的矢量控制策略，如零 d 轴电流控制、最大转矩电流比控制、恒定气隙磁链控制、单位功率因数控制等。其中，永磁同步电机的零 d 轴电流控制方式结构简单，应用最为广泛。

当采取 $i_{sd}=0$ 的转子磁场定向矢量控制策略时，发电机的转矩方程简化为：

$$T_e = \frac{3}{2}\eta_p i_{sq}\psi_f \tag{1-71}$$

上式说明，永磁同步电机的电磁转矩仅由定子电流的 q 轴分量决定，调节 i_{sq} 的大小即可实现电机转速的控制。此时电机的定子电流可全部用于产生电磁转矩，具有较高的效率。值得说明的是，在 $i_{sd}=0$ 的控制方式下，还能够避免在 d 轴方向出现电枢反应，防止永磁体产生退磁现象。

根据定子电压方程，可得机侧变流器输出电流与电压间的传递函数为：

$$\begin{cases} \dfrac{i_{sd}(s)}{u_{sd}(s)} = \dfrac{1}{L_{sd}s + R_s} \\[2mm] \dfrac{i_{sq}(s)}{u_{sq}(s)} = \dfrac{1}{L_{sq}s + R_s} \end{cases} \tag{1-72}$$

由上式可知，当 $L_{sd} \neq L_{sq}$ 时，机侧变流器的 d 轴和 q 轴电流内环控制需要两组不同参数的 PI 调节器。进一步，可得机侧变流器的内环控制方程为：

$$\begin{cases} u_{sd} = -\left[k_{pd\_m}(i_{sd}^* - i_{sd}) + k_{id\_m}\int (i_{sd}^* - i_{sd})\,\mathrm{d}t \right] + \Delta u_{sd} \\[2mm] u_{sq} = -\left[k_{pq\_m}(i_{sq}^* - i_{sq}) + k_{iq\_m}\int (i_{sq}^* - i_{sq})\,\mathrm{d}t \right] + \Delta u_{sq} + u_{gm} \end{cases} \tag{1-73}$$

$$\begin{cases} \Delta u_{sd} = -\omega_s L_{sq} i_{sq} \\[2mm] \Delta u_{sq} = \omega_s L_{sd} i_{sd} \end{cases} \tag{1-74}$$

式中：k_{pd_m}、k_{id_m} 和 k_{pq_m}、k_{iq_m} 分别为定子 d 轴和 q 轴电流内环 PI 调节器的比例、积分系数；i_{sd}^*、i_{sq}^* 分别为 d 轴、q 轴电流的给定值；Δu_{sd} 和 Δu_{sq} 侧表示 d 轴和 q 轴电压之间的耦合补偿项。

发电机定子 q 轴电流分量的给定值取决于外环的输出，当机侧变流器采用转矩外环来跟踪风电机组的最优转矩时，基于 PI 调节器的转矩外环控制方程为：

$$i_{sq}^* = k_{pt\_m}(T_e^* - T_e) + k_{it\_m}\int (T_e^* - T_e)\,\mathrm{d}t \tag{1-75}$$

式中：k_{pt_m}、k_{it_m} 分别为转矩外环 PI 调节器的比例、积分系数；T_e^* 为发电机电磁转矩的给定值。

针对永磁同步发电机的机侧变流器控制策略如图 1-46 所示。图中，发电机采用基于转子磁链定向的电流内环、转矩外环的控制方式，与网侧变流器类似，定子 dq 轴电流除了与各自控制电压有关外，还受到交叉耦合电压分量的影响，因此在定子电流的闭环控制环路中分别加入了去耦项。另外，在 q 轴定子电流环外级联传入了转矩控制外环，以获取 q 轴电流参考值，而发电机的电磁转矩指令由上文的最大功率跟踪算法获得。

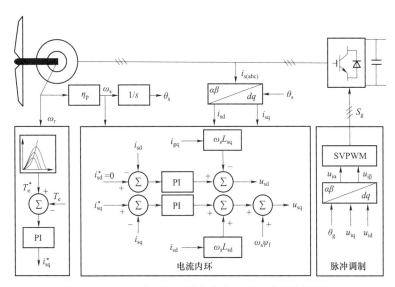

图 1-46　针对永磁同步发电机的机侧变流器控制框图

三、新能源电站运行技术

与常规电源不同，场站层是新能源发电特有的与电网交互关口。在新能源发电并网规模不断提高的过程中，已经发展出一系列新能源电站运行技术，形成了一套新能源电站控制系统。新能源发电机组想要顺利并网运行就必须要通过新能源电站控制系统的调控。新能源电站控制系统协调控制站内大量状态和特性迥异的设备，其不同的控制策略和特性将直接影响新能源发电并网的运行特性。

（一）新能源电站控制系统的基本情况

新能源电站的运行需满足一定要求才可保障电网的安全稳定运行。根据 GB/T 19963—2021《风电场接入电力系统技术规定》、GB/T 19964—2012《光伏发电站接入电力系统技术规定》等国家及行业标准的要求，新能源电站应配置有功功率、电压控制、一次调频等控制系统，并具备相应的调节能力。常规新能源电站的控制系统一般包括能量管理系统（EMS）、有功功率控制系统（AGC）、无功电压控制系统（AVC）和一次调频系统等。图 1-47 和图 1-48 分别展示了典型风电场和典型光伏电站的控制系统拓扑。

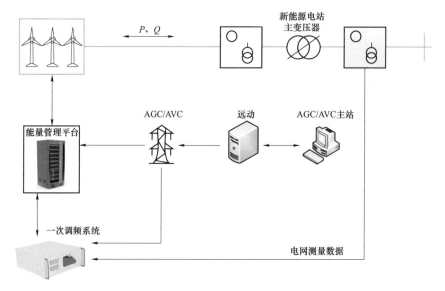

图 1-47　典型风电场控制系统拓扑

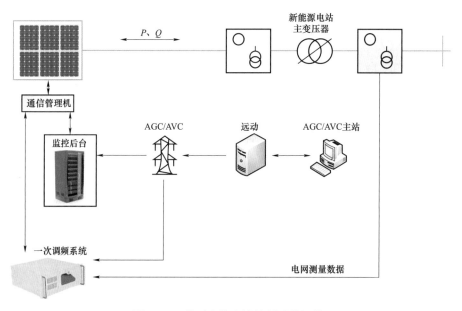

图 1-48　典型光伏电站控制系统拓扑

　　根据拓扑图可知,与风电场相比,光伏电站的控制系统中没有能量管理平台。下面以风电场为例分别介绍各个系统。

1. 能量管理系统

　　风电场能量管理系统一般是指控制各个风电机组有功功率和无功功率的能量管理平台。在运行数据监控系统的基础上,风电场能量管理系统协调控制风电机群的有功功率、无功功率,以响应上级控制系统下发的控制指令,并实现闭环控制。能量管理系统是风电场功率控制系统的重要组成部分,一般由风电机组设备厂家设计开发。若风电场内包含多个厂家的风电机组,则会有多个能量管理平台。

风电场能量管理系统是风电场实现功率、电压等控制的基础，其他控制系统如 AGC、AVC 系统都必须通过向能量管理系统下发相应控制指令才可以实现其控制目标。风电场能量管理系统具有四大技术特点：① 交互性，EMS 服从下发的控制指令；② 协调性，EMS 可以协调内部各个设备；③ EMS 必须基于预测进行控制；④ EMS 是一种自动化、智能化的闭环控制。由于光伏发电单元结构相对简单，因此光伏电站中不需要能量管理平台对各个发电单元进行协调，而是由 AGC/AVC 直接下发各单元的有功功率/无功功率指令。

2. 有功功率控制系统

风电场有功功率控制系统的自动调节采用循环扫描方式，实时扫描风电场汇集线有功加和和目标有功指令值，并根据调度 AGC 主站下发的目标指令值与实时有功值之间的差值，判断是否大于死区值。若大于死区，则计算需要增发的有功量，按照等有功备用（按照当前各风电机组群有功可上调或下调容量的比例，进行有功增量的分配）并借助网络给能量管理平台下发调节命令，之后由能量管理平台控制风电机组，实现对风电场动态有功跟踪调节的目的。由于受到调度端 AGC 主站的控制，风电场有功功率控制系统也称为 AGC 子站。

风电场有功功率控制系统典型通信架构如图 1-49 所示。

3. 无功电压控制系统

风电场无功电压控制系统通过远动系统接收调度 AVC 主站下发的升压站高压侧母线电压调节指令。根据无功源—主变压器分接头的调节顺序，结合升压站监控系统转发的系统侧电气量信息以及风电机组监控系统转发的全场风电机组各电气量信息，按照无功电压优化控制机及无功分配策略，首先考虑对站内无功源的无功控制，优化分析计算出各风电机组的无功功率，通过风电机组监控系统发送至各风电机组的就地主控制系统来调节风电机组的变频器，以达到调控风电机组无功功率的目的。当风电机组无功功率调节到极限后仍不能满足母线电压要求时，再通过全场无功补偿设备（SVG）来调节系统无功功率。最后，如果 SVG 充分调节后仍不能满足母线电压要求，则通过子站提示运行人员考虑调节主变压器分接头，以满足调度母线电压调控目标。与有功功率控制系统类似，新能源发电站无功电压控制系统也可称为 AVC 子站。

风电场无功电压控制系统典型通信架构如图 1-50 所示。

4. 一次调频系统

风电场一次调频系统实时采集并网点的电压信号，计算实际电网的频率，当新能源发电系统频率偏差超过频率设定死区时，计算新能源电站需要调整的功率差值，下发给风电机组能量管理平台/光伏逆变器，实现有功功率的快速调节。

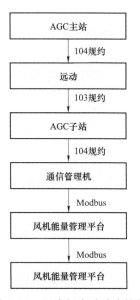

图 1-49　风电场有功功率控制系统典型通信架构

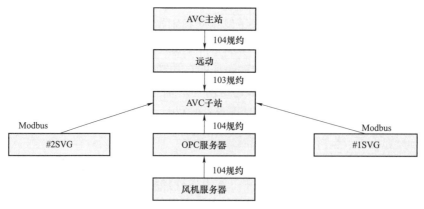

图 1-50 风电场无功电压控制系统典型通信架构

一次调频系统有多种拓扑形式。对于新建的新能源电站，一般直接将一次调频系统与 AGC 整合；对于已经建成投运的新能源电站，需要对原有电站控制系统进行改造才能加装一次调频系统。根据一次调频系统与 AGC 和 EMS 的拓扑关系，目前适用于已投运电站改造的一次调频系统分为三种：① 与 AGC 系统并列接入 EMS，需要一次调频时向 AGC 发出闭锁信号，EMS 执行一次调频系统的有功指令，图 1-46 所示的风电场控制系统即为此种类型；② 串接在 AGC 与 EMS 之间，一次调频系统接受 AGC 指令，并根据预设策略将一次调频指令与之叠加后再向 EMS 下发指令；③ 串接在电站 AGC 与上级电网调度机构之间，当需要一次调频时取代调度信号向 AGC 下达有功指令。此外，还有些风电机组厂家直接将一次调频系统集成到能量管理系统中。

（二）新能源电站的运行要求

目前，针对新能源电站运行已经出台了一系列国家标准、能源及电力行业标准。其中具有权威性的标准有：GB/T 19963.1—2021《风电场接入电力系统技术规定　第 1 部分：陆上风电》、GB/T 19964—2012《光伏发电站接入电力系统技术规定》、GB/T 31464—2015《电网运行准则》、DL/T 1870—2018《电力系统网源协调技术规范》和 NB/T 10316—2019《风电场动态补偿装置并网性能测试规范》等。这些标准对新能源电站的并网运行性能提出了要求，包括有功/无功控制能力、电能质量、电压频率适应能力、惯量响应和一次调频能力等。新能源电站只有经检测满足要求后才可以并网。

关于风电场运行的国标 GB/T 19963《风电场接入电力系统技术规定》于 2005 年发布，在 2011 年和 2021 年两次修订。该标准对风电场运行要求的变化梳理如表 1-4 所示。2005 年仅对风电场有功功率、无功功率、电能质量和运行适应性四个方面有要求，且性能要求十分宽泛。2011 年修订后则增加了关于功率预测、电压控制及故障穿越方面的要求，并提出了明确考核指标。对风电场有功功率、无功功率等方面的性能要求也有提高。在 2021 年修订版中增加了关于惯量响应和一次调频的要求和指标。可以看出，随着风电技术的发展，对风电场运行的技术要求越来越全面，也越来越严格。

表 1-4　　　　　　　　　　　不同时期风电场并网运行要求变化情况

项目	2005 年	2011 年	2021 年
有功功率	√	√	√
无功功率	√	√	√
电能质量	√	√	√
运行适应性	√	√	√
功率预测		√	√
电压控制		√	√
故障穿越		√	√
惯量响应和一次调频			√

GB/T 19964《光伏电站接入电力系统技术规定》于 2005 年发布，2012 年修订。光伏电站并网要求的逐步变化过程见表 1-5，与风电场类似，2005 年仅对光伏电站有功功率、无功功率、电能质量和运行适应性四个方面有要求；2012 年修订后则增加了关于功率预测、电压控制及故障穿越方面的要求，并有明确考核指标，对有功功率、无功功率的性能要求也更加严格；2021 年发布的 GB/T 40595—2021《并网电源一次调频技术规定及试验导则》要求光伏电站应具备一次调频相关要求。

表 1-5　　　　　　　　　　　不同时期光伏电站并网运行要求变化情况

项目	2005 年	2012 年	2021 年
有功功率	√	√	√
无功功率	√	√	√
电能质量	√	√	√
功率预测		√	√
电压控制		√	√
运行适应性		√	√
故障穿越		√	√
一次调频			√

（三）新能源电站并网性能

根据前述标准的要求,新能源电站应当在全部机组并网调试运行后 6 个月内向电力系统调度机构提供有关电站运行特性的测试报告,包括有功功率控制与无功电压控制性能。

1. 有功功率控制性能

有功功率控制策略主要有两种:一是功率等比例分配,即按照机组额定容量进行分配;

二是等有功分配，按照机组有功可调容量进行分配。新能源发电电站有功功率控制性能应满足（有功控制系统在指令阶跃量为20%额定装机容量测试条件下）：

　　a）控制精度为装机容量的3%；

　　b）指令响应时间不超过30s；

　　c）系统调节时间不超过120s；

　　d）超调量不超过装机容量10%。

　　光伏电站有功控制系统性能应满足（有功控制系统在指令阶跃量为20%额定装机容量测试条件下）：

　　a）控制精度为2%装机容量；

　　b）指令响应时间不超过20s；

　　c）系统调节时间不超过50s；

　　d）超调量为装机容量的5%以内。

　　风电场和光伏电站不同功率区间有功功率响应性能统计结果如表 1-6 和表 1-7 所示。

表 1-6　　　　　　　　　　　　风电场 AGC 性能统计结果

风电场功率区间	AGC 性能指标	平均值	最大值	最小值
60%	最大偏差（%）	1.28	1.33	1.35
40%	最大偏差（%）	1.30	1.35	1.28
	超调量（%）	0	0	0
	指令响应时间（s）	5.38	5.56	5.45
	控制响应时间（s）	38.5	39.9	38.45
20%	最大偏差（%）	1.09	1.12	1.02
	超调量（%）	0	0	0
	指令响应时间（s）	4.76	4.90	4.74
	控制响应时间（s）	33.46	34.80	33.02
40%	最大偏差（%）	0.97	0.98	1.06
	超调量（%）	0.18	0.20	0.22
	指令响应时间（s）	5.16	5.89	5.50
	控制响应时间（s）	34.08	34.24	34.56
60%	最大偏差（%）	1.32	1.40	1.43
	超调量（%）	0.48	0.51	0.56
	指令响应时间（s）	3.77	3.90	3.74
	控制响应时间（s）	35.08	36.62	37.28

表 1-7　　　　　　　　　　　　　　　光伏电站 AGC 性能统计结果

光伏电站功率区间	AGC 性能指标	平均值	最大值	最小值
60%	最大偏差（%）	0.42	1.38	0.30
40%	最大偏差（%）	0.81	1.8	0.18
	超调量（%）	0	0	0
	指令响应时间（s）	3.92	7	1
	控制响应时间（s）	12.2	27	2
20%	最大偏差（%）	0.62	1.48	0.2
	超调量（%）	0	0	0
	指令响应时间（s）	4	8	1
	控制响应时间（s）	11.2	22	3
40%	最大偏差（%）	0.18	1.54	0.25
	超调量（%）	0.34	3.08	0
	指令响应时间（s）	4.17	7	1
	控制响应时间（s）	15.08	45	4
60%	最大偏差（%）	0.64	1.88	0.15
	超调量（%）	0	0	0
	指令响应时间（s）	3.83	7	1
	控制响应时间（s）	17.25	44	5

2. 无功电压控制性能

无功电压控制策略是根据无功 – 电压转换算法将电压目标值转换为无功目标值，并以预设策略计算各个无功源的无功指令，新能源电站无功电压控制性能要求如下：

a）稳态控制响应时间小于 30s；

b）控制误差绝对值百分比小于 0.5%。

测试时，根据新能源电站实际运行情况下达电压指令 1，考察控制误差情况。而后分别下达电压指令 2 和 3，考察控制误差的同时也要考察稳态控制响应时间情况。风电场和光伏电站不同电压指令响应结果如表 1-8 和表 1-9 所示。

表 1-8　　　　　　　　　　　　　　　风电场 AVC 性能统计结果

风电场电压指令	AVC 性能指标	平均值	最大值	最小值
指令 1	控制误差绝对值百分比（%）	0.06	0.16	0.01
指令 2	控制误差绝对值百分比（%）	0.08	0.18	0.01
	稳态控制响应时间（s）	14.8	24	7
指令 3	控制误差绝对值百分比（%）	0.1	0.25	0.01
	稳态控制响应时间（s）	12.8	22	7

表 1-9 光伏电站 AVC 性能统计结果

光伏电站电压指令	AVC 性能指标	平均值	最大值	最小值
指令 1	控制误差绝对值百分比（%）	068	0.31	0.03
指令 2	控制误差绝对值百分比（%）	0.08	0.3	0.03
	稳态控制响应时间（s）	2	9	3
指令 3	控制误差绝对值百分比（%）	0.06	0.22	0.03
	稳态控制响应时间（s）	3.0	19	5

参 考 文 献

［1］ 李俊峰. 2012 中国风电发展报告［M］. 北京：中国环境科学出版社，2012.

［2］ 国家能源局. 我国光伏发电度电成本 10 年下降 90%［EB/OL］.（2018－04－13）. http://www.nea.gov.cn/2018－04/13/c_137108373.htm.

［3］ 科技日报. 我国内地首家民营高科技企业上市纽约证券交易所［EB/OL］.（2005－12－15）. http://www.gov.cn/ztzl/2005－12/15/content_127427.htm.

［4］ 新华社. 胡锦涛在联合国气候变化峰会开幕式上讲话（全文）［EB/OL］.（2009－09－23）. http://www.gov.cn/ldhd/2009－09/23/content_1423825.htm.

［5］ 国家能源局. 我国风电装机连续五年翻番增长［EB/OL］（2011－05－27）. http://www.nea.gov.cn/2011－05/27/c_131086572.htm.

［6］ 国家能源局. 2010 年中国风电装机容量统计［EB/OL］.（2011－07－05）. http://www.nea.gov.cn/2011－07/05/c_131086514.htm.

［7］ 国家能源局. 从技术空白到产业化规模发展——改革开放 40 年可再生能源发展成就观察［EB/OL］.（2018－11－15）. http://www.nea.gov.cn/2018－11/15/c_137607897.htm.

［8］ 国家能源报道. 改革开放 40 年我国风电行业成绩斐然［EB/OL］.（2018－12－19）. http://www.escn.com.cn/news/show－695085.html.

［9］ 中国能源网. 2009—2010 年国内外风电产业发展报告［EB/OL］.（2011－01－26）. https://www.china5e.com/news/news－155607－1.html.

［10］ 国家电监会. 风电安全监管报告［R］. 北京：国家电监会，2011.

［11］ 国家能源局. 2012 中国风电发展报告［EB/OL］.（2011－07－05）. https://www.gwec.net/wp-content/uploads/2012/11/China－report.pdf.

［12］ 国家能源局. 2016 年风电并网运行情况［EB/OL］.（2017－01－26）. http://www.nea.gov.cn/2017－01/26/c_136014615.htm.

［13］ 中国可再生能源学会风能专业委员会. 2021 年中国风电吊装容量简报［R］. 北京：中国可再生能源学会风能专业委员会，2022.

［14］ 全球风能理事会. 全球风电供应侧报告［R］. 北京：全球风能理事会，2022.

［15］ 国家能源局. 国家能源局 2022 年四季度网上新闻发布会文字实录［EB/OL］.（2022－11－14）.
http://www.nea.gov.cn/2022－11/14/c_1310676392.htm.

［16］ 央视新闻客户端. 我国新能源发电装机大幅增长加速能源转型［EB/OL］.（2022－11－24）.
http://www.nea.gov.cn/2022－11/24/c_1310679256.htm.

［17］ 中国长江三峡集团有限公司. 全球单机容量最大 16 兆瓦海上风电机组下线［EB/OL］.（2022－11－25）.
http://www.sasac.gov.cn/n2588025/n2588124/c26567852/content.html.

［18］ 新华网. 习近平在第七十五届联合国大会一般性辩论上的讲话（全文）［EB/OL］.（2020－09－22）.
http://www.xinhuanet.com/politics/leaders/2020－09/22/c_1126527652.htm.

［19］ 新华网.“十四五”末可再生能源将成消费增量主体［EB/OL］.（2021－03－31）. http://www.xinhuanet.
com/finance/2021－03/31/c_1127276351.htm.

［20］ 石文辉，屈姬贤，罗魁，等. 高比例新能源发电并网与运行发展研究［J］. 中国工程科学，2022，
24（06）：52－63.

［21］ 舒印彪，张丽英，张运洲，等. 中国电力碳达峰、碳中和路径研究［J］. 中国工程科学，2021，23
（06）：1－14.

［22］ 项目综合报告编写组.《中国长期低碳发展战略与转型路径研究》综合报告［J］. 中国人口·资源与
环境，2020，30（11）：1－25.

［23］ 中华人民共和国国家发展和改革委员会，国家能源局. 以沙漠、戈壁、荒漠地区为重点的大型风
电光伏基地规划布局方案［EB/OL］.（2022－02－28）［2022－06－11］. http://www.chinawindnews.
com/22554.html.

［24］ 张智刚，康重庆. 碳中和目标下构建新型电力系统的挑战与展望［J］. 中国电机工程学报，2022，
42（08）：2806－2819.

第二章
高比例新能源接入电网的主动支撑需求

  风电、光伏电力电子变流器并网多采用原动机输入功率与网侧电磁功率解耦的控制模式，缺乏旋转备用容量和转动惯量，不能提供与传统同步发电机类似的惯性响应。1000MW 火电机组的惯性时间常数达 8~10s，而变速风电机组和光伏机组几乎没有等效惯性；新能源机组缺乏自主响应系统频率、电压变化的能力，无法根据电网需求实时调整有功、无功功率，不具备主动支撑电网的能力。新能源机组大规模接入电网会导致系统抗扰能力下降，电网安全稳定运行将面临巨大风险。在这种背景下，本章从电网调频、调压、阻尼需求三个方面出发，介绍电力系统对新能源主动支撑的迫切需求。

第一节　高比例新能源电力系统调频需求分析

高比例新能源电力系统中风电、光伏等新能源发电将成为主力电源，以高渗透率接入的新能源发电将深刻改变传统电力系统中有功–频率相互作用的形态、特征和机理。传统电力系统中的火电等常规机组具有较强的有功调节能力以支撑系统频率。而目前的风电、光伏机组多运行于不预留备用状态，缺乏主动调频功能。随着新能源大量替代火电、水电等可调频电源，维持电网频率安全稳定的物理基础被不断削弱。近年来，英国、华东电网都因系统可调频资源不足而发生了频率大幅偏移甚至停电事件。

一、电网频率事故案例

1. 英国 8·9 频率扰动事件

当地时间 2019 年 8 月 9 日 17:00 左右，英国霍恩风电场意外脱网及小巴福德电站蒸汽机 ST1C、燃气机 GT1A 意外停机，后导致分布式电源脱网，使系统累计功率缺额达 1691MW，而当时电网存留的频率调节能力为 1000MW，致使系统频率持续跌落至 48.8Hz，如图 2-1 所示，触发低频减负荷。事故造成英格兰与威尔士部分地区停电，损失负荷约 3.2%，约有 100 万人受到停电影响。停电发生后，伦敦等重要城市的地铁与城际火车停运、道路交通信号中断，市民被困在铁路或者地铁中，居民正常生活受到影响；部分医院由于备用电源不足无法进行医事服务。这是自 2003 年"伦敦大停电"以来英国发生的规模最大、影响人口最多的停电事故。事故分析表明，导致大停电事故的原因之一为：新能源发电机组大量替代同步机，导致系统惯量水平下降、调频资源减少，系统稳定特性发生恶化，削弱了系统抵抗频率扰动的能力。

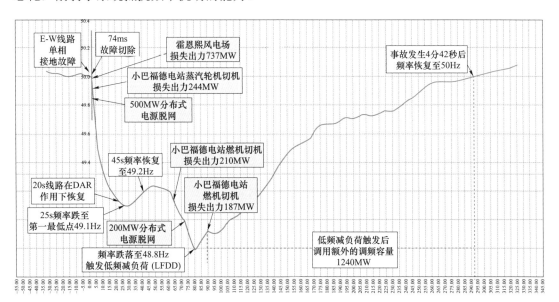

图 2-1　英国 8·9 事件的频率扰动过程

2. 华东电网 9•19 频率扰动事件

2015 年 9 月 19 日，华东电网锦苏特高压直流发生双极闭锁，故障前，落地华东电网的直流输电功率总量约为 25.7GW，其中锦苏直流落地功率约为 4.9GW，系统频率为 49.97Hz，华东电网负荷为 138GW，开机 168GW，旋转备用约为 52GW。故障发生后，华东电网出现较大功率缺额，12s 后全网频率最低跌至 49.56Hz，如图 2-2 所示。这是十年来华东电网频率首次跌破 49.8Hz。后经电网动态区域控制偏差（ACE）动作以及华东网调的紧急调度，约 240s 后频率恢复至 50Hz。事故后分析表明，本次事故中华东电网损失发电约 3.55%，即造成了约 0.41Hz 的频率跌落，系统频率稳定特性弱于之前的经验认识，主要与小负荷方式下电网开机规模较小导致系统转动惯量降低有关，且机组一次调频响应情况不及预期。

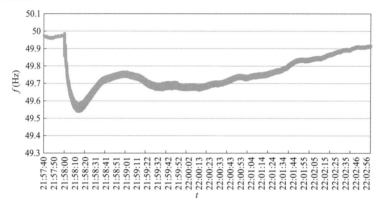

图 2-2　华东 9•19 事件的频率扰动过程

以风电机组、光伏为代表的新能源发电将成为未来电力系统中的主力电源，也将逐渐承担起电力系统的调频责任。风电场、光伏电站应具备惯量响应、一次调频或其他形式的快速频率响应（快速频率响应：电源根据频率调节有功输出以支撑系统频率安全稳定的响应特性）功能越来越成为业界共识。2018 年 12 月 29 日，全国电网运行与控制标准化技术委员会针对国家标准 GB/T 40595—2021《并网电源一次调频技术规定及试验导则》征求意见，意见中明确了新能源场站的一次调频功能要求，并指出风电场一次调频功率上升时间应不大于 15s，调节时间应不大于 20s；光伏电站一次调频有功功率上升时间应不大于 5s，调节时间应不大于 15s。2020 年 7 月 1 日施行的国家标准 GB 38755—2019《电力系统安全稳定导则》中要求，新能源场站应该具有一次调频能力，并且一次调频的优先级应高于自动发电控制。由此，新能源场站进行主动调频已经成为必然的趋势。

二、大电网频率主动支撑需求的仿真分析

基于某大型同步电网开展系统频率主动支撑需求的仿真分析，该电网的新能源装机占比为 20%，考虑系统严重故障下的安控切机工况，系统瞬间可能损失掉占开机容量

4.2%的电源。采用 PSASP 仿真平台对上述工况进行研究，得到系统动态特性如图 2-3 所示。

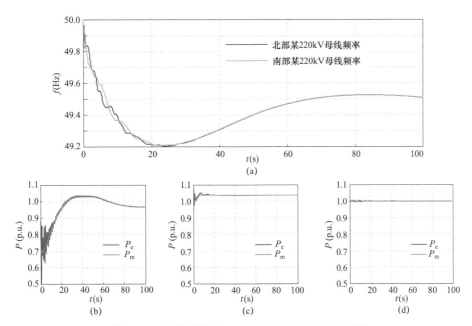

图 2-3　功率缺额扰动下某同步电网频率动态过程
（a）某同步电网频率特性；（b）典型机组 A 功率；（c）典型机组 B 功率；（d）典型机组 C 功率

图 2-3（a）给出了某同步电网中北部和南部两个电气距离较远的 220kV 母线频率的动态特性，通过两者的比较可以看出：在一个同步电网中，电气距离很远的两个节点，其频率动态特性基本保持一致。同时可知，根据算例给出的工况，系统频率在发生 4.2%功率缺额后的第 21s 跌落到最低值 49.21Hz，可能引发低频减负荷。

图 2-3（b）～（d）分别给出了系统中三种典型机组的出力水平，典型机组 A 在系统频率跌落过程中一直进行功率支撑，其支撑幅度由惯量和调频系数决定；典型机组 B 在频率跌落开始阶段的几秒内进行与典型机组 A 类似的支撑，而后受一次调频限幅的影响，一直按照由调频限幅参数决定的出力水平进行功率支撑；典型机组 C 没有惯量和调频响应，未对频率跌落进行相应的功率支撑。

由于算例系统中存在大量如典型机组 B 所代表的不满足一次调频标准要求的电源，以及如典型机组 C 所代表的不具备惯量和调频支撑能力的新能源机组，才导致系统在发生 4.2%功率缺额后，频率最低点跌落幅度为 0.79Hz。这说明，如果系统中不满足一次调频考核标准的机组或者不进行主动频率支撑的新能源机组持续增加，那些原本不用依靠低频减负荷就能处理的功率缺额事件，可能会造成切负荷，甚至更大的损失。

采用 PSASP 进行仿真分析，在新能源发电占比不断提高条件下，研究系统在第 0s 时发生 4.2%功率缺额后，系统的频率与新能源电磁功率，结果如图 2-4 所示。

由图 2-4 可以看出，在新能源发电占比不断提高的过程中，系统频率最低点显著下降，若新能源不具备频率主动支撑功能，接入新能源比例的不断提高将显著降低系统频率抗扰能力。高比例新能源电力系统亟需新能源发电提供必要的频率主动支撑。

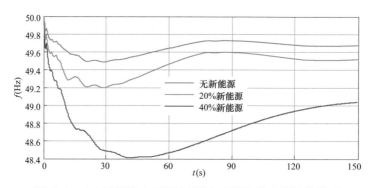

图 2-4　功率缺额扰动下系统频率与新能源发电占比的关系

第二节　高比例新能源电力系统暂态电压支撑需求分析

由于我国风光资源与用电负荷的逆向分布特点，大规模新能源大多经过交直流系统远距离集中送出，导致新能源送端系统普遍存在就地同步电源少、系统抗扰能力弱的特征，易于出现各种稳定问题，其中电压问题尤为突出。我国已出现多起新能源机组集中接入后系统暂态电压异常并导致机组脱网的事件。总体来看，我国电压异常工况下新能源电站脱网的起因主要分为三类：① 电网发生短路故障，系统电压具有"低电压+高电压"的特点；② 新能源场站投切电容器失当，系统电压具有"单一高电压"的特点；③ 特高压直流闭锁故障，系统电压也具有"单一高电压"的特点。

从前期事件经验来看，当电网发生短路故障时，若新能源机组低电压穿越能力不满足要求，将在故障期间发生脱网，且部分新能源发电机组（如双馈风电机组）脱网前将从电网吸收大量无功功率，促使系统电压进一步下降，可能引发附近新能源连锁脱网。短路故障切除后，由于新能源脱网和在运新能源的功率恢复较慢，导致线路无功消耗降低，无功补偿装置未能及时退出，造成局部电网无功过剩，电网电压将快速升高，引起新能源机组因不具备高电压穿越能力而脱网。机组脱网后线路负荷进一步下降，加剧地区无功过剩程度，可能引起更多新能源机组高电压脱网。当新能源场站投切电容失当或特高压直流发生闭锁故障时，若场站无功电压调节能力不足、机组缺乏主动调压能力，将导致母线电压快速爬升，引发新能源机组高电压连锁脱网。

无论是"低电压+高电压"还是"单一高电压"的电压越限，其背后原因均与新能源高、低电压穿越能力不足、机组主动电压支撑能力缺失和系统无功电压控制能力弱密切相关。新能源在电压异常工况下脱网后，无法对已产生的电压异常问题进行抑制，且可能因脱网而产生新的稳定问题，因此，提高新能源暂态电压支撑能力具有重要意义。下面分别对这些脱网事件的技术特征进行研究，并据此开展高比例新能源电力系统对暂态电压支撑需求的分析。

一、电网电压事故案例

（一）短路后电压异常导致的新能源脱网特征分析

2011 年起，华北、西北等地区多次发生大规模风电脱网事件，下面简要介绍某省级电网发生的 3 起较大规模风电脱网事件。

2011 年 4 月 17 日，某风电场内 35kV 发生 B、C 相间短路故障，该风电场临近的汇集站 A 所接风电场机组因不具备低电压穿越能力而脱网。大量风电机组脱网后，由于风电汇集站内大量富余无功补偿装置仍在网运行，系统电压大幅升高，引起近区汇集站 B 所接风电场因过电压脱网。此次故障共造成 9 座风电场发生风电机组脱网，脱网风电机组共计 644 台、功率共计 854MW（约占该地区装机容量的 81.5%）。

2012 年 3 月 30 日，某地区 220kV 线路发生 B、C 相间短路故障，近故障侧汇集站电压降低至额定电压的 25.6%，接入汇集站的 14 座风电场因不具备低电压穿越功能而发生风电机组脱网。故障切除后，各风电场无功过剩，导致周围部分风电场并网点电压迅速升高，在故障后 75～110ms 内即超过额定电压的 1.1 倍，造成风电机组因高电压而脱网。此次故障共造成 660 台风电机组、46 个光伏单元停运，损失电力 875.5MW。

2011 年 12 月 21 日，某风电场内部发生 35kV 汇集线 B、C 相间短路故障，同样引发了周边风电场发生"低电压＋高电压"的脱网事件。风电场故障 3580ms 后，其接入的汇集站 220kV 送出线路发生 B、C 相间故障，故障再次引起"低电压＋高电压"的风电机组脱网事件。

上述脱网事件均具备"低电压＋高电压"特点，典型风电场母线电压波形如图 2-5～图 2-7 所示，电压变化情况如表 2-1 所示。比较历次新能源电站"低电压＋高电压"事

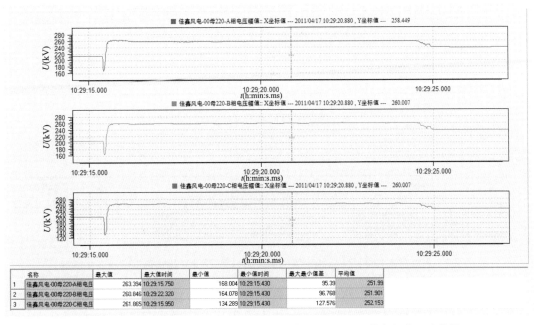

图 2-5　2011 年 4 月 17 日脱网事件典型风电场 220kV 母线各相电压变化情况

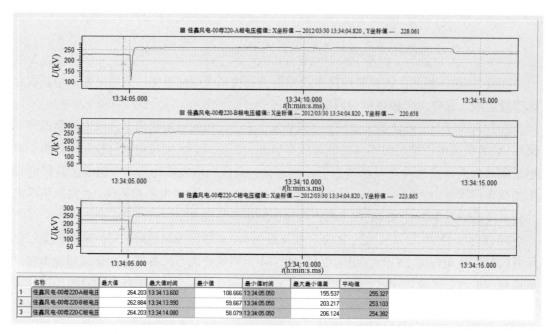

	名称	最大值	最大值时间	最小值	最小值时间	最大最小值差	平均值
1	佳鑫风电-00母220-A相电压	264.203	13:34:13.600	108.666	13:34:05.050	155.537	255.327
2	佳鑫风电-00母220-B相电压	262.884	13:34:13.990	59.667	13:34:05.050	203.217	253.103
3	佳鑫风电-00母220-C相电压	264.203	13:34:14.080	58.079	13:34:05.050	206.124	254.382

图 2-6　2012 年 3 月 30 日脱网事件典型风电场 220kV 母线各相电压变化情况

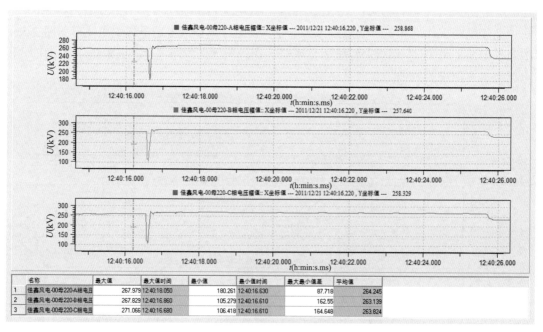

	名称	最大值	最大值时间	最小值	最小值时间	最大最小值差	平均值
1	佳鑫风电-00母220-A相电压	267.979	12:40:18.050	180.261	12:40:16.630	87.718	264.245
2	佳鑫风电-00母220-B相电压	267.829	12:40:16.860	105.279	12:40:16.610	162.55	263.139
3	佳鑫风电-00母220-C相电压	271.066	12:40:16.680	106.418	12:40:16.610	164.648	263.824

图 2-7　2011 年 12 月 21 日脱网事件典型风电场 220kV 母线各相电压变化情况

件过程，机组脱网的重要原因是新能源机组不具备低/高电压穿越能力、故障期间风电机组吸收无功恶化电压跌落、风电场内无功补偿装置响应不及时。

表 2-1　　　　　　　　　　　风电脱网前后汇集站电压变化情况

		故障前	故障期间	
		（U_N）	最低（U_N）	最高（U_N）
2011 年 4 月 17 日 脱网事件	A 相电压	0.97	0.76	1.20
	B 相电压	0.94	0.75	1.19
	C 相电压	0.95	0.61	1.19
2012 年 3 月 30 日 脱网事件	A 相电压	1.04	0.49	1.20
	B 相电压	1.00	0.27	1.19
	C 相电压	1.02	0.26	1.20
2011 年 12 月 21 日 脱网事件	A 相电压	1.18	0.82	1.22
	B 相电压	1.17	0.48	1.22
	C 相电压	1.17	0.48	1.23

（二）投切电容后电压异常导致的新能源脱网特征分析

2012 年 5 月 14 日，某地区风电处于大发状态，某风电场投入一组 23Mvar 低压无功补偿电容器，导致该风电场接入的汇集站 A 母线电压出现跃升，从 212kV 上升至 220kV，并保持了 5s 的持续爬升，导致汇集站 A 的电压超过 $1.1U_N$，引起接入汇集站 A 的风电机组率先脱网。部分风电机组脱网后线路无功消耗降低，母线电压以更快速度爬升，进而造成该地区汇集站 B 和 C 下的部分风电机组脱网。此次事故共造成 584 台风电机组停运，损失电力 737.1MW。此次风电脱网是由于风电大发条件下投切电容器滤波支路所致，具有"单一高电压"特点，反映出动态无功补偿装置不具备恒电压自动调节能力、无法自动调节吸收无功功率的问题。图 2-8 给出了脱网前后汇集站 A 各相电压波动的情况，电压变化情况如表 2-2 所示。

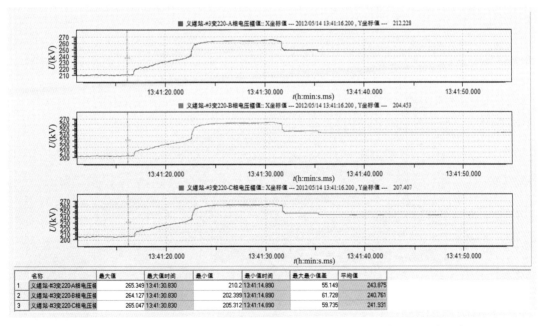

	名称	最大值	最大值时间	最小值	最小值时间	最大最小值差	平均值
1	义缠站-#3变220-A相电压幅	265.349	13:41:30.830	210.2	13:41:14.890	55.149	243.875
2	义缠站-#3变220-B相电压幅	264.127	13:41:30.830	202.399	13:41:14.890	61.728	240.761
3	义缠站-#3变220-C相电压幅	265.047	13:41:30.830	205.312	13:41:14.890	59.735	241.931

图 2-8　2012 年 5 月 14 日汇集站 A 3 号主变压器 220kV 侧各相电压变化情况

表 2-2　　　　　　　2012 年 5 月 14 日脱网前后汇集站 A 电压变化情况

	故障前	故障期间	
	（U_N）	最低（U_N）	最高（U_N）
A 相电压	0.96	0.96	1.21
B 相电压	0.93	0.92	1.20
C 相电压	0.94	0.93	1.20

（三）特高压直流闭锁后电压异常导致的新能源脱网特征分析

2014 年 1 月，我国某特高压直流线路因保护动作导致直流换流阀单极闭锁。直流闭锁后，交流滤波器切除前向电网注入大量无功功率，造成暂态过电压，电压快速升高至最高点，高电压持续时间约 160ms。换流站 750kV 母线电压最高升至 $1.17U_N$，换流站 500kV 母线电压最高升至 $1.26U_N$，单相瞬时电压达到 $1.3U_N$。距离换流站 400km 外的某风电场电压升高达到 $1.15U_N$。虽然故障前风电实际发出有功功率仅为总装机容量的 2%，但事故依旧导致 25 台风电机组因高电压而脱网，损失出力 4MW 左右。此次因特高压直流换流阀闭锁而导致电网电压升高，电压升高的原因在于直流换流阀闭锁后，配套的电容补充无法及时退出，导致产生无功盈余，进而引发电压抬升，风电脱网同样具有"单一高电压"特点。图 2-9 给出了故障期间直流换流站 750kV 母线电压的相位测量单元（Phasor Measurement Unit，PMU）测量曲线和故障录波器曲线。

高比例新能源电力系统源网作用机理复杂，微小的系统扰动经过源网交互可能逐步扩大成剧烈的电压波动，因此提高系统的自抗扰能力与新能源发电的自主调压能力，对保证高比例新能源电力系统的安全稳定运行具有重要意义。

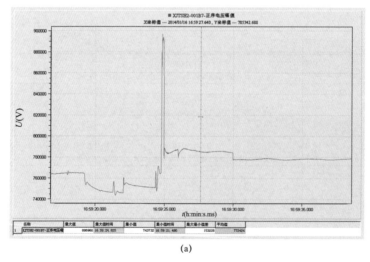

(a)

图 2-9　换流站正序电压变化情况（一）

（a）750kV 母线电压 PMU 曲线

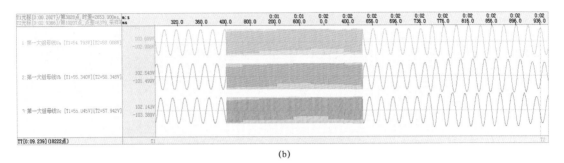

(b)

图 2-9 换流站正序电压变化情况（二）

（b）500kV 母线电压故障录波器曲线

二、电压主动支撑需求的仿真分析

基于某大型新能源汇集送出系统开展系统电压主动支撑需求的仿真分析，该汇集区域的新能源装机占比为 100%，经双回 1000kV 线路送出。考虑一回送出线路发生三相永久性故障，采用 PSD－BPA 仿真平台对上述工况进行研究，得到系统动态特性如图 2-10 所示。

图 2-10 为在汇集站低压侧投入一组 30Mvar 电容器后，汇集站 500kV 侧、风电场 220kV 侧、风电场 35kV 侧和风电机端在不同风电场出力下的压升水平。可以看出，随风电场出力增加，投入同样容量的电容器引起的压升迅速升高，在风电大发的情况下，电压对无功的灵敏度更高，较小的无功变化也将导致电压大幅度波动。

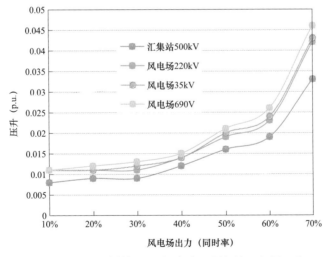

图 2-10 在汇集站投入一组电容器引起的风电场压升

图 2-11 为一回送出线路发生三相永久性故障后，接入该汇集站的某一风电场机端电压。可以看出，随着风电场出力增加，故障后电压振荡更加剧烈，电压峰值更高，发生风电机组高电压脱网的概率大大增加。

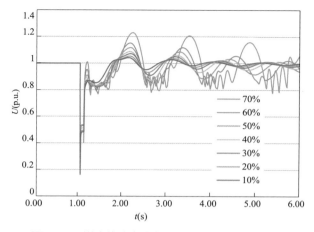

图 2-11　送出线路发生故障后风电机端电压曲线

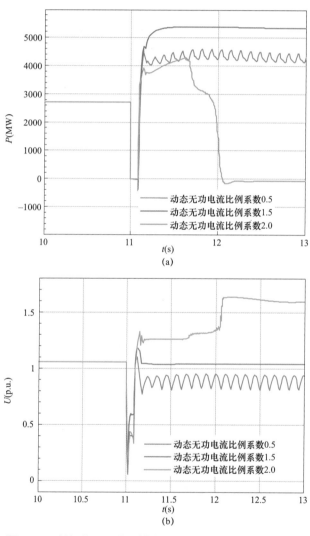

图 2-12　某新能源汇集区域有功功率和机端电压变化情况

（a）剩余一回送出线路有功功率曲线；（b）某风电场机端电压曲线

通过分析以上两种典型振荡的产生原因,可知新能源接入后的系统功率振荡问题涉及多种设备,包括双馈风电机组、直驱风电机组、交流电网和串联补偿等,且其交互过程十分复杂,现象特征和发生条件具有较大差异。新能源发电机组的阻尼不足是发生振荡的主要原因,需对提升新能源并网系统的阻尼进行大量研究。

二、振荡事件特征分析

1. 张家口沽源振荡事件

张家口沽源地区所有风电均汇集至沽源 500kV 变电站,通过两条双回线串补线路输送至内蒙古电网和华北电网。自 2010 年 10 月沽源变电站串补装置投运以后,在沽源所有 500kV 运行线路的串补全部投运及 220kV 风电系统正常送出的情况下,发现沽源地区各风电场和汇集站电流出现了较大幅度的偶发性振荡,振荡频率约为 6～10Hz,为集群风电 – 串补输电系统次同步谐振现象。2012 年 12 月以后,随着沽源地区新建风电场的大量接入,沽源地区发生次同步谐振的条件随之发生变化,次同步谐振的发生概率呈增大趋势。典型的次同步谐振电流波形示意图如图 2-15 所示。

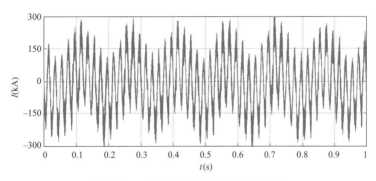

图 2-15　沽源次同步谐振电流示意图

观察上图可知,电流中包含的振荡频率高于电网低频谐振频率(0～2Hz)和风电机组轴系固有谐振频率(1～2Hz),这也表明该地区发生的谐振属于新能源发电与电网之间交互作用产生的纯电气谐振,而与机械及轴系的振荡模态无关。

2. 新疆哈密振荡事件

新疆哈密地区是典型的风电大规模集中接入地区,当地负荷规模小,基本没有常规电源接入,其电网结构示意图如图 2-16 所示。

2015 年 7 月 1 日,新疆哈密地区出现了次同步频率范围内的持续的功率振荡。11:53 – 11:55,振荡导致电厂 M 的 1、2、3 号机组(4 号机组检修,未并网)轴系扭振保护相继动作跳闸,扭振幅值达到 0.5rad/s(疲劳累计跳闸定值 0.188rad/s),共损失功率 128 万 kW,HVDC 功率紧急由 450 万 kW 降至 300 万 kW,事故造成该地区电网频率从 50.05Hz 降为 49.91Hz。期间,M 电厂 1、2 号机组轴系扭振保护启动(模态 2,频率 31.25Hz),并于 20s 后复归。

根据对 7 月 1 日交流电网同步相量测量装置记录的谐波分析，M 电厂机组跳闸前后，交流电网中持续存在 20Hz 左右的次同步谐波分量。谐波频率随时间发生漂移，范围为 10～30Hz 和 70～90Hz。

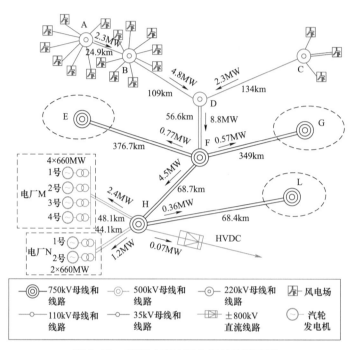

图 2-16　新疆哈密地区电网结构示意图

三、阻尼提升需求的仿真分析

为分析新能源占比不断增加后，系统对新能源进行阻尼提升的需求，利用 RT-LAB（Real Time Laboratory，实时数字仿真实验平台）进行半实物仿真验证，将典型新能源发电机组接入等效系统，系统结构如图 2-17 所示。

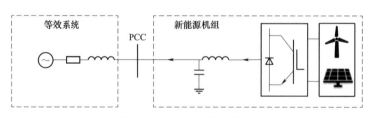

图 2-17　实验系统结构图

为模拟新能源占比的不断增加，减小系统中新能源发电机组接入的电网强度，电网强度由短路比为 10 降低到短路比为 2 后，观察新能源机组输出。

由图 2-18 可以看出，新能源接入强度较高的电网时，系统阻尼较强，可以保持稳定运行。但随着新能源占比的不断提高，电网强度持续下降后，系统阻尼会逐渐减弱，新能源输出功率出现次同步振荡现象,说明高比例新能源电力系统需要新能源提供必要的阻尼支撑。

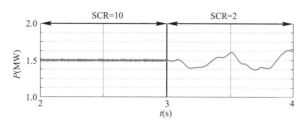

图 2-18 短路比降低导致新能源发电输出功率振荡

参 考 文 献

［1］宣晓华,尹峰,张永军,等.特高压受端电网直流闭锁故障下机组一次调频性能分析［J］.中国电力,2016,49(11):140-144.

［2］秦晓辉,苏丽宁,迟永宁,等.大电网中虚拟同步发电机惯量支撑与一次调频功能定位辨析［J］.电力系统自动化,2018,42(09):36-43.

［3］张伟超.含虚拟同步化新能源发电的电力系统有功功率和频率控制［D］.华北电力大学(北京),2021.

［4］吕志鹏,盛万兴,刘海涛,等.虚拟同步发电机技术在电力系统中的应用与挑战［J］.我国电机工程学报,2017,37(02):349-360.

［5］钟庆昌.虚拟同步发电机与自主电力系统［J］.我国电机工程学报,2017,37(02):336-349.

［6］尹善耀.双馈感应风电机组参与系统调频的控制策略研究［D］.山东,山东大学,2016.

［7］MIAO F, TANG X, QI Z. Capacity con-figuration method for wind power plant inertia response considering energy storage［J］. Automation of Electric Power Systems, 2015, 39(20): 6-11, 83.

［8］刘彬彬,杨健维,廖凯,等.基于转子动能控制的双馈风电机组频率控制改进方案［J］.电力系统自动化,2016,40(16):17-22.

［9］曹军,王虹富,邱家驹.变速恒频双馈风电机组频率控制策略［J］.电力系统自动化,2009,33(13):78-82.

［10］XIN Y, TANG W, LUAN L, et al. Overvoltage protection on high-frequency switching transients in large offshore wind farms［C］. 2016 IEEE Power and Energy Society General Meeting(PESGM), Boston, MA, USA, 2016, pp. 1-5.

［11］ZHOU J, TANG W, XIN Y, et al. Investigation on Switching Overvoltage in an Offshore Wind Farm and Its Mitigation Methods Based on Laboratory Experiments［C］. 2018 IEEE PES Asia-Pacific Power and Energy Engineering Conference(APPEEC), Kota Kinabalu, Malaysia, 2018, pp. 189-193.

［12］ ERLICH I, PAZ. B, KOOCHACK ZADEH. M, et al. Overvoltage phenomena in offshore wind farms following blocking of the HVDC converter ［C］. 2016 IEEE Power and Energy Society General Meeting(PESGM), Boston, MA, USA, 2016, pp. 1－5.

［13］ 陈卓，郝正航，秦水介. 风电场阻尼电力系统振荡的机理及时滞影响［J］. 电力系统自动化，2013（23）：14－20.

［14］ FAN L, MIAO Z, OSBORN D. AC or DC power modulation for DFIG wind generation with HVDC delivery to improve interarea oscillation damping ［C］//Proceedings of 2011 IEEE Power and Energy Society General Meeting. Detroit, MI: IEEE, 2011.

［15］ 李明节，于钊，许涛，等. 新能源发电并网系统引发的复杂振荡问题及其对策研究［J］. 电网技术，2017，41（04）：1035－1042.

第三章
虚拟同步发电机发展历程与控制原理

虚拟同步发电机技术可实现新能源发电设备"类同步机化"运行，是使新能源主动参与电力系统频率、电压调节，融入电力系统交流同步机制的重要途径。本章首先介绍虚拟同步发电机技术的发展历程，然后对目前主流的四种技术路线进行详细介绍，并对新能源虚拟同步发电机频率、电压和阻尼支撑功能的实现原理进行概述。

第一节　虚拟同步发电机发展历程

　　虚拟同步发电机技术通过预留备用或加装储能等方式作为能量基础,改进变流器控制方式使其模拟同步机的运行机制,从而使新能源发电机组具备建立电网电压和频率的能力,可以作为等效电压源并网,实现惯量响应、一次调频响应、快速调压等主动支撑功能,是解决高比例新能源接入电网技术难题的重要手段。

　　本书按照时间顺序及技术特征,对已有的虚拟同步发电机相关技术进行了梳理总结,如图 3-1 所示。下垂控制最先应用于微电网场景中,重点解决微电网中不间断供电问题。随着大电网中新能源发电逐步替代火/水电等同步机组,以同步机为基础的大电

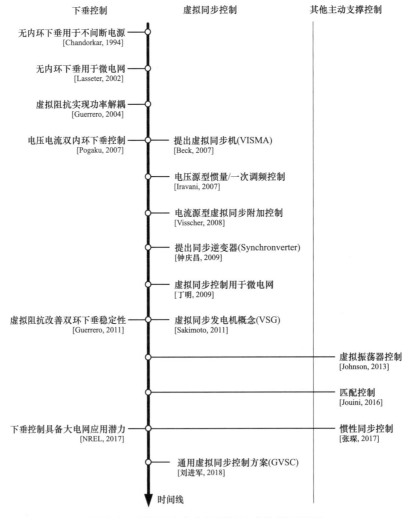

图 3-1　虚拟同步发电机相关技术的发展历程

网稳定运行基础被逐步削弱，大电网对新能源参与系统调频、调压、阻尼等主动支撑的需求日益迫切，虚拟同步发电机技术逐步向大电网应用场景拓展，从控制效果上逐步向同步机靠拢，模拟同步机惯量响应、同步电抗和磁链特性的控制方法被提出。

随着对新能源发电与传统电源之间固有差异的理解，电力行业逐步脱离了"完全复刻同步机特性"的思想，结合新能源机组随机波动性强的特征，发展出了以匹配控制为代表的、更适用于工程化应用的新一代虚拟同步发电机技术。

一、下垂控制

传统的以同步机为主导的电力系统分析中，下垂控制是一个众所周知的概念。当交流发电机的输出功率增加时，降低其频率，从而根据有功传输与相角差（$P-\omega$）的关系实现网内不同发电机组间的功率平衡。

1994 年，美国威斯康星大学麦迪逊分校的 Chandorkar 率先将 $P-\omega$ 下垂控制应用于分布式不间断电源系统的控制，使得 UPS 系统在电网干扰或故障时为关键负荷提供高质量的连续电力。由于下垂控制是一种基于有功–频率曲线的自建压控制方式，因此可实现无通信的自主分布式控制，实现多个分布式电源的自动功率平衡。

2002 年，微电网技术先驱 Lasseter 教授主导的美国电气可靠性技术解决方案联合会（CERTS）提出了成熟的、体系化的微电网概念，通过整合包含小型发电机、新能源发电设备、储能装置与可调负荷等网内资源，实现微电网孤岛运行或并入上级电网，其中有功–频率下垂和无功–电压下垂是微电网中各分布式设备自主协同控制的核心方式。随后，以下垂控制为核心的 CERTS 微电网概念在俄亥俄州哥伦布市附近的一个由美国电力公司运营的全尺寸试验台上进行了演示，充分验证了控制的可行性和鲁棒性。CERTS 提出的下垂控制如图 3-2 所示。

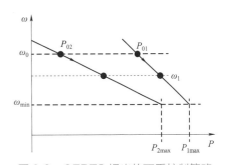

图 3-2　CERTS 提出的下垂控制策略

在早期的下垂控制中未考虑功率不解耦问题，在线路阻感比不容忽略时，电源间的有功传递与相角、幅值均相关，理想阻抗比（$X_L \gg R$）下有功–频率、无功–电压方程不再成立。在此情况下，基于理想阻抗比设计的 $P-\omega$ 下垂控制出现偏差，使得多电源间的功率分配精度严重下降。基于此，丹麦奥尔堡大学的 Guerrero 教授在 2004 年提出了虚拟阻抗方法，将该方法作为附加控制手段嵌入下垂控制，对变流器的等效端口阻抗进行重塑，以改善电源间的功率解耦特性，从而提升下垂控制的精度和有效性，如图 3-3 所示。

此外，早期的下垂控制不含电流内环，不具备电流限幅功能，在系统发生故障等较大扰动时容易产生过流问题，对开关器件造成损坏。为此，研究人员提出了含电压电流双内环的下垂控制，如图 3-4 所示，实现了对故障电流的有效限制。

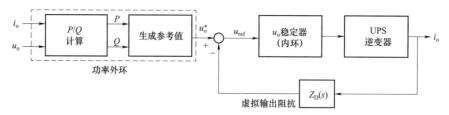

图 3-3 虚拟阻抗控制作为变流器附加控制手段

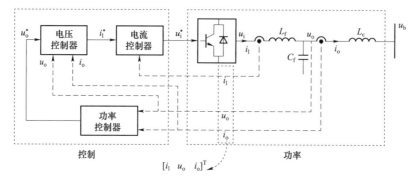

图 3-4 含电压电流双内环的下垂控制

针对过流问题，也有学者针对无内环的下垂控制提出了一种过载缓解控制方法，如图 3-5 所示。在功率超限后，通过快速调节相角的方式实现电流的迅速下降。

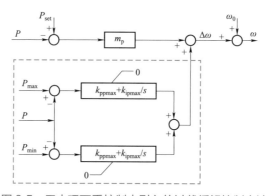

图 3-5 无内环下垂控制中引入的过载缓解控制方法

近年来，在电网中变流器接口电源日益增多的背景下，研究人员通过小信号分析等方式发现含电压电流双内环的下垂控制在连接强电网时失稳风险增加，一个重要的原因是其在低频段存在负阻抗区。Guerrero 教授提出的虚拟阻抗方法可以改善该问题，如图 3-6 所示。其原理依然为将变流器的等效端口阻抗进行重塑，通过附加控制在逆变器端口串联虚拟正阻抗，抵消双环下垂控制自身负阻抗的影响。

2017 年，美国可再生能源国家实验室（NREL）和夏威夷电网公司对部分光伏发电系统的下垂控制改造进行了大量的仿真和测试（见图 3-7），验证了下垂控制应用于较大规模电网的潜力。与上述研究中采用电压源控制变流器和 $P-\omega$ 下垂曲线不同的是，该项工作中采用的是包含锁相环（PLL）的电流型控制变流器控制方案和相应的 $\omega-P$ 下垂曲线。其先通过 PLL 采集、计算电网频率，然后根据频率偏差计算逆变器有功增量。$P-\omega$ 下垂

和 $\omega-P$ 下垂都属于下垂控制。

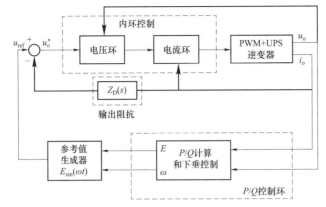

图 3-6 双环下垂控制中加入虚拟阻抗

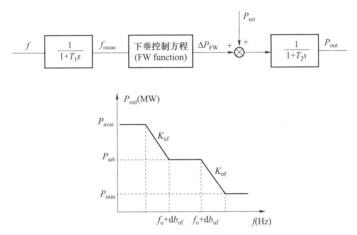

图 3-7 NREL 和夏威夷电网采用的下垂控制

作为一种最基础的自同步方式,下垂控制通过 $P-\omega$ 或 $\omega-P$ 下垂曲线来响应系统中的频率或功率变化量。但是,下垂控制无法对系统中频率变化率(ROCOF)进行直接响应,这便是虚拟同步控制相对于下垂控制的主要差异与优势。

二、虚拟同步控制

虚拟同步发电机(Virtual Synchronous Generator,VSG)的概念最早于 2007 年被提出,本节将虚拟同步发电机的技术方案主要分为三个类别,下面分别进行介绍。

(一)变流器附加调频调压控制

自虚拟同步发电机的概念提出之后,国外学者提出了多种可模拟同步机调频、调压外特性的虚拟同步发电机控制策略。这类研究的整体思路是在变流器矢量控制的功率外环附加虚拟同步控制,未改变新能源发电设备电流源型的接口特性。其中,以由德国劳斯克塔尔工业大学 Beck 教授和荷兰代尔夫特大学 Visscher 教授提出的方案最为典型。

Beck 教授提出的虚拟同步发电机方案（VISMA）模拟了同步发电机的惯性、一次调频特性和励磁调节机理，使变流器较好地体现出同步发电机的特性，如图 3-8 所示。该方法通过直接控制电感电流，间接地使新能源发电具有同步发电机的特性。可在该技术基础上通过改变电流内环控制指令值实现模拟一次调频及一次调压特性，因为电流指令与滤波电感值相关，故而控制精度受到滤波电感参数的影响。

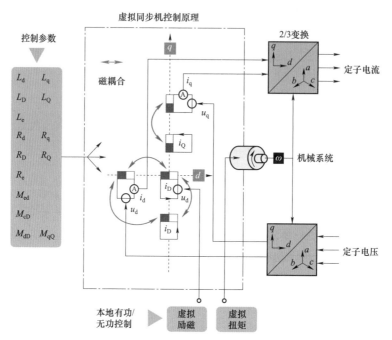

图 3-8　Beck 教授提出的虚拟同步发电机方案

Visscher 教授则提出了一种应用于新能源配置储能的虚拟同步发电机控制策略，如图 3-9 所示，采用类似同步发电机的功角摇摆方程控制储能输出功率，以辅助新能源机组实现惯量响应和一次调频功能。该控制策略的核心在于构造虚拟惯量及一次调频功率指令，并通过电流闭环反馈来控制储能输出功率，从而实现当电网频率小于/大于额定频率时，新能源机组输出/吸收有功功率。该方式通过在新能源机组有功功率指令上叠加类似同步发电机调频和惯量特性的附加指令，进而使新能源机组具有和同步发电机类似的惯量与调频特性。

上述虚拟同步发电机控制策略主要通过修改变流器外环控制以模拟同步机调频、调压外特性，难以为系统提供类似同步发电机电压源特性的支撑。

（二）同步发电机电磁特性及调频、励磁控制精细模拟

针对电流源型虚拟同步发电机的不足，部分学者提出了可模拟同步发电机内在运行原理的变流器控制策略，合肥工业大学丁明教授的和英国利物浦大学钟庆昌教授提出的策略具有代表性。

丁明教授提出的虚拟同步发电机控制策略的控制结构如图 3-10 所示。

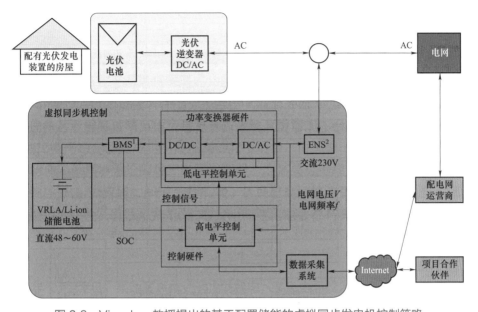

图 3-9　Visscher 教授提出的基于配置储能的虚拟同步发电机控制策略

1—Battery Management System，电池管理系统；2—用于实时采集设备并网点电压、电流，并进行下一步计算

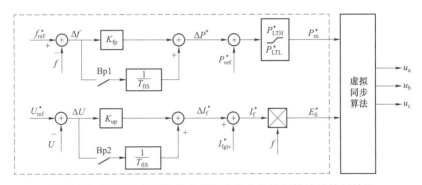

图 3-10　丁明教授提出的虚拟同步发电机控制策略的控制结构

图中虚拟同步算法为：

$$\begin{cases} J\dfrac{\mathrm{d}\Delta\omega}{\mathrm{d}t} = \dfrac{P_\mathrm{m}^*}{\omega} - \dfrac{P_\mathrm{e}}{\omega} \\ E_0^* = U_i + I_i(r_\mathrm{a} + \mathrm{j}x_\mathrm{t}) \end{cases} \tag{3-1}$$

式中：P_m^* 和 P_e 分别为机械功率和电磁功率；ω 为实际电角速度；J 为转动惯量；E_0^*、U_i 和 I_i 为 i 相感应电动势、定子端电压和定子电流；r_a 和 x_t 为定子电枢电阻和同步电抗。

由控制结构和虚拟同步算法可知，该策略主要基于同步发电机的机电暂态模型，其本质是在频率控制上模拟同步发电机的转子惯量与系统调频特性，在电压控制上模拟同步发电机的励磁控制特性。

钟庆昌教授提出的虚拟同步发电机控制策略的控制结构如图 3-11 所示。

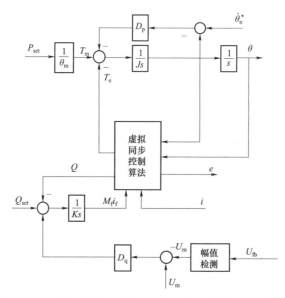

图 3-11　钟庆昌教授提出的同步发电机控制策略的控制结构

图中虚拟同步算法为：

$$e = M_f i_f \dot{\theta} \sin\theta \tag{3-2}$$

$$Q = -\dot{\theta} M_f i_f \langle i, \cos\theta \rangle \tag{3-3}$$

$$T_e = -M_f i_f \left\langle i, \frac{\partial}{\partial\theta} \cos\theta \right\rangle = M_f i_f \langle i, \sin\theta \rangle \tag{3-4}$$

该模型从虚拟同步发电机交流侧的动态模型入手，同时考虑了同步发电机的机电暂态和电磁暂态特性，提出了同步逆变器的概念。该方案模拟了同步发电机的电磁特性、转子惯性、一次调频及调压功能，从外特性上看对同步发电机的特性模拟更加精细。

（三）同步发电机的主动支撑功能模拟

前两类研究的思路都是围绕着如何让新能源发电设备的表现尽可能接近同步机，因此采用了同步电机定子自感/互感、励磁系统延迟等参数，以及机械转矩、励磁电流等变量。部分学者另辟蹊径地从同步发电机的外特性角度出发，将同步发电机对电网的主动支撑能力抽象成了一次调频、阻尼、惯量支撑和电压调节等功能，以具备构网能力的电压源型变流器为基础，进行虚拟同步控制方法的研究。

加拿大多伦多大学的 Iravani 教授于 2007 年提出了一种分布式电源控制方案，如图 3-12 所示。该方案通过模拟同步发电机的一次调频、惯量功能，使分布式发电设备能够在并网和孤岛模式下运行，并实现离并网平滑切换，基本具备了虚拟同步发电机的全部特征。2011 年，日本大阪大学的 Sakimoto 教授基于电压源型储能变流器提出了一种类似的实现方案，并正式将其命名为虚拟同步发电机。

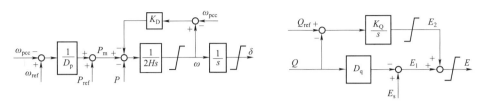

图 3-12 Iravani 教授提出的针对电压源型变流器的分布式电源控制方案

与早期下垂控制类似，上述虚拟同步发电机控制策略均缺乏对电流的限制，因此，该技术路线在后续的发展过程中不断演变优化，在上述虚拟同步控制的基础上述添加了电压、电流双内环控制，如图 3-13 所示，实现了电流限幅功能。与下垂控制类似，虚拟同步发电机中也可按实际情况添加虚拟阻抗以实现功率解耦或阻抗优化。

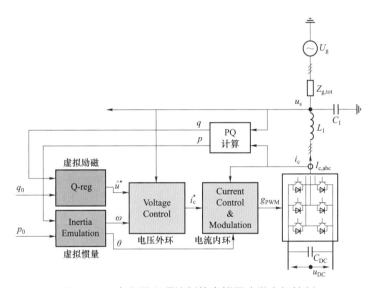

图 3-13 含有双内环控制的虚拟同步发电机控制

2018 年，西安交通大学刘进军教授团队在全面比较传统下垂控制和虚拟同步发电控制的基础上，加入了虚拟阻抗附加控制，最终形成了一种适用于电压源型变流器的通用虚拟同步控制方案，如图 3-14 所示。该方案可以使变流器在孤网模式下提供虚拟惯性和阻尼特性，在并网模式下不发生过大的超调或振荡。这项研究对第三类虚拟同步发电机实现方案的相关技术进行了总结和提炼。

三、其他同步控制

随着新能源成为电网装机主力，新能源集中送出地区系统短路比不断减小，局部地区出现短路比小于 1.5 的情况。新能源送出受限及各类系统稳定问题频发，电压源型控制（构网型控制）已成为行业关注的主要方向。

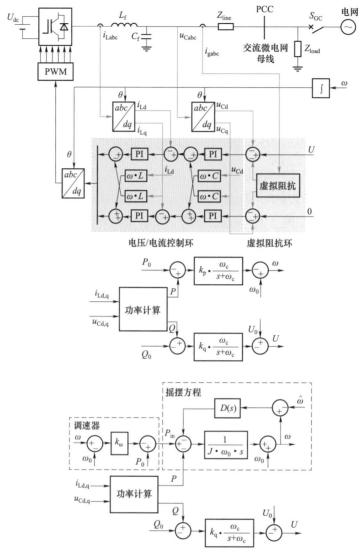

图 3-14 刘进军教授提出的通用虚拟同步控制方案

（一）匹配控制及惯量同步控制

同步发电机惯量支撑的基础是释放或吸收转子动能。苏黎世工业大学 T.Jouini 和上海交通大学张琛先后提出利用变流器直流母线电容能量来模拟同步发电机转子能量，由此产生了匹配控制策略和惯量同步控制策略，如图 3-15 所示。由于直流母线电容的惯性时间常数远小于同步发电机的转子惯性时间常数，难以在扰动时提供有效的功率或能量支撑，因此，匹配控制主要是建立了一种利用直流电压和交流电压角频率匹配关系的自同步机制，该控制应用在网侧变流器上可实现交直流功率的传递，但并不能有效保证所需功率或能量的供给。为此，张琛团队进一步提出了一种惯量传递控制方案，在匹配控制的基础上将直流电压信号额外引出，作为惯量传递控制环的输入，用以控制直流侧原动机的额外有功输出，从而扩展了匹配控制的等效惯量，扩展的惯量大小可根据原动机的有功输出性能边界灵活选择。例如，当直流侧为永磁同步发电机组（PMSG）时，扩展后的惯量一般不超过风轮和电机的物理惯量。经过扩展的匹配控制又叫做惯量同步控制，其中惯量包含电容本身的惯量和从原动机"借得"的惯量。

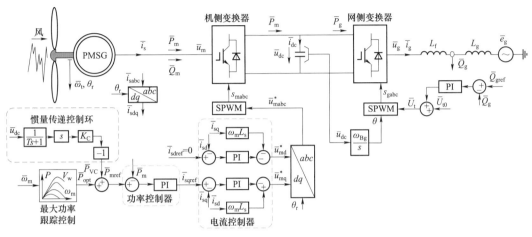

图 3-15　惯量同步控制方案应用于直驱风电机组

（二）虚拟振荡器控制

在电压源型变流器的下垂控制和虚拟同步控制中，为了减小输出频率/电压的振荡，大多需将变流器交流侧采集计算得到的有功、无功功率经过低通滤波器后作为外环控制的反馈量，因此其动态性能受到了一定限制。针对此项不足，美国可再生能源国家实验室（NREL）的工程师 B.Johnson 自 2013 年起将虚拟振荡器应用于逆变器并联运行控制，所提出的单相虚拟振荡器控制结构如图 3-16 所示。

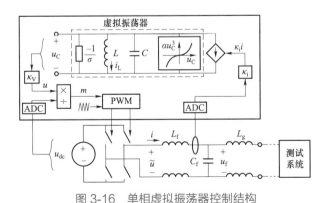

图 3-16　单相虚拟振荡器控制结构

虚拟振荡器模拟了一类具有弱非线性的 Liénard 振荡器的动力学特性，该振荡器一般可由二阶微分方程描述（对应图中的 RLC 并联电路），可模拟非线性系统的极限环振荡过程，由物理模型的振荡电压得到正弦调制波，实现变流器输出电压的自同步。由于不需要进行功率计算，虚拟振荡器控制相比下垂控制和 VSG 可以实现更快的瞬态响应。近年来，学者对虚拟振荡器控制进行了多项改进，使其具备了功率控制和故障穿越等能力。

整体看来，虚拟振荡器控制具备比下垂控制与虚拟同步控制更快的响应速度，但是从大电网主动支撑的功能角度来看，较难具有惯量支撑能力；虚拟振荡器控制参考电压生成机制直观性差、比较复杂，因此虚拟振荡器控制在实际工程尤其是大规模新能源并网工程中的应用较为少见。

第二节　虚拟同步发电机控制原理

上一节介绍了多种虚拟同步发电机控制技术，本节将筛选其中工程中应用最广泛且最具有代表性的四种技术进行原理性介绍，分别为下垂控制、功率同步控制、匹配控制以及电流源型虚拟同步发电机控制。

从是否能组网运行的角度，可将上述四种虚拟同步发电机技术划分为两大类：电压源型虚拟同步发电机、电流源型虚拟同步发电机。

一、电压源型虚拟同步发电机控制原理

本书将可生成独立参考电压、不依赖锁相环所得外部电网电压实现同步并网的虚拟同步发电机称为电压源型虚拟同步发电机。这类虚拟同步发电机在稳态且线性的控制条件下表现为电压源外特性，这类虚拟同步发电机的等效电路如图 3-17 所示。

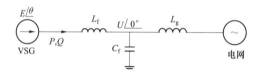

图 3-17　电压源型虚拟同步发电机等效电路

图 3-17 中，L_f、C_f 分别为滤波电感和电容，L_g 为电网与虚拟同步发电机间的电感。电压源型虚拟同步发电机可以等效为一个幅值为 E、相位为 θ 的电压源。电压源型虚拟同步发电机通过控制其相位 θ 和幅值 E 即可实现对其输出的有功功率 P 和无功功率 Q 的控制。

目前有三种主流的电压源型虚拟同步发电机控制方式，分别为基于下垂控制的虚拟同步发电机、基于功率同步的虚拟同步发电机和基于匹配控制的虚拟同步发电机。上述三种控制方式的共同点在于最终给出了逆变器输出电压的幅值和频率控制信号，而区别在于计算输出电压幅值和频率信号的方法不同。

（一）基于下垂控制的虚拟同步发电机

下垂控制的原理是借鉴同步发电机的一次调频特性，如图 3-18 所示。

由图 3-18 可知，稳态时机组工作于平衡点 A 时，该点的频率额定值是 f_N，负荷侧有功额定值是 P_N，当有功负荷增加时，原动机出力小于负载，不平衡转矩下发电机转速降低，系统频率随之下降；发电机的一次调频功能通过调速器实现，频率下降时调速器会调节原动机以增加出力，负荷静态频率特性曲线下移，经过动态调节，系统将最终重新稳定在运行点 B，但是该运行点下机组的频率会低于额定值。

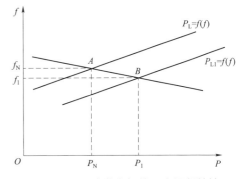

图 3-18　同步发电机的一次调频特性

下垂控制通过模拟同步发电机的调压调频特性，利用变流器的有功、无功与频率、电压之间的对应关系来调节系统的稳定运行，并通过下垂系数实现负荷功率在各变流器间的合理分配，达到新能源机组参与调节系统波动的目的，所以下垂控制常被应用于新能源机组多机并联控制中。下面详细介绍下垂控制的功率输出控制特性。

假设 E 和 U 分别表示虚拟同步发电机的输出电压和 PCC 电压的有效值，δ 为 E 和 U 两电压的功角差，R 和 X 表示虚拟同步发电机与 PCC 点之间的阻抗，P 和 Q 分别为虚拟同步发电机输出的有功功率和无功功率，则有：

$$\begin{cases} P = \dfrac{(E\cos\delta - U)UR + EU\sin\delta X}{X^2 + R^2} \\ Q = \dfrac{(E\cos\delta - U)UX - EU\sin\delta R}{X^2 + R^2} \end{cases} \tag{3-5}$$

实际中虚拟同步发电机输出电压 E 与 U 之间的功角差 δ 很小，有下式成立：

$$\begin{cases} \sin\delta \approx \delta \\ \cos\delta \approx 1 \end{cases} \tag{3-6}$$

当线路阻感性不同时，功率输出表达式不同。当线路阻抗为感性时有：

$$\begin{cases} P \approx \dfrac{EU\delta}{X} \\ Q \approx \dfrac{(E - U)U}{X} \end{cases} \tag{3-7}$$

当线路阻抗为阻性时有：

$$\begin{cases} P \approx \dfrac{(E - U)U}{R} \\ Q \approx -\dfrac{EU\delta}{R} \end{cases} \tag{3-8}$$

当线路阻抗为阻感性时有：

$$\begin{cases} P \approx \dfrac{(E - U)UR + EU\delta X}{X^2 + R^2} \\ Q \approx \dfrac{(E - U)UX - EU\delta R}{X^2 + R^2} \end{cases} \tag{3-9}$$

89

传统的高压输电线路感抗远大于电阻，故线路电阻可以近似忽略。以线路阻抗呈感性为例进行分析，在这种条件下，近似认为有功功率与功角差有关、无功功率与电压幅值差有关，所以下垂控制采用有功功率–频率、无功功率–电压的调节方式，相应的下垂控制方程式为：

$$\begin{cases} f = f_N - m(P - P_N) \\ E = E_N - n(Q - Q_N) \end{cases} \tag{3-10}$$

式中：f_N、E_N 分别为虚拟同步发电机输出电压的额定频率与有效值；m、n 为下垂系数；P_N、Q_N 为虚拟同步发电机的额定有功和无功功率。

下垂控制的控制框图如图 3-19 所示。由图 3-19 可以得到虚拟同步发电机的控制目标电压，将其作为内环双闭环控制的给定值，即可实现虚拟同步发电机的控制。

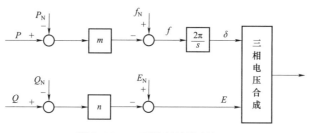

图 3-19 下垂控制的控制框图

下垂控制在传输线路阻抗呈感性的情况控制最为精确，但低压微电网中传输线电阻较大，不可忽略，因此低压微电网中线路一般呈阻感性，所以在以新能源发电为主的低压微电网中应用下垂控制容易引发变流器有功功率、无功功率控制耦合的难题。为了达到更好的控制效果，需要针对该问题做相应的控制优化设计。

下垂控制属于有差调节，虚拟同步发电机输出的电压和频率会依据负载的不同而实时改变，得益于这种有差调节特性，多机并联虚拟同步发电机才能依据机组容量成比例地承担负荷功率。

（二）基于功率同步的虚拟同步发电机

功率同步虚拟同步发电机重点参考同步发电机经典的两阶模型，机械运动方程反映了虚拟同步发电机的转子惯性及阻尼特征，其表达式为：

$$\begin{cases} J\dfrac{\mathrm{d}\omega}{\mathrm{d}t} = T_m - T_e - D(\omega - \omega_{ref}) \\ \dfrac{\mathrm{d}\theta}{\mathrm{d}t} = \omega \end{cases} \tag{3-11}$$

式中：T_m 和 T_e 分别为机械转矩和电磁转矩；ω 为实际电角速度；J 为转动惯量；D 为阻尼系数；θ 为电角度。

由于 J 的存在，使虚拟同步发电机在功率和频率动态过程中具有惯性，而 D 则使得虚拟同步发电机具备阻尼功率振荡的能力。

除了模拟同步机的机械运动方程，还可以模拟同步机的电磁特性，如定子电气方程：

$$u_{abc} = -R_s i_{abc} - L_s \frac{\mathrm{d} i_{abc}}{\mathrm{d} t} + e_{abc} \tag{3-12}$$

上述建模过程重点考虑定子电路电压和电流的关系，简单易行，但不能反映同步发电机定、转子间的磁链关系及其电磁特性。

进一步地，模拟同步发电机定、转子间的电气与磁链关系，可推导虚拟同步发电机的感应电动势方程为：

$$\begin{cases} e_{abc} = M_f i_f \dot{\theta} \boldsymbol{A} - M_f \frac{\mathrm{d} i_f}{\mathrm{d} t} \boldsymbol{B} \\[2mm] \boldsymbol{A} = \left[\sin\theta \quad \sin\left(\theta - \frac{2\pi}{3}\right) \quad \sin\left(\theta - \frac{4\pi}{3}\right) \right]^{\mathrm{T}} \\[2mm] \boldsymbol{B} = \left[\cos\theta \quad \cos\left(\theta - \frac{2\pi}{3}\right) \quad \cos\left(\theta - \frac{4\pi}{3}\right) \right]^{\mathrm{T}} \end{cases} \tag{3-13}$$

式（3-13）为钟庆昌教授团队提出的虚拟同步发电机电磁模型。该模型充分考虑了同步发电机的机电和电磁暂态特征，增加了虚拟定子和转子的耦合度。

在实际应用过程中，若以模拟同步发电机惯量为主，弱化同步发电机的电磁暂态过程，则可采用式（3-11）和式（3-12）建模；若需更好地模拟同步发电机的电磁暂态特性，则可选择包含式（3-11）～式（3-13）的虚拟同步发电机建模方案。典型的功率同步 VSG 控制框图如图 3-20 所示。

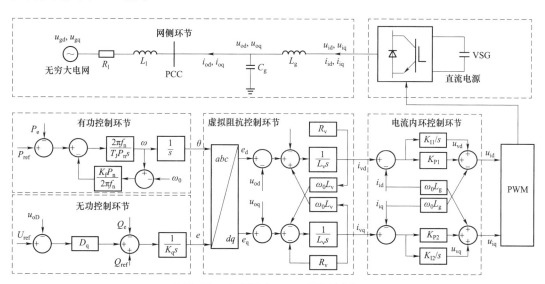

图 3-20　功率同步 VSG 经典控制框图

由图 3-20 可知，其控制环节主要包括有功控制、无功控制、虚拟阻抗控制和电流内环控制。有功控制模拟了同步发电机的惯性和一次调频，无功控制模拟了同步机的主动调压，虚拟阻抗控制模拟了同步机的定子电阻和同步电抗，电流内环控制生成电压参考信号。下面详细介绍各个控制环节。

1. 网侧环节

系统网侧环节主要包括 VSG 的滤波电感 L_g 和电容 C_g，PCC 点与无穷大电网间的等效电感 L_1 和电阻 R_1。该环节对应的状态方程为：

$$\begin{cases} \dfrac{di_{id}}{dt} = \dfrac{1}{L_g}(\omega_0 L_g i_{iq} + u_{id} - u_{od}) \\[2mm] \dfrac{di_{iq}}{dt} = \dfrac{1}{L_g}(-\omega_0 L_g i_{id} + u_{iq} - u_{oq}) \end{cases} \quad (3\text{-}14)$$

$$\begin{cases} \dfrac{du_{od}}{dt} = \dfrac{1}{C_g}(\omega_0 C_g u_{oq} + i_{id} - i_{od}) \\[2mm] \dfrac{du_{oq}}{dt} = \dfrac{1}{C_g}(-\omega_0 C_g u_{od} + i_{iq} - i_{oq}) \end{cases} \quad (3\text{-}15)$$

$$\begin{cases} \dfrac{di_{od}}{dt} = \dfrac{1}{L_1}(\omega_0 L_1 i_{oq} + u_{od} - u_{gd} - R_1 i_{od}) \\[2mm] \dfrac{di_{oq}}{dt} = \dfrac{1}{L_1}(-\omega_0 L_1 i_{od} + u_{oq} - u_{gq} - R_1 i_{oq}) \end{cases} \quad (3\text{-}16)$$

式中：ω_0 为额定角速度；u_{id}、u_{iq}、i_{id}、i_{iq} 分别为 VSG 输出电压、电流的 d、q 轴分量；u_{od}、u_{oq} 分别为 PCC 点电压 d、q 轴分量；i_{od}、i_{oq} 分别为线路电流 d、q 轴分量；u_{gd}、u_{gq} 分别为无穷大电网电压的 d、q 轴分量。

2. 有功控制环节

有功控制环节模拟了同步发电机的惯性和一次调频特性，对应的状态方程如下：

$$\begin{cases} \dfrac{d\omega}{dt} = \dfrac{1}{J\omega_0}[-P_e - K_{Dp}(\omega - \omega_0)] + \dfrac{1}{J\omega_0}P_{ref} \\[2mm] \dfrac{d\theta}{dt} = \omega \end{cases} \quad (3\text{-}17)$$

式中：ω 为虚拟同步发电机控制环节对应的电角速度；θ 为虚拟同步发电机控制环节对应的电角度；J 为虚拟惯量；P_e 为虚拟同步发电机输出的有功功率平均值；P_{ref} 为虚拟同步发电机有功参考值；K_{Dp} 为有功下垂系数。

3. 无功控制环节

无功控制环节模拟了同步发电机的主动调压特性，对应的状态方程如下：

$$\frac{de}{dt} = \frac{1}{K_q}\left[D_q\left(U_{ref} - \sqrt{u_{od}^2 + u_{oq}^2}\right) - Q_e \right] + \frac{1}{K_q}Q_{ref} \quad (3\text{-}18)$$

式中：e 为虚拟同步发电机内电势；K_q 为无功积分系数；D_q 为无功调差系数；Q_e 为虚拟同步发电机输出的无功功率平均值；Q_{ref} 为虚拟同步发电机无功参考值。

4. 虚拟阻抗控制环节

虚拟阻抗控制环节模拟同步发电机的定子电阻和同步电抗，对应的状态方程如下：

$$\begin{cases} \dfrac{\mathrm{d}i_\mathrm{vd}}{\mathrm{d}t} = \dfrac{1}{L_\mathrm{v}}(e_\mathrm{d} - u_\mathrm{od} + \omega_0 L_\mathrm{v} i_\mathrm{vq} - R_\mathrm{v} i_\mathrm{vd}) \\ \dfrac{\mathrm{d}i_\mathrm{vq}}{\mathrm{d}t} = \dfrac{1}{L_\mathrm{v}}(e_\mathrm{q} - u_\mathrm{oq} - \omega_0 L_\mathrm{v} i_\mathrm{vd} - R_\mathrm{v} i_\mathrm{vq}) \end{cases} \tag{3-19}$$

式中：i_vd、i_vq 分别为虚拟同步发电机内部虚拟电流的 d、q 轴分量；e_d、e_q 分别为虚拟同步发电机内电势 e 的 d、q 轴分量；L_v 为虚拟电感；R_v 为虚拟电阻。

5. 电流内环控制环节

电流内环控制环节对应的状态方程和输出方程如下：

$$\begin{cases} \dfrac{\mathrm{d}u_\mathrm{vd}}{\mathrm{d}t} = K_\mathrm{I1}(i_\mathrm{vd} - i_\mathrm{id}) \\ \dfrac{\mathrm{d}u_\mathrm{vq}}{\mathrm{d}t} = K_\mathrm{I2}(i_\mathrm{vq} - i_\mathrm{iq}) \end{cases} \tag{3-20}$$

$$\begin{cases} u_\mathrm{id} = u_\mathrm{vd} + K_\mathrm{P1}(i_\mathrm{vd} - i_\mathrm{id}) - \omega_0 L_\mathrm{g} i_\mathrm{iq} \\ u_\mathrm{iq} = u_\mathrm{vq} + K_\mathrm{P2}(i_\mathrm{vq} - i_\mathrm{iq}) + \omega_0 L_\mathrm{g} i_\mathrm{id} \end{cases} \tag{3-21}$$

式中：u_vd、u_vq 分别为虚拟同步发电机内部虚拟电压的 d、q 轴分量；K_P1、K_P2 分别为有功、无功电流内环的比例系数；K_I1、K_I2 分别为有功、无功电流内环的积分系数。

6. 功率测量及计算环节

该环节对应的状态方程如下：

$$\begin{cases} \dfrac{\mathrm{d}P_\mathrm{e}}{\mathrm{d}t} = \omega_\mathrm{c}(p - P_\mathrm{e}) \\ \dfrac{\mathrm{d}Q_\mathrm{e}}{\mathrm{d}t} = \omega_\mathrm{c}(q - Q_\mathrm{e}) \end{cases} \tag{3-22}$$

式中：p、q 分别为虚拟同步发电机输出的瞬时有功、无功功率；P_e、Q_e 分别为虚拟同步发电机输出的平均有功、无功功率；ω_c 为截止频率。

以上为典型功率同步型虚拟同步发电机的数学模型，功率同步型虚拟同步发电机是一种允分模拟同步机转子运动方程与电气特性的控制方式，根据有功功率控制信号计算形成输出电压的同步信号是其主要特征。

（三）基于匹配控制的虚拟同步发电机

下面介绍基于匹配控制的虚拟同步发电机控制原理。图 3-21 给出了接入弱电网的典型逆变电源系统结构图，交流电网用阻抗和理想电压源进行等值。

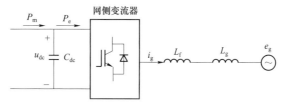

图 3-21 基于匹配控制的虚拟同步发电机等效电路

逆变器的直流母线电压方程为：

$$2H_C\left(u_{dc0}\frac{\mathrm{d}u_{dc}}{\mathrm{d}t}\right)=P_m-P_g \tag{3-23}$$

式中：P_m 为机侧变换器输出功率的标幺值；P_g 为网侧变换器输出功率的标幺值；u_{dc} 为直流电压的标幺值；u_{dc0} 为稳态直流电压的标幺值，即 1.0p.u.；H_C 为直流侧电容的惯性时间常数。

直流侧电容的惯性时间常数 H_C 为：

$$H_C=\frac{CU_{dcn}^2}{2S_n} \tag{3-24}$$

式中：C 为直流电容容值；U_{dcn} 为直流电压的基准值；S_n 为电源的额定功率。

忽略网侧变换器的功率损耗，其输出功率的标幺值 P_g 可以表示为

$$P_g=\frac{u_{dc}\overline{U_t E_g}}{x_g}\sin\delta \tag{3-25}$$

式中：U_t 为网侧变换器调制电压幅值的标幺值；E_g 为电网电压幅值的标幺值；x_g 为网侧变换器到电网同步发电机间电抗的标幺值；δ 为网侧变换器输出电压向量超前电网电压的相位。

同步发电机的转子运动方程可表示为：

$$2H_J\left(\omega_m\frac{\mathrm{d}\omega_m}{\mathrm{d}t}\right)=P_m-P_e \tag{3-26}$$

式中：P_m 为同步机输入原动功率的标幺值；P_e 为同步机输出电磁功率的标幺值；ω_m 为转子转速的标幺值；H_J 为转子的惯性时间常数。

电磁功率标幺值 P_e 又可以表示为：

$$P_e=\frac{\varphi\omega_m E_g}{x_G}\sin\delta_G \tag{3-27}$$

式中：φ 为转子磁链标幺值；x_G 为等效电抗标幺值；δ_G 为同步发电机功角。

对比逆变器直流母线电压方程和同步发电机转子运动方程可以看出，直流侧电压 u_{dc} 具有与同步发电机转速 ω_m 相似的动力学方程。根据动力系统的相似性原理，逆变器直流母线电压方程中直流侧电压 u_{dc} 可类比为同步发电机转子运动方程中的同步发电机转速 ω_m。同理，网侧变换器输出功率公式中调制电压幅值 U_t 可类比为同步发电机输出功率公式中的磁链，逆变器直流电容惯性时间常数 H_C 可类比为同步发电机的转子惯性时间常数 H_J。上述变量之间的对应关系如图 3-22 所示。

由图 3-22 中的类比关系，建立网侧变换器输出交流电压角频率 ω 与直流侧电压 u_{dc} 之间的匹配关系，即为匹配控制的核心。

$$\omega=u_{dc} \tag{3-28}$$

当机侧变换器向直流电容送出的功率增大时，直流电压标幺值增大，网侧变换器输出电压的角频率增大，对应功角拉大，使网侧变换器的输出功率增大，从而维持直流侧电压

恒定；反之亦然。这种方法建立了网侧变换器直流电压与输出电压角频率之间的实时联动匹配机制，因此被称为匹配控制。

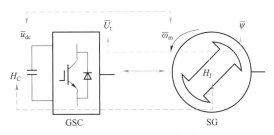

图 3-22　网侧变换器与同步发电机之间的类比关系

图 3-23 给出了新能源机组的匹配控制结构框图。在网侧变换器控制环路中，为了建立直流电容电压与输出电压角频率的匹配关系，将直流侧电压的标幺值 u_{dc} 输入到积分控制器，该控制器的输出作为网侧变换器输出电压 u_g 的相位，用于调制 PWM 波，从而使直流电压 u_{dc} 等于网侧变换器输出角频率 ω。可以通过调节调制电压幅值 U_t 来控制网侧变换器输出的无功功率 Q_g。PWM 模块基于调制电压相位和幅值生成三相开关信号。图 3-23 中各剩余变量定义如下：P_m 为输入至直流电容的功率，u_t 为逆变器出口电压、一级升压变高压侧电压，i_g 为网侧变流器输出电流，R_s 为系统短路阻抗的电阻，L_s 为系统短路阻抗的电感。

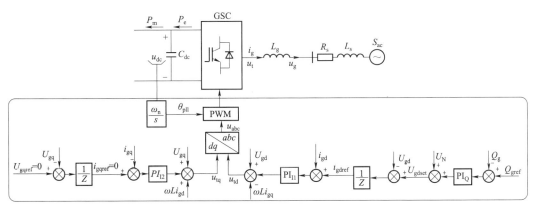

图 3-23　基于匹配控制的新能源变流控制典型结构图

从变流器直流电容电压方程与同步发电机转子运动方程的匹配关系可以看出，匹配控制下提供的同步惯量是直流侧电容的物理惯量，通常直流电容的物理惯量很小，这是匹配控制区别于下垂控制和功率同步控制的主要特征之一，意味着匹配控制提供的同步惯量受限于直流电容的容量。为了使网侧变换器对电网呈现出更大的惯量，可以利用存储在风轮和发电机中的动能，或者是提前预留的备用容量，通过在新能源机组 MPPT 控制等环节中增加类似同步发电机惯量的附加功率控制，改变图 3-23 中输出到直流电容的 P_m，但需要注意这种附加惯量的控制所提供的不是同步惯量，而是有延时的惯量。

二、电流源型虚拟同步发电机控制原理

在本章第一节所介绍的虚拟同步发电机相关技术发展历程中，荷兰代尔夫特大学 Visscher 教授和德国劳斯克塔尔工业大学 Beck 教授提出的虚拟同步发电机控制策略均可实现新能源机组的调频和惯量响应功能，但基于上述控制策略的新能源机组无法独立生成参考电压并自主运行，而是通过锁相环获取电网电压作为参考并依赖该电压进行功率控制，对外表现为电流源接口特性，因此本书将其称为电流源型虚拟同步发电机。

电流源型虚拟同步发电机的等效电路如图 3-24 所示。

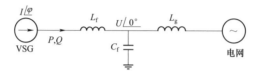

图 3-24　电流源型虚拟同步发电机等效电路

由图 3-24 可知，电流源型虚拟同步发电机可以等效为一个幅值为 I、相位为 φ 的电流源，利用锁相环可将虚拟同步发电机的输出电流 $I\angle\varphi$ 分解为 d 轴电流 i_d 和 q 轴电流 i_q，通过控制 i_d 和 i_q 可实现对其输出的有功功率 P 和无功功率 Q 的控制。

电流源型虚拟同步发电机以传统矢量控制为基础，因此，此类虚拟同步发电机的电流内环控制、锁相环控制与常规新能源机组控制逻辑一致，但区别在于需要在常规新能源机组的外环控制输出指令（即电流指令值）上叠加用于实现调频、惯量或调压功能的附加指令。

根据瞬时功率理论，若并网逆变器采用基于电网电压定向控制时，$u_q=0$，则系统的瞬时有功功率 p、无功功率 q 分别为：

$$\begin{cases} p = \dfrac{3}{2}u_d i_d \\ q = \dfrac{3}{2}u_d i_q \end{cases} \quad （3\text{-}29）$$

因此，电流环的有功、无功电流指令 i_d^*、i_q^* 分别为：

$$\begin{cases} i_d^* = \dfrac{2P_{ref}}{3u_d} \\ i_q^* = \dfrac{2Q_{ref}}{3u_d} \end{cases} \quad （3\text{-}30）$$

式（3-30）中 P_{ref} 和 Q_{ref} 是电流源型虚拟同步发电机输出的有功和无功指令值。

（一）虚拟同步发电机惯量响应

虚拟同步发电机转动惯量是表征虚拟同步发电机模拟传统同步发电机转子惯性的特征参数。根据定义，惯性时间常数 T_J 为在发电机组转子上施加额定转矩 T_m 后，转子从停顿状态（$\Omega=0$）加速到额定状态（Ω_N）时所经过的时间，即：

$$W_k = \int_0^{T_J} T_m \Omega(t) \mathrm{d}t = T_m \int_0^{T_J} \Omega(t) \mathrm{d}t = T_m \Omega_N / 2 T_J = (T_m \Omega_N)/2 T_J = \frac{P_N}{2} T_J \tag{3-31}$$

转子在额定转速时的动能 W_k 还可以表示为

$$W_k = \frac{1}{2} J \Omega_N^2 \tag{3-32}$$

联立式（3-31）和式（3-32）即可解得：

$$T_J = \frac{2W_k}{P_N} = \frac{J \omega_N^2}{P_N} \tag{3-33}$$

式中：J 为虚拟同步发电机转动惯量，$kg \cdot m^2$；P_N 为虚拟同步发电机额定有功功率，W；ω_N 为系统额定角速度，rad/s，且 $\Omega_N = \omega_N$；T_J 为虚拟同步发电机关系时间常数，s。

传统同步发电机的惯量支撑功率几乎可以瞬间释放出来，是一种自发的即时响应。当转速发生变化时，其转子动能发生变化，释放或吸收的能量对外表现为输出电磁功率的增减。转子动能的变化量，即输出电磁功率变化量的累积能量为

$$\Delta E(t) = \frac{1}{2} J [\omega_0^2 - \omega(t)^2] \tag{3-34}$$

输出电磁功率 $P(t)$ 为该能量的微分：

$$P(t) = \frac{\mathrm{d}\Delta E(t)}{\mathrm{d}t} = \frac{1}{2} J [0 - 2\omega(t)] \frac{\mathrm{d}\omega(t)}{\mathrm{d}t} = -J\omega(t)\frac{\mathrm{d}\omega(t)}{\mathrm{d}t}$$
$$= -J \cdot 2\pi f(t) \cdot 2\pi \cdot \frac{\mathrm{d}f(t)}{\mathrm{d}t} = -J \cdot 4\pi^2 f(t) \cdot \frac{\mathrm{d}f(t)}{\mathrm{d}t} \tag{3-35}$$

由式（3-35）可得：

$$J = \frac{2W_k}{P_N} = \frac{P_N T_J}{\omega_0^2} = \frac{P_N T_J}{4\pi f_N^2} \tag{3-36}$$

将式（3-36）代入式（3-35）可得：

$$P(t) = -J \cdot 4\pi^2 f(t) \cdot \frac{\mathrm{d}f(t)}{\mathrm{d}t} = -\frac{P_N T_J}{4\pi f_N^2} \cdot 4\pi^2 f(t) \cdot \frac{\mathrm{d}f(t)}{\mathrm{d}t} = -\frac{P_N T_J}{f_N^2} \cdot f(t) \cdot \frac{\mathrm{d}f(t)}{\mathrm{d}t}$$
$$\tag{3-37}$$

设 $f(t) \approx f_N$，则式（3-37）可简化为：

$$P(t) \approx -\frac{T_J}{f_N} \cdot \frac{\mathrm{d}f(t)}{\mathrm{d}t} \cdot P_N \tag{3-38}$$

依据式（3-38）可知，风电/光伏虚拟同步发电机的惯量特性体现在其响应于快速频率变化，以及增加/降低其有功功率输出方面。

（二）虚拟同步发电机一次调频

在系统频率波动时，虚拟同步发电机有功功率变化量标幺值（以虚拟同步发电机额定功率为基准值）与系统频率变化量标幺值（以系统额定频率为基准值）的比值，其计算方法如下：

$$K_{\mathrm{f}} = -\frac{\Delta P / P_{\mathrm{N}}}{\Delta f / f_{\mathrm{N}}} \tag{3-39}$$

式中：ΔP 为虚拟同步发电机输出有功功率的变化量，kW；P_{N} 为虚拟同步发电机的额定容量，kW；Δf 为系统频率的变化量，Hz；f_{N} 为系统额定频率，Hz。

联立式（3-30）、式（3-38）、式（3-39）可计算出给定 P_{ref} 和 Q_{ref}，以实现一次调频、惯量响应和调压功能。

$$\begin{cases} P_{\mathrm{ref}} = P_0 + P_{\mathrm{inertia}} + P_{\mathrm{droop}} \\ P_{\mathrm{inertia}} = \dfrac{P_{\mathrm{N}} T_{\mathrm{J}}}{f_0} \dfrac{\mathrm{d} f_{\mathrm{pll}}}{\mathrm{d} t} \\ P_{\mathrm{droop}} = \dfrac{P_{\mathrm{N}} K_{\mathrm{f}}}{f_0} (f_0 - f_{\mathrm{pll}}) \\ Q_{\mathrm{ref}} = K_{\mathrm{D}} \left(|u_{\mathrm{oref}}| - |u_{\mathrm{oabc}}| \right) \end{cases} \tag{3-40}$$

式中：K_{f}、K_{D} 分别为有功调频和无功调压系数；$|u_{\mathrm{oref}}|$、$|u_{\mathrm{oabc}}|$ 分别为新能源发电机组 PCC 点电压参考值的幅值和实际 PCC 点电压的幅值；T_{J} 为惯性时间常数；P_0 为新能源发电机组接受的 AGC 指令；P_{N} 为虚拟同步发电机的额定有功功率；f_0 为额定频率；f_{pll}、$\mathrm{d} f_{\mathrm{pll}} / \mathrm{d} t$ 分别为锁相环锁的系统频率和频率的微分；P_{inertia} 为虚拟惯性功率；P_{droop} 为虚拟一次调频功率。

需说明，上述给出 P_{ref} 和 Q_{ref} 的方式只是一种电流源型虚拟同步发电机的控制策略，已有不同学者提出了不同 P_{ref} 和 Q_{ref} 的给定方法。

由式（3-40）可知，新能源发电机组的输出功率由虚拟惯性功率 P_{inertia} 和虚拟一次调频功率 P_{droop} 两部分组成。

当电网频率初始变化时，虚拟惯性功率成为主导部分，此时逆变器主要输出惯性功率 P_{inertia}。为充分利用逆变器的容量，应选取转动惯量 T_{J} 为：

$$T_{\mathrm{J}} \leqslant \frac{P_{\max} - P_0}{\max\left(f_0 \dfrac{\mathrm{d} f_{\mathrm{pll}}}{\mathrm{d} t} \right)} \tag{3-41}$$

式中：$P_{\max}$ 为逆变器的功率上限。

当电网频率偏离额定频率且稳定运行时，虚拟一次调频功率成为主导部分，此时逆变器主要输出一次调频功率 P_{droop}，因此选取下垂系数 K_{f} 为：

$$K_{\mathrm{f}} \leqslant \frac{P_{\max} - P_0}{f_0 - f_{\mathrm{pll}}} \tag{3-42}$$

考虑到频率变化的动态过程中 P_{inertia} 和 P_{droop} 的叠加可能超出逆变器的容量限制，因此在实际控制中需对输出功率指令值加以限幅。

在实际应用过程中，电流源型虚拟同步发电机的一次调频、惯量响应和调压功能相对独立，可通过闭锁逻辑使机组选择是否启动上述不同的主动支撑功能。

三、虚拟同步发电机整机调频技术

目前业界对虚拟同步发电机应具备的功能要求并没有形成统一意见,但梳理各类虚拟同步发电机的功能要求,一般均包含频率支撑、电压支撑和阻尼支撑三大类。为实现上述三类功能要求,除了本章第二节介绍新能源虚拟同步发电机变流器同步控制外,还需要对其他控制环节进行改造以实现整机全面升级。

为实现频率支撑功能,新能源虚拟同步发电机需要解决有功能量来源的问题。对于风电机组,需提出风电机组精准留备用与调频支撑后转速恢复策略;对于光伏,需解决光伏实时精准留备用、直流母线电容惯量支撑控制;对于新能源+储能发电方式,光储、风储功率支撑协调控制技术、直流母线电压稳定控制是需要解决的关键技术。上述研究内容将在第四章介绍。

针对"电压支撑"功能,应重点关注新能源虚拟同步发电机的暂态电压支撑。本章第二节中介绍的电压源型和电流源型两类虚拟同步发电机,在解决故障穿越问题时需要采用两种不同的思路。对于电压源型虚拟同步发电机,由于其在稳态时呈现电压源特性,在系统发生短路故障后,若电压源型虚拟同步发电机依然保持机端电压在额定水平附近,将产生数倍额定水平的短路电流,新能源机组开关器件将难以承受。目前有两种降低故障电流的技术路线:第一种是在故障期间将电压源型虚拟同步发电机的控制模式切换为电流内环控制,限制输出电流不超过设备耐受水平;第二种是在电网故障期间主动降低机端电压幅值,减小机端电压与短路点之间的压差,实现短路电流的抑制。对于电流源型虚拟同步发电机,由于其外特性依然保持与常规新能源发电类似的电流源特性,可沿用常规新能源发电的暂态控制策略来实现故障穿越。上述研究内容将在第五章介绍。

针对阻尼支撑功能,新能源虚拟同步发电机的阻尼特性主要取决于变流器控制结构与控制参数,为实现阻尼支撑功能,应对新能源虚拟同步发电机的变流器控制进行改进。本章第二节中介绍的电压源型与电流源型两类虚拟同步发电机,其主要区别体现在其变流器控制上,两类虚拟同步发电机的阻尼支撑特性与参数优化方法将在第五章介绍。

参 考 文 献

[1] BERGEN A R. Power systems analysis [M]. Englewood Cliffs, NJ: Prentice-Hall, 1986.

[2] CHANDORKAR M C, DIVAN D M, HU Y, et al. Novel architectures and control for distributed UPS systems [C] //Applied Power Electronics Conference and Exposition, 1994. APEC'94. Conference Proceedings 1994. Ninth Annual. IEEE, 1994.

［3］ LASSETER R. MicroGrids［C］//2002 IEEE Power Engineering Society Winter Meeting. Conference Proceedings(Cat.No.02CH37309). IEEE, 2002.

［4］ LASSETER R H. Integration of distributed energy resources. The CERTS Microgrid Concept［J］. http://certs.lbl.gov/CERTS_P_DER.html.R1, 2002.

［5］ ETO J, LASSETER R, SCHENKMAN B, et al. CERTS Microgrid Laboratory Test Bed［J］. IEEE Transactions on Power Delivery, 2010, 26(1): 325－332.

［6］ GUERRERO J M, GARCIADEVICUNA L, MATAS J, et al. Output impedance design of parallel-connected UPS inverters with wireless load-sharing control［J］. IEEE Transactions on Industrial Electronics, 2005, 52(4): 1126－1135.

［7］ POGAKU N, PRODANOVIC M, GREEN T C. Modeling, Analysis and testing of autonomous operation of an inverter-based microgrid［J］. IEEE Transactions on Power Electronics, 2007, 22: p. 613－625.

［8］ ROCABERT J. Control of power converters in AC microgrids［J］. IEEE Transactions on Power Electronics, 2012, 27(11): 4734－4749.

［9］ DU W, LASSETER R H, KHALSA A S. Survivability of autonomous microgrid during overload events［J］. Smart Grid, IEEE Transactions on, 2019, 10(4): 3515－3524.

［10］ DU W, CHEN Z, SCHNEIDER K P, et al. A comparative study of two widely used grid-forming droop controls on microgrid small-signal stability［J］. IEEE Journal of Emerging and Selected Topics in Power Electronics, 8(2): 963－975.

［11］ 屈子森. 高比例新能源电力系统电压源型变流器同步稳定性分析与控制技术［D］. 浙江大学, 2021. DOI：10.27461/d.cnki.gzjdx.2021.000201.

［12］ GUERRERO J M, VASQUEZ J C, MATAS J, et al. Hierarchical control of droop-controlled AC and DC microgrids-a general approach toward standardization［J］. IEEE Transactions on Industrial Electronics, 2011, 58(1): 158－172.

［13］ MINER G, JULIETA I, ADARSH N, et al. Simulation of Hawaiian electric companies feeder operations with advanced inverters and analysis of annual photovoltaic energy curtailment［R］. National Renewable Energy Lab, Golden CO. United States. 2017.

［14］ NELSON A, NAGARAJAN A, PRABAKAR K, et al. Hawaiian electric advanced inverter grid support function laboratory validation and analysis［R］. National Renewable Energy Lab, Golden CO. United States. 2016.

［15］ HOKE A, NELSON A, TAN J, et al. The frequency-watt function: simulation and testing for the Hawaiian electric companies［R］. National Renewable Energy Lab, Golden CO, United States. 2017.

［16］ BECK H P, HESSE R. Virtual synchronous machine［C］//Electrical Power Quality and Utilisation, 2007. EPQU 2007. 9th International Conference on. IEEE, 2007.

［17］ DRIESEN J, VISSCHER K. Virtual synchronous generators［C］//IEEE. IEEE, 2008.

［18］ 丁明，杨向真，苏建徽. 基于虚拟同步发电机思想的微电网逆变电源控制策略［J］. 电力系统自动化，2009（8）：89－93.

［19］ ZHONG Q C, WEISS G. Synchronverters: inverters that mimic synchronous generators［J］. IEEE Transactions on Industrial Electronics, 2011, 58(4): 1259－1267.

［20］ GAO F, IRAVANI M R. A control strategy for a distributed generation unit in grid-connected and autonomous modes of operation［J］. IEEE Transactions on Power Delivery, 2008, 23(2): 850－859.

［21］ SAKIMOTO K, MIURA Y, ISE T. Stabilization of a power system with a distributed generator by a Virtual Synchronous Generator function［C］//8th International Conference on Power Electronics-ECCE Asia. IEEE, 2011.

［22］ D'ARCO S, SUUL J A. Virtual synchronous machines-classification of implementations and analysis of equivalence to droop controllers for microgrids［C］//Powertech. IEEE, 2013.

［23］ 袁敞，丛诗学，徐衍会. 应用于微电网的并网逆变器虚拟阻抗控制技术综述［J］. 电力系统保护与控制，2017（9）：11.

［24］ MENG X, LIU J, LIU Z. A Generalized droop control for grid-supporting inverter based on comparison between traditional droop control and virtual synchronous generator control［J］. IEEE Transactions on Power Electronics, 2018, PP(6): 1－1.

［25］ JOUINI T, ARGHIR C, DÖRFLER F. Grid-friendly matching of synchronous machines by tapping into the DC Storage*［J］. IFAC-PapersOnLine, 2016.

［26］ CATALIN A, TAOUBA J, FLORIAN D. Grid-forming control for power converters based on matching of synchronous machines［J］. Automatica, 2017, 95: 273－282.

［27］ 张琛，蔡旭，李征. 具有自主电网同步与弱网稳定运行能力的双馈风电机组控制方法［J］. 中国电机工程学报，2017，37（2）：10.

［28］ 桑顺，张琛，蔡旭，等. 全功率变换风电机组的电压源控制（一）：控制架构与弱电网运行稳定性分析［J］. 中国电机工程学报，2021，41（16）：12.

［29］ JOHNSON B B, DHOPLE S V, HAMADEH A O, et al. Synchronization of parallel single-phase inverters with virtual oscillator control［J］. IEEE Transactions on Power Electronics, 2014, 29(11): 6124－6138.

［30］ JOHNSON B B, SINHA M, AINSWORTH N G, et al. Synthesizing virtual oscillators to control islanded inverters［J］. IEEE Transactions on Power Electronics, 2016, 31(8): 6002－6015.

［31］ COLOMBINO M, GRO D, BROUILLON J S, et al. Global phase and magnitude synchronization of coupled oscillators with application to the control of grid-forming power inverters: 10.1109/TAC.2019. 2898549［P］. 2017.

［32］ AWAL M A, HUSAIN I. Transient stability assessment for current constrained and unconstrained fault ride-through in virtual oscillator controlled converters［J］. IEEE Journal of Emerging and Selected Topics in Power Electronics, 2021(99).

［33］ 林燎源，柯全，李平. 面向逆变器并联的虚拟振荡器控制技术综述［J］. 电力自动化设备，2022，42（11）：12.

［34］ 张也. 微网逆变电源的功率分配控制和同步运行特性研究［D］. 华北电力大学（北京），2016.

［35］ 吕志鹏，盛万兴，钟庆昌，等. 虚拟同步发电机及其在微电网中的应用［J］. 中国电机工程学报，2014，34（16）：2591－2603.

［36］ 王星海. 低压微电网虚拟功率下垂控制方法研究［D］. 华北电力大学，2017.

［37］ VAN T V, VISSCHER K, DIAZ J, et al. Virtual synchronous generator: an element of future grid［C］//IEEE Innovative Smart Grid Technologies Conference Europe, Gothenburg, Sweden: IEEE, 2010: 1－7.

［38］ ZHONG Q C, NGUYEN P L, MA Z Y, et al. Self-synchronized synchronverters: inverters without a dedicated synchronization unit［J］. IEEE Transactions on Power Electronics, 2014, 29(2): 617－630.

［39］ POGAKU N, PRODANOVIC M, GREEN T C. Modeling, analysis and testing of autonomous operation of an inverter-based microgrid［J］. IEEE Transactions on Power Electronics, 2007, 22(2): 613－624.

第四章
虚拟同步发电机调频控制策略及优化

第三章介绍了新能源虚拟同步发电机频率、电压主动支撑控制原理,侧重于变流器控制策略分析,并未充分考虑以下几方面因素:① 新能源机组直流功率的实时波动;② 主动支撑功率与新能源固有发电特性的耦合关系;③ 引入储能后的协调控制需求;④ 参数整定与性能优化。本章以实现新能源虚拟同步发电机工程应用为目标,重点介绍其调频控制的工程实用化技术方案。在风电虚拟同步发电机技术方面,详细阐述机组预留备用、转子动能释放、风储协调控制三种技术路线的实现方式,并进行技术经济性对比,给出推荐的风电虚拟同步发电机调频控制技术方案;在光伏虚拟同步发电机技术方面,详细阐述采用不同类型储能的光储调频控制技术,重点介绍不同技术方案的支撑效果、储能充放电策略、关键参数自适应调节方法,最后通过技术经济性对比,给出推荐的光伏虚拟同步发电机控制策略;在新能源整站快速频率响应技术方面,详细阐述整站快速频率响应技术需求的发展过程以及目前工程中常用的整站一次调频及惯量控制技术。

第一节 风电虚拟同步发电机

一、风电虚拟同步发电机调频控制方式及优化

目前风电虚拟同步发电机调频的实现方式主要有预留备用容量、转子动能释放以及新能源配置储能三种。下面介绍不配置储能条件下，仅依靠风电自身有功储备进行调频的两种方式，即预留备用容量和转子动能释放。

预留备用容量控制方式下，通过发电机转速超速运行或变桨等手段，风电机组处于减负荷运行状态，机组的备用容量提供了长时间有功支撑能力，机组精准留备用技术是需要突破的关键技术。转子动能释放控制方式下，风电机组利用风轮储存的能量参与系统调频过程，电网频率跌落时有短时支撑效果，但该方案易引发系统频率的二次跌落，风轮转速恢复策略是亟需突破的核心技术。

（一）预留备用调频

1. 预留备用调频效果分析

为提高风能利用率，双馈风电机组一般运行在 MPPT 工况。当系统频率降低时，双馈风电机组并不能像同步机一样提供额外的有功支撑，为使风电机组可根据系统频率变化进行持续稳定的有功调节，须使其在非最大功率点运行，为系统频率调节留有备用容量。风电机组实现备用容量主要有两类方式：一种是通过直接桨距角控制获得一定的备用功率，当系统频率降低时，调节桨距角，增加机组有功输出，从而使风电机组将备用功率释放出来；另一种是通过调整功率–转速曲线，使转子超速运行在非最大功率跟踪点以达到减负荷运行的目的。由于超速控制需要风电机组高速运行，存在一定安全风险，故工程应用中一般采用桨距角控制方法预留备用，实际运行曲线如图 4-1 所示。

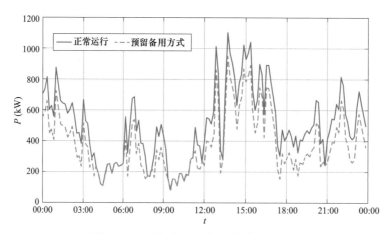

图 4-1　风电机组预留备用方式运行曲线

理论仿真场景下，如图 4-2（a）中，红色连线为风电机组正常运行的 MPPT 曲线，蓝色连线为变桨距留备用后的减负荷运行曲线。通过调节桨距角，减负荷运行曲线在不同风况下的实发有功功率始终与 MPPT 曲线对应的有功功率相差一个固定值 ΔP，从而保证风电机组在任意工况下均能够提供 $10\%P_N$ 的有功支撑能力。

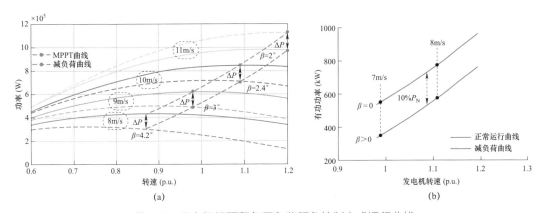

图 4-2　风电机组预留备用和桨距角控制方式运行曲线
（a）预留备用容量控制方式运行曲线；（b）桨距角控制方式运行示意图

风电机组正常运行且风速小于额定风速时，桨距角一般维持在 0° 左右，以保证最大限度捕获风能；预留备用容量控制方式下，桨距角始终大于 0°，处于减负荷运行状态且预留部分备用容量；机组检测到系统频率发生变化时，可以通过调节桨距角释放（或储存）备用容量，从而提供有功功率支撑能力。7～8m/s 风速区间预留备用容量控制方式运行曲线如图 4-2（b）所示。

基于某同步系统模型仿真分析风电机组预留备用后的调频效果，当电网发生 4%功率缺额事件后，采用预留备用方式的风电机组参与电网一次调频的仿真结果如图 4-3 所示，风电机组参与调频情况下频率最低值比纯火电机组调频频率最低值提高 0.1Hz，比风电机组不参与调频情况下频率最低值提高了 1.05Hz，可见采用预留备用模式时风电机组可以为电网提供持续的有功功率支撑，能大幅改善系统频率特性。

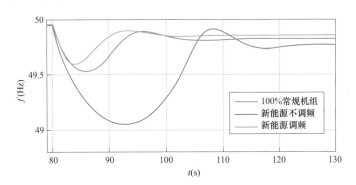

图 4-3　预留备用方式下风电机组一次调频仿真效果

2. 风电机组精准预留备用技术
目前风电机组可采用三种预留备用方法：超速留备用、变桨留备用、三维动态留备用。

（1）超速留备用

桨距角保持为 0° 最佳值不变时，若令 $\dfrac{151}{\lambda_i} = \dfrac{1}{\lambda - 0.02\beta} + \dfrac{0.03}{\beta^3 + 1}$，则风能利用系数由式（4-1）退化为式（4-2）：

$$C_p(\lambda, \beta) = 0.73\left(\frac{151}{\lambda_i} - 0.58\beta - 0.02\beta^{2.14} - 13.2\right)e^{-\frac{18.4}{\lambda_i}} \qquad (4\text{-}1)$$

$$C_p(\lambda) = 0.73\left(\frac{1}{\lambda} - 13.17\right)e^{-\frac{18.4}{0.03 + \frac{1}{\lambda}}} \qquad (4\text{-}2)$$

式中：C_p 为风能利用系数；λ 为叶尖速比；β 为桨距角。

当叶尖速比越过最优尖速比后，风能利用系数会随之降低，则提高叶尖速比后发电功率必将低于最优尖速比。提速之后与恢复最优控制相比，瞬时能量转化由两部分组成：一是降低风能利用系数所导致的风能吸收率变化的能量；二是风轮转速相对于最优转速提高所存储下来的转动惯量。

实现风电机组超速留备用的方法为改变转矩控制给定值。转矩控制以发电机转速为输入量，通过控制转矩输出大小来改变叶尖速比，从而改变风能利用系数。整个转矩控制依据转矩利用系数 k 实现，其计算公式为：

$$k = \frac{1}{2}\pi R^5 \rho C_p(\lambda)\frac{1}{G^3\lambda^3} \qquad (4\text{-}3)$$

式中：R 为叶片半径；ρ 为空气密度；G 为齿轮箱速比。

如果设定好控制需求叶尖速比 λ 值，很容易计算出转矩控制所需的利用系数 k。记最优发电叶尖速比为 λ_{opt0}，超速留备用所需控制尖速比为 λ_{Sto0}，则根据式（4-2）可计算出最优发电风能利用系数 $C_{p_{opt0}}$，提速储能控制风能利用系数 $C_{p_{Sto0}}$。测量当前发电功率 P_{Sto0}，则风电机组恢复最优发电后，因风能利用系数变化压制的功率释放量为：

$$\Delta P_{Sto} = \frac{P_{Sto0}}{C_{p_{Sto0}}} \cdot C_{p_{opt0}} - P_{Sto0} \qquad (4\text{-}4)$$

测量当前发电机转速记为 v_{Sto0}，记最优发电机转速为 v_{opt0}，则：

$$T_m = k\omega_g \qquad (4\text{-}5)$$

由式（4-5）可计算当前运行转矩利用系数 k_{Sto0}，并得到如下关系式：

$$P_{Sto0} = k_{Sto0}v_{Sto0}^3 \qquad (4\text{-}6)$$

同样过程，由式（4-5）可计算最优风能利用系数下的运行转矩利用系数 k_{opt0}，并得如下关系式：

$$P_{opt0} = k_{opt0}v_{opt0}^3 \qquad (4\text{-}7)$$

由以上两组关系式可以确定 v_{opt0}，则因风轮提速所存储的惯性能增量为：

$$\Delta P_J = \frac{J_1}{2} \cdot \left[\left(\frac{v_{Sto0}}{G}\right)^2 - \left(\frac{v_{opt0}}{G}\right)^2\right] \qquad (4\text{-}8)$$

由提速储能策略所存储起来的能量为 ΔP_{Sto} 与 ΔP_{J} 之和，但在调频过程中假设外界风速不变化，ΔP_{Sto} 是可以持续被利用的能量，而 ΔP_{J} 却是只能短暂提供惯性支撑的能量。差别原因是 ΔP_{Sto} 为风轮吸收能力的变化导致的能量变化；而 ΔP_{J} 却是风轮提速后存储的机械能，在风轮转速变化趋于稳定后，能量随之停止释放。

（2）变桨留备用

由于风电机组运行特征参数的限制，风电机组超速留备用策略只能应用在较窄的转速范围内。为获得更大的留备用范围，必须利用变桨方式进行储能。为使风能利用系数由三维关系解耦为只与桨距角有关的二维关系。限定如下讨论范围：在任意桨距角下，只讨论风电机组运行在最佳叶尖速比情况下，各不同桨距角与最优桨距角之间的功率利用系数差异，从而计算在确定工况下的功率预留情况。

风电机组合理运行的叶尖速比区间为 5～20，桨距角在发电状态下的合理运行区间为 0～45。在这一区间内，选定确定桨距角度，则式（4-1）中，$C_{\text{p}}(\lambda)$ 是在风电机组合理运行尖速比区间内是单调函数或只有一个拐点的函数。因此，$C_{\text{p}}(\lambda)$ 在限定区间内有且只有一个峰值，即只有一个最大值。

$$P_{\text{m}} = \frac{1}{2}\rho S C_{\text{p}} v^3 \tag{4-9}$$

为计算方便，利用软件计算不同桨距角下在区间 ［5，20］ 中导数为 0 的点，即可得最优 λ_{β} 和最优功率利用系数 $C_{\text{p}\beta}$。将多个不同桨距角下的最优功率利用系数 $C_{\text{p}\beta}$ 连线，即可得到最优功率利用系数 C_{p} 的拟合曲线。

记最优发电风功率利用系数为 $C_{P_{\text{opt0}}}$，在当前桨距角下的最优发电风功率利用系数为 $C_{\text{p}\beta}$，测量当前发电功率 P_{β}，则风电机组恢复最优桨距角后因桨距角变化而产生的功率释放量为：

$$\Delta P_{\beta} = \frac{P_{\beta}}{C_{\text{p}\beta}} \cdot C_{P_{\text{opt0}}} - P_{\beta} \tag{4-10}$$

（3）三维动态联合留备用

机组实际运行中，单独依靠超速留备用方法存储的能量有限，不能满足调频要求；单独利用变桨控制，在响应调频初期，将桨叶调整到最佳吸收风能位置需要一个过程，因调频响应速度需要，风电机组迅速增发功率而导致转速迅速降低，当叶片进入最佳吸收风能位置后，因叶尖速比已脱离最优叶尖速比过多，也无法尽快吸收风能。因此，需要将提速控制与变桨储能控制结合应用，从而达到储能目标。

利用部分提速与部分桨距角储能组合的控制方法，功率利用系数 C_{p} 和桨距角、叶尖速比之间构成了动态三维关系图。因控制过程是对这种关系的后验跟踪过程，故此无法事前精确限定三者的关系。实现上要根据控制需求限定运行条件，做如下限制规划：确定提速储能参数及提速储能转矩控制参数，变桨过程两参数不再变化。

正常运行时，风电机组提速储存能量达到储能要求的 5% 以便虚拟发电机快速响应，此时依据式（4-8）和式（4-10），可以反推出风电机组所需的转矩系数 k_{Sto0}。此控制系数设定为风电机组转矩控制所需系数，在桨距角变化时不再改变此控制参数。

剩余的能量存储以桨距角脱离 0°的方式完成,在桨距角脱离 0°的过程中,风轮并不能维持在提速储能所需控制尖速比 λ_{Sto0} 处,因桨距角的变化会使入流角改变。因其具有复杂的非线性变化过程,利用数学公式很难描述这一变化过程,但功率利用系数随桨距角的变化在限定区间内是单调函数,根据这一特征,用曲线拟合的方法可以找到预留功率与桨距角之间的规律曲线。步骤如下:

a) 按设计要求确定提速策略转矩系数 k_{Sto0};

b) 确定恒定输入风速值 v_1,如 $v_1 = 7m/s$,并作为仿真软件 bladed 的输入风速。此风速等于均化风速,因风速为恒定的,并为仿真软件下的输入;

c) 在桨距角为 0°、转矩系数为 k_{opt0} 时,仿真输出稳定功率,记为 P_{opt0};

d) 确定初始桨距角 β_1(如 $\beta_1 = 5°$),在转矩系数 k_{Sto0} 控制状态下仿真输出稳定功率,记为 P_{a1};

e) 计算 $P_{a1} - P_{opt0}$ 与 200kW 的差距;

f) 利用二分法思维改变桨距角为 β_2,并重复步骤 4)~5)的操作,使 $P_{an} - P_{opt0}$ 尽量接近于 200kW;

g) 重复步骤 b)~f)的操作,找到全功率段尽量多的点;

h) 利用所得的点处的数据,可拟合出风速–功率曲线、叶尖速比变化曲线、桨距角–功率变化曲线等所需控制曲线。

其中,桨距角–功率变化曲线即可作为储能过程控制桨距角变化的规律曲线。

实际上风电机组的预留采用部分提速储能外加桨距角控制预留储备能量的方法,整定过程采用多点计算结合曲线拟合的方法以实现整个运行区间的预留规划,同时在桨距角预留动态过程中引入风轮加速度补偿机制,以调节风轮动态运行过程中叶尖速比的波动和风轮的加减速状态桨距角对预留计算的影响。具体实现步骤如下:

1)均化风速预测方法

精确预留依赖均化风速,均化风速为风速作用在整个风轮平面内的综合效果,因此测量均化风速最有效的仪器为风轮。由风电机组运行数据得到均化风速的方法如下。

最优发电过程,风电机组按功率曲线运行,由当前功率可采集到当前转速、当前功率、当前加速度,则风电机组稳定运行状态的均化风速为:

$$v = \sqrt[3]{\frac{P_m}{0.5\rho S C_{pmax}}} \qquad (4\text{-}11)$$

式中: C_{pmax} 为定值是对应于最优尖速比的值。风电机组运行多处于围绕稳定的运行状态的动态波动过程,此时风轮转速在平衡点附近波动,忽略叶尖速比的动态波动,则均化风速的改变带来的是风轮具有一定的加速度值。最优发电下均化风速的单位变化量导致风轮加速度变化率 ΔT_1 如图 4-4 所示。考虑到风轮惯量 $J_1 = 23187910kgm^2$,则检测风轮加速度 a_1 后,可得到当前功率下的均化风速变化量为:

$$\Delta v = \frac{\Delta T_1}{J_1} a_1 \qquad (4\text{-}12)$$

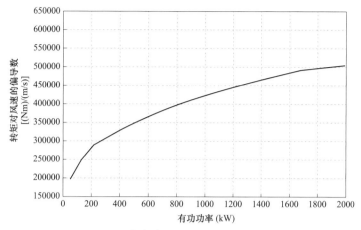
图 4-4　最优发电过程风速对转矩的变化率

综上可知，在任意时刻最优发电过程均化风速可表示为：

$$v = \sqrt[3]{\frac{P_m}{0.5\rho SC_{pmax}}} + \frac{\Delta T_1}{J_1}a_1 \tag{4-13}$$

预留发电状态下均化风速的辨识与最优发电过程均化风速辨识相同，首先已经确认了风电机组运行中桨距角与功率的关系曲线，在这条曲线上风能利用系数也在设计时已确定，则均化风速为：

$$v = \sqrt[3]{\frac{P_m}{0.5\rho SC_{p1}}} \tag{4-14}$$

此处的 C_{p1} 为测量功率 P_m 下对应在规划的三维动态联合储能下的功率利用系数。

风速的变化使运行脱离稳态置后，均化风速同样表现为风轮加速度的变化，其辨识表达式与最优发电过程具有同样的形式，即：

$$v = \sqrt[3]{\frac{P_m}{0.5\rho SC_{p1}}} + \frac{\Delta T_1'}{J_1}a_1 \tag{4-15}$$

此处的 ΔT 并不是图 4-4 中的对应变化过程，而是具有与拟合桨距角相关的三维曲面上的一条设定线。

2）稳态跟踪曲线规划

由上文分析可知，要实现调频功率预留需求，最好的预留方法为三维联合储能预留方法。三维联合储能预留实现的功率、转速和需控制的桨距角之间的参考曲线为高度非线性曲线，若利用公式来实现则程序的计算量过大，故采取类似转矩控制的方法。首先计算出一个合理的规划曲线，然后在程序中用曲线查表的方法来实现。

按照某公司 116 机型数据，依据图 4-5 功率、转速与桨距角的关系，选定如表 4-1 所示的基准坐标点，作为稳态规划曲线参照点，进行函数差值拟合，得到如图 4-5 所示的拟合曲线。

功率（kW）	445	520	680	860	1060	1285	1540	1665
桨距角（°）	5	4.7	4.1	3.6	3.4	3.1	2.7	2.5

表 4-1 功率与桨距角散点关系表

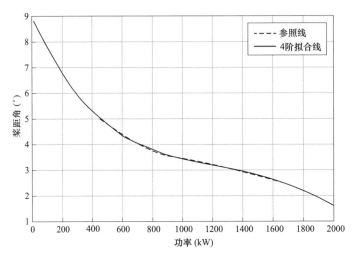

图 4-5　功率与桨距角拟合曲线

基于此，桨距角 β 与风电机组采集功率的稳态预留关系为：

$$\beta = 0.0007 p^4 + 0.005 p^3 + 0.125 p^2 - 1.35 p + 9.02 \qquad (4\text{-}16)$$

其中考虑数值计算的精确化，输入功率的单位为 kW/100。考虑虚拟机应用，输入功率范围为（4，16.67）；程序实现时，考虑桨距角合理化需求，限定 β 值范围为（5，2.5）。

3）实时动态跟踪曲线规划

风电机组运行过程的动态过程需在稳态曲线的基础上进行修复，依据均化风速变化关系。均化风速变化量与风轮转速变化量之间的关系如式（4-12）所示，由此可得发电功率的变化量为：

$$\Delta P = [(\Delta v + v)^3 - v^3] \times 0.5 \rho S C_{p1} \qquad (4\text{-}17)$$

忽略高阶项可得：

$$\Delta P = 1.5 \rho S C_{p1} v^2 \Delta v \qquad (4\text{-}18)$$

结合 116 机型风电机组具体数据，进行功率变化率预测，动态补偿功率测量输入值，进行前馈预测。在不同功率值下，动态补偿值为一个非线性关系。结合式（4-9）可得出其补偿关系曲线。

程序的输入变量为电机转速和有功功率，主要步骤如下：

a）电机转速变量经时间常数为 0.1s 的低通滤波后，做转速加速度变换，然后利用式（4-18）进行计算，获得动态功率校正变量。

b）有功功率经低通滤波后与补偿功率相加，得到均化功率值，进而利用图 4-5 所得的差值函数公式，计算出需要变桨预留的桨距角值。

c）稳态过程基于模型的计算与风场实际风电机组存在一定差异，为使此差异性有弥补手段，把调频功分 3 个功率段：400～800kW、800～1400kW 和 1400～2000kW，每个功率段给出一个微调系数以配置微调预留桨距角值。

d）通过计算桨距角预留值与微调系数值的乘积得到最终预留桨距角的精确值。

精确预留备用容量的计算流程如图 4-6 所示。

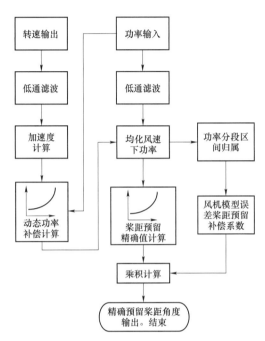

图 4-6　精确预留备用容量计算程序流程图

4）仿真验证

在风电机组可参与调频的风况范围内选择 3 个典型风况进行备用预留精确度仿真验证。仿真初始设置风电机组运行在预留备用模式，20s 时释放全部备用功率，仿真结果如图 4-7～图 4-9 所示。

工况 1：小风工况，风速 6m/s。

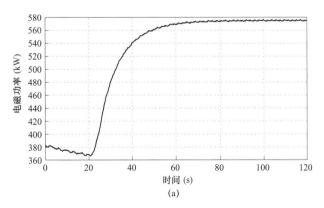

图 4-7　小风速工况精确留备用策略仿真结果（一）

（a）电磁功率波形

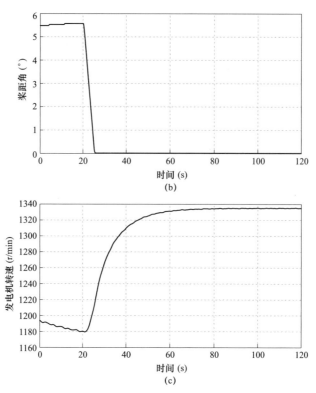

图 4-7 小风速工况精确留备用策略仿真结果（二）

（b）桨距角波形；（c）转速波形

由图 4-7 可见，小风工况下风电机组预留备用后桨距角约为 5.6°，释放后电磁功率出力增大 202kW。由于仿真中设置风速为波动风速以模拟实际场景，故稳态时桨距角、转速都有一定程度的波动。仿真采用三维动态联合留备用方式，故释放备用后转速也有所变化。

工况 2：中风工况，风速 7m/s。

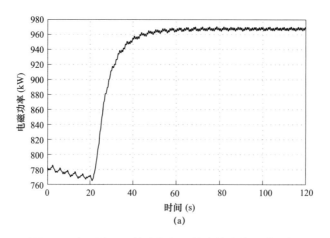

图 4-8 中风速工况精确留备用策略仿真结果（一）

（a）电磁功率波形

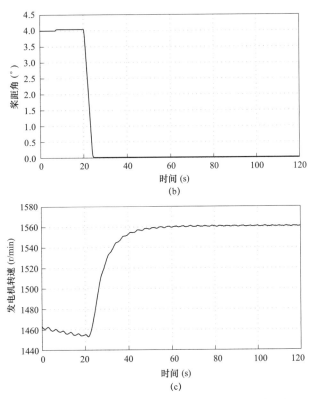

图 4-8 中风速工况精确留备用策略仿真结果（二）

（b）桨距角波形；（c）转速波形

由图 4-8 可见，小风工况下风电机组预留备用后桨距角约为 4.1°，释放后电磁功率出力增大 201kW。

工况 3：大风工况，风速 8m/s。

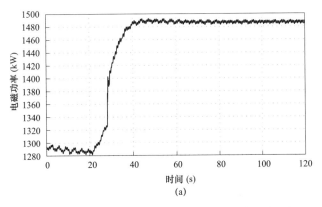

图 4-9 中风速工况精确留备用策略仿真结果（一）

（a）电磁功率波形

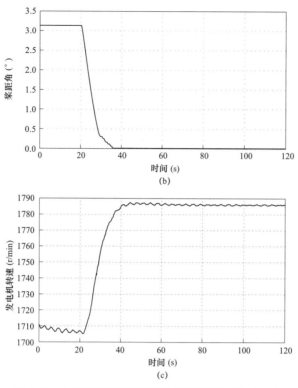

图 4-9　中风速工况精确留备用策略仿真结果（二）
(b) 桨距角波形；(c) 转速波形

由图 4-9 可见，小风工况下风电机组预留备用后桨距角约为 3.2°，释放后电磁功率出力增大 201kW。

以上三组数据反映出随着风速的增大，桨距角预留角度有逐渐减小趋势，但又具有非线性特征，其预留角度按照三维动态预留规划指令时刻进行动态调整。由预留功率释放后输出值可知，当桨距角完全释放后，功率增加值在 200kW 这一设计值附近，功率备用偏差被控制在 1%以内。

（二）转子动能释放调频

1. 风电机组转子动能释放调频原理

转子惯性控制方式下，风电虚拟同步发电机不需要预留备用容量，提升了风电机组发电效率，由于双馈风电机组的转速具有较大的变化范围（一般为 0.8～1.2 额定转速），转子中储存着大量旋转动能，为使双馈风电机组具备与同步发电机类似的频率响应能力，基于转子动能控制的双馈风电机组频率控制方法已被广泛提及。该方法的基本思想是将储存在双馈风电机组转子上的旋转动能转化为电磁功率，进而改变双馈风电机组输出的有功功率，为系统频率控制提供一定的有功支撑。目前常见的应用方式是通过转子动能释放以响应频率下降工况，而对于频率上升工况，风机一般采用正常降功率的方法来响应调频。

风电机组运行过程包括三个区段：最大风能捕获（MPPT）区、恒转速区和恒功率区，图 4-10 为不受场站 AGC 指令影响的风速 – 功率曲线与风电机组转速曲线关系。由于

图 4-10 所示风电机组切入风速为 3.5m/s, 当风速 5m/s 时机组低功率运行; 风速处于 9m/s 及以下时, 风电机组处于 MPPT 运行区, 此时风电机组桨距角为 0° 以最大程度获取风能, 风速 9m/s 时机组转速达到额定转速, 还未达到额定功率; 当风速继续升高, 为维持机组额定转速不变, 根据机械功率实时调整电磁功率 (此处暂不考虑收桨方式减少机械功率输入), 直到机组电磁功率达到额定; 随着风速进一步增加, 为防止机组输出功率过载, 需收桨以减少机械转矩, 保持输出额定功率不变。

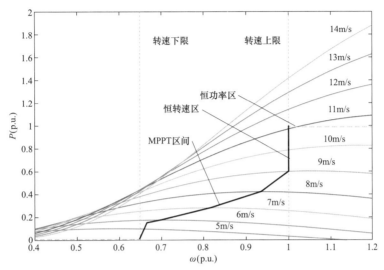

图 4-10　风电机组运行过程及各个区段
（彩色线为风电机组机械功率，黑线为风电机组转速）

转子惯性控制只在 MPPT 区间和恒转速区间发挥作用, 本节后续只对 MPPT 区间和恒转速区间进行分析, 其调频过程如图 4-11 所示。

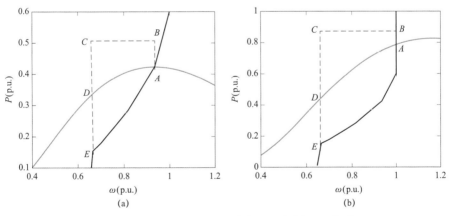

图 4-11　不同运行区段风电机组调频过程示意图
（a）MPPT 区间；（b）恒转速区间

当电网频率异常越限, 机组运行于 MPPT 或者恒转速区, ΔP 的表达如下:

$$\Delta P = K_{\mathrm{f}}(f_0 - f) + T_{\mathrm{J}} \frac{\Delta f}{\Delta t} \tag{4-19}$$

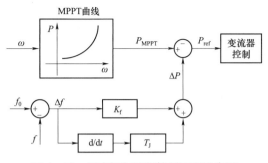

图 4-12　风电机组调频控制原理示意图

式（4-19）中，第一项模拟同步发电机的一次调频，K_f 为一次调频系数；第二项模拟同步发电机的惯量支撑，T_J 为惯性系数。当电网频率下降时，风电机组释放部分转子动能以增大电磁功率输出从而达到功率支撑的目的；当电网频率上升时，风电机组主要通过适度收桨以减小电磁功率。

假设风电机组运行于图 4-11 中的 MPPT 区间，红色曲线为风速 7m/s 时风电机组机械功率随发电机转速的变化曲线，黑色曲线为风电机组正常运行时各发电机转速对应的有功功率曲线。系统频率为额定值且风速为 7m/s 时，风电机组运行于 A 点；系统频率降低时，风电机组电磁功率由 A 点升至 B 点；有功功率支撑过程中，电磁功率保持 $B \rightarrow C$ 运行。上述过程机械功率变化曲线为 $A \rightarrow D$，由于电磁功率始终大于机械功率，因此发电机转速不断下降，即通过释放转动惯量为系统提供有功功率支撑；发电机转速降至下限值时，若电磁功率维持当前值不变，会触发低速保护动作而导致停机。因此，风电机组退出调频过程，切换回正常运行控制，电磁功率由 C 点降至当前转速对应的功率值 E 点，此后电磁功率按 $D \rightarrow A$ 恢复，机械功率变化曲线为 $D \rightarrow A$。此过程中电磁功率始终大于机械功率，发电机转速不断上升达到 A 点时，电磁功率等于机械功率，保持稳定运行。

风电机组调频控制原理如图 4-12 所示。在调频支撑阶段，由于风轮转速下限的存在，风电机组只可以提供有限时间的功率支撑。如图 4-13 所示，调频过程中机组向电力系统中

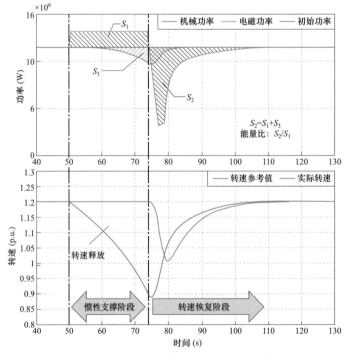

图 4-13　采用转子动能释放的频率支撑曲线

额外释放的能量计为 S_1，风轮转速下降导致风电机组捕获的机械功率不断下降，调频过程中风轮机械功率减少的能量为 S_3，当风电机组退出调频时电磁功率瞬间大幅跌落，机械功率大于电磁功率风轮进入转速恢复阶段，恢复阶段吸收的能量记为 S_2，基于能量守恒有 $S_2 = S_1 + S_3$。

基于区域电网电磁模型，仿真了新能源装机占比 20% 的电力系统中发生 4% 功率缺额事件后的频率曲线，如图 4-14 所示，系统中风电机组采用不留备用方案参与电网一次调频后系统频率一次跌落的最低点为 49.85Hz，高于风电机组不参与调频时频率最低点，但在 40s 后发生了频率二次跌落，最低点为 49.1Hz。可见，风电虚拟同步发电机通过转子动能释放提供调频功率支撑，频率一次跌落深度与不调频相比有明显提高。当风电机组退出调频时，为恢复风轮转速，机组电磁功率瞬间大幅跌落，跟随 MPPT 曲线逐渐恢复到初始状态，会给电网频率带来二次跌落的问题。当风电机组支撑时间过长且系统中新能源机组占比较高时，频率二次跌落的幅度一般远超过一次跌落的深度。

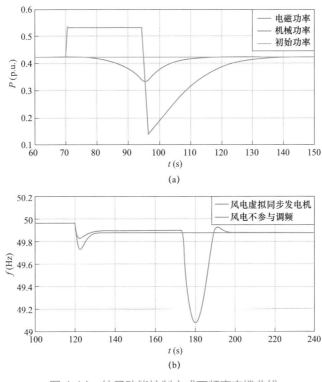

图 4-14　转子动能控制方式下频率支撑曲线
（a）机组功率；（b）电网频率

2. 惯量支撑可行性分析

当一次调频系数 $K_f = 0$ 时，机组仅响应惯量支撑。由于电网的典型频率动态过程包含频率下降和回升两个阶段，故风电机组响应惯量支撑时输出电磁功率存在小于捕获机械功率和大于捕获机械功率两个阶段，机组可以自然地恢复到 MPPT 发电状态，不需要专门设计转速恢复过程。此外，惯量支撑过程中电磁功率达到峰值后迅速下降，实际释放的转子动能十分有限，故退出调频瞬间不存在电磁功率的瞬间跌落。由于上述两点原因，当机组参数设置恰当时，可以避免系统频率发生二次跌落。

为了校验虚拟同步发电机仅响应惯量支撑时的效果，构建风电机组占比 20%的电力系统，在特定时刻发生 5%系统容量的功率缺额，对比机组提供惯量支撑和不提供惯量支撑时的系统频率仿真结果，如图 4-15 所示，风电虚拟同步发电机惯量支撑系数 $T_J = 10$。

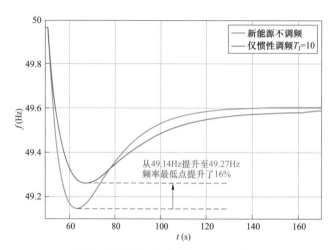

图 4-15　风电虚拟同步发电机仅提供惯量支撑时系统频率仿真波形

由图 4-15 可见，风电机组提供惯量支撑与不参与调频相比，系统频率最低点由 49.14Hz 提升至 49.27Hz，提升幅度为 16%。由于风电机组为系统提供了额外惯量，系统频率到达最低点的时间略晚于风电机组不参与调频时的情况。此外，当风电虚拟同步发电机仅提供惯量支撑时，能量变化幅度较小，系统频率不存在二次跌落的问题。图 4-16 给出了风电虚拟同步发电机参与系统调频的全过程，其中给出了风轮转速、输出电磁功率和捕获机械功率的波形，惯量支撑分为以下四个阶段：

a）风电机组运行在 MPPT 状态，50s 时系统发生 5%的功率缺额。

b）系统频率下降，风电机组进行惯量支撑，输出功率增加，转子动能释放，转速下降。这一阶段中输出电磁功率大于捕获机械功率。

c）系统频率恢复，风电机组进行惯量支撑，输出功率减小，转速上升。这一阶段中输出电磁功率小于捕获机械功率。

d）风电机组转速恢复至额定值，退出调频。

从图 4-16 可见，在整个调频过程中，由于风电机组惯量支撑功率幅值有限且迅速下降，风轮转速仅从 1.122p.u.跌落至 1.11p.u.，风电机组捕获到的机械功率几乎未发生变化。

当风电虚拟同步发电机仅提供惯量支撑时，惯量调频系数增大可以改善系统频率特性，但作用有限，如图 4-17（a）所示；当惯量调频系数较大时（$T_J = 15$），风电机组输出电磁功率会出现振荡，如图 4-17（b）所示，继续增大可能发生失稳。此外，在系统稳定的前提下，T_J 的取值不会对风轮转速跌落幅值产生明显影响。

上述结果表明，采用转子惯量释放控制方式的风电虚拟同步发电机可为电网提供有效的惯量调频支撑且不存在频率二次跌落的问题。在系统稳定的前提下，惯量调频系数 T_J 的取值应适当放大以获得更好的调频效果。

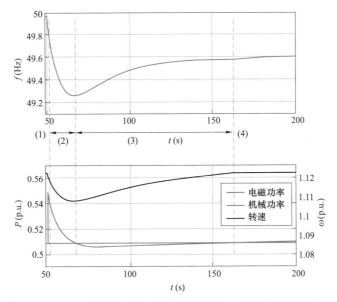

图 4-16 风电虚拟同步发电机仅提供惯量支撑时转速/功率波形

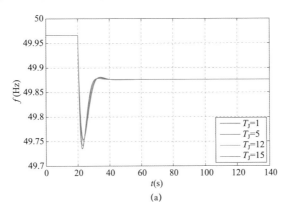

(a)

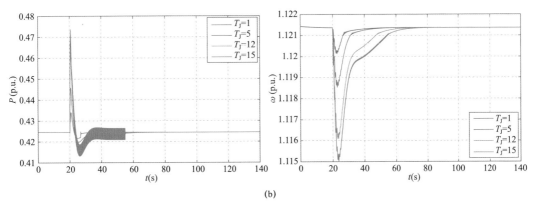

(b)

图 4-17 惯性调频系数变化时仿真结果

（a）系统频率波形；（b）风电机组输出电磁功率波形与转速曲线

3. 一次调频支撑可行性分析

与传统同步发电机类似，在忽略阻尼且将叶轮、轴系和发电机转子视为同一刚体的前提下，风电机组的转子运动方程可表示为：

$$2H_\mathrm{w}\omega\frac{\mathrm{d}\omega}{\mathrm{d}t}=P_\mathrm{m}-P_\mathrm{e} \tag{4-20}$$

式中：H_w 为风电机组旋转部分的整体惯性常量；ω 为高速轴或低速轴转速；P_m 为风电机组输入机械功率；P_e 为发电机输出电磁功率。

调频过程中输入机械功率不断减小，可表示为 $P_\mathrm{m}=P_{\mathrm{m}0}-\Delta P_\mathrm{m}$；电磁功率增大，可表示为 $P_\mathrm{e}=P_{\mathrm{e}0}+\Delta P_\mathrm{e}$。由于调频开始前风电机组处于稳定状态，故有 $P_{\mathrm{e}0}=P_{\mathrm{m}0}$。由此可得：

$$2H_\mathrm{w}\omega\frac{\mathrm{d}\omega}{\mathrm{d}t}=-(\Delta P_\mathrm{m}+\Delta P_\mathrm{e}) \tag{4-21}$$

由式（4-21）可知，转子动能释放控制方式下，风电机组主动调频支撑时间由 H_w、ΔP_m 和 ΔP_e 共同决定。同时，风速、转速下限阈值、风电机组参数也将影响风电机组的调频支撑时间。

（1）风速对调频支撑时间的影响

对于给定的风电机组参数和转速下限，风电机组的调频支撑时间随着风速呈规律性的变化。一方面，随着风速的增大，调频过程中同样转速值的下降将会带来更大的机械功率损失，有缩短惯性支撑时间的作用；另一方面，随着风速的增大，风电机组初始转速也会增大，风电机组将会释放更多的动能，有延长惯性支撑时间的作用。当风电机组运行在 MPPT 区间时，随着风速的增大，转子动能的增加要强于机械功率的损失，故惯性支撑时间会单调增大；而当风电机组运行在恒转速区间时，由于转速已经达到额定值，故机械功率的损失占了主动，风电机组惯性支撑时间会随着风速的增大而略有缩短。

（2）转速下限对调频支撑时间的影响

对于给定的风电机组，转速下限是制约调频支撑时间的主要因素。图 4-18 给出了某厂家 2MW 双馈风电机组的惯性支撑时间和转速下限的关系曲线，风电机组按照增发 10% 额定容量的方式进行调频，额定转速定义为同步转速 1500r/min。

在 MPPT 区间，支撑时间随着风速的增大单调增大；在恒转速区间，支撑时间随着风速的增大单调减小。图 4-18 分别给出了转速下限为 0.7p.u.、0.8p.u.和 0.9p.u.时的支撑时间曲线。在同一风速下，惯性支撑时间随着转速下限的减小而增大。

（3）惯性时间常数对调频支撑时间的影响

风电机组旋转部分的整体惯性时间常数 H_w 是决定惯性支撑时间的重要因素。风轮旋转部分由风轮、轴系和电机转子组成，由于风轮惯性时间常数远大于轴系和电机转子，故分析中可用风轮惯性时间常数代替风电机组旋转部分的惯性时间常数。

图 4-19 给出了某风电机组取不同惯性时间常数时的惯性支撑时间曲线。可见，随着风电机组惯性时间常数的增大，意味着风电机组在同样的转速下蕴藏着更多的动能，故可以提供更加持久的功率支撑，机组惯性支撑时间也相应增大。

4. 频率二次跌落优化

为了改善频率二次跌落问题，本节重点对转速恢复阶段的控制策略进行改进提升。

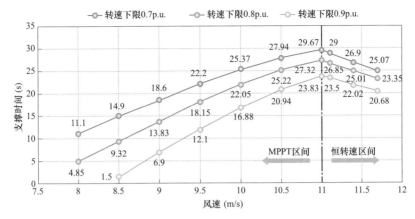

图 4-18　不同风速下支撑时间与转速下限的关系

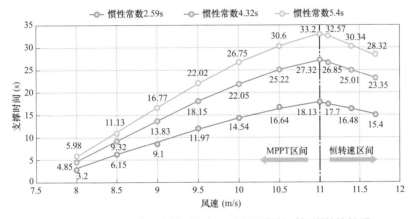

图 4-19　不同风速下支撑时间与风电机组惯性时间常数的关系

（1）固定值恢复策略

采用该方式进行转速恢复的初始阶段，风电机组输出电磁功率取某一固定值，当转速恢复到当前 MPPT 转速时，再切换回 MPPT 跟踪曲线。图 4-20 给出了固定值恢复方式的控制框图。

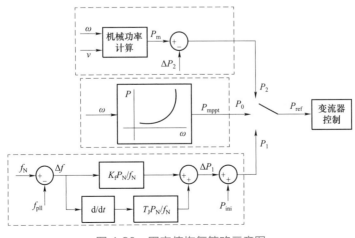

图 4-20　固定值恢复策略示意图

正常运行工况下，电磁功率指令由 MPPT 跟踪曲线给出参考值。调频支撑时风电机组根据系统频率偏差和频率变化率计算得到功率参考值增量，叠加在调频前的电磁功率参考值上。若采用传统 MPPT 曲线恢复方式，当风电机组达到转速下限时，功率参考值立即从 P_1 切换回 P_0；若采用固定值恢复方法，则将参考值从 P_1 切换到 P_2。为了保证转速正常恢复，需要在计算得到的机械功率上叠加以确保固定值小于当前的机械功率，当风电机组转速恢复到当前风速对应的 MPPT 转速时，再将参考值从 P_2 切换回 P_0。可见，固定值恢复方式只需要在风电机组原有的控制基础上增加 P_2 计算环节，仅需主控程序升级而不需要硬件改造，成本低且工程上容易实现。

图 4-21 给出了固定值恢复方式下某型风电机组的电磁功率波形，作为对比，图中还给出了传统 MPPT 曲线恢复策略的电磁功率波形。

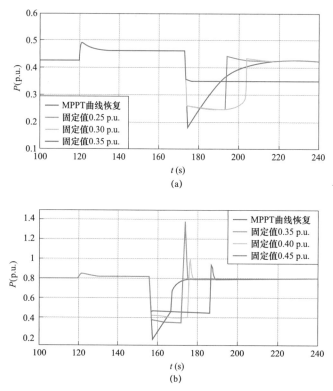

图 4-21　固定值恢复方式下风电机组输出功率波形
(a) MPPT；(b) 恒转速

图 4-21 中，转速恢复过程中风电机组输出电磁功率为一固定值，当风电机组转速回到初始值后电磁功率也回到初始值。恢复阶段功率给定值越大，累计损失机械能越大，转速恢复需要的时间也越长。

采用固定值恢复时，电磁功率给定值必须小于转速开始恢复瞬间风电机组输入的机械功率，否则风电机组转速将会持续下降直至停机。图 4-22 给出了不同风速下可使转速正常恢复的电磁功率最大值（转速下限均为 0.8p.u.），从图中可见，电磁功率给定最大值随着风速的增大呈现先增大后减小的趋势，拐点出现在 MPPT 区间和恒转速区间的分界处。

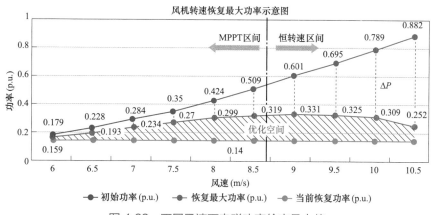

图 4-22 不同风速下电磁功率给定最大值

与 MPPT 曲线恢复方式相比，固定值恢复方式可以大幅减小风电机组退出调频时电磁功率的跌落幅度，从而改善频率二次跌落；采用固定值恢复方式时，电磁功率参考值从 P_2 切换到 P_0 时会造成较大的功率扰动，功率参考值切换回 P_0 时会造成较大的功率尖峰，这一现象在恒转速区间表现得尤为明显。

（2）控制参数切换策略

当风电虚拟同步发电机退出调频时，风电机组主控程序中的转速控制器发挥作用，使得风电机组输出电磁功率快速达到当前转速对应的值，这是造成频率二次跌落的底层原因。在风电机组传统控制中，为了使得风电机组能随着风速的变化快速追踪 MPPT 曲线，转速 PI 控制器中的比例系数和积分系数取值较大，如果在风电虚拟同步发电机调频过程中适当减小转速控制器的系数取值，可以有效防止退出调频瞬间电磁功率大幅跌落。据此思路，提出控制参数切换控制策略，图 4-23 给出了使用此策略时风电机组输出电磁功率的波形。

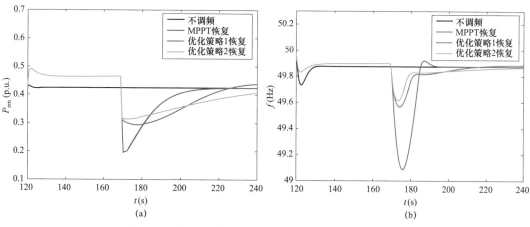

图 4-23 控制参数切换策略下风电机组输出功率波形

（a）功率响应；（b）频率响应

优化策略 1 恢复中 $k_p = 0.01k_{p0}$，$k_i = 0.05k_{i0}$，优化策略 2 恢复中 $k_p = 0.01k_{p0}$，$k_i = 0.01k_{i0}$。其中，k_{p0}、$k_i = k_{i0}$ 指的是风电机组运行在 MPPT 状态时的转速控制器 PI 参数。可见，在

风电机组参与电网一次调频时适当减小转速控制器的 PI 参数，可以减小退出调频时刻电磁功率的跌落幅度，同时延长电磁功率恢复至 MPPT 状态的时间。

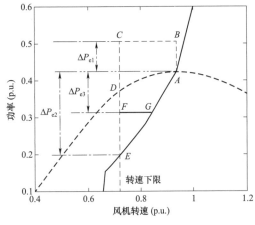

图 4-24　转速综合恢复策略原理示意图

（3）综合恢复策略

为了解决固定值恢复方式下功率给定平滑切换的问题，提出一种采用固定值与 MPPT 曲线相结合的综合恢复方式。综合恢复方式的控制框图与固定值恢复完全相同，差别在于 P_2 切换回 P_0 的时刻，图 4-24 给出了这种恢复方式的过程图。

图中两条曲线分别为风电机组 MPPT 跟踪曲线（实线）和某风速下风电机组的机械功率曲线（虚线）。初始时，风电机组运行在 A 点，当电网频率发生跌落时，风电机组启动调频，电磁功率上升到 B 点，支撑过程中风电机组转速逐渐下降，当转速达到转速下限时（C 点），风电虚拟同步发电机退出调频；若采用传统的 MPPT 曲线恢复方式，则风电机组输出电磁功率瞬间跌落到 E 点，随后沿着 MPPT 跟踪曲线逐渐恢复。可见，采用传统 MPPT 曲线恢复方式时，风电机组输出功率沿 A—B—C—E—A 轨迹运动，在退出调频的瞬间电磁功率发生幅值为 $\Delta P_{e1} + \Delta P_{e2}$ 的跌落，造成严重的频率二次跌落。为了减小电磁功率跌落深度，本方法使得风电机组退出调频时电磁功率跌落到高于 E 点的 F 点，并保持这一固定值直至与 MPPT 跟踪曲线相交于 G 点，随后电磁功率沿着 G—A 逐渐恢复。可见，采用转速综合恢复方式时风电机组输出功率沿 A—B—C—F—G—A 轨迹运动，退出调频时电磁功率跌落幅度为 $\Delta P_{e1} + \Delta P_{e3}$，可以大幅改善频率二次跌落问题。需要注意的是，为了保证转速恢复，F 点必须低于退出调频时风电机组的机械功率 D 点。

5. 仿真验证

为了对上述提出的三种优化控制策略进行验证，构建由同步机组（250MVA/13.8kV）和某型号风电虚拟同步发电机（2MW/690V×31）组成的仿真系统，此风电虚拟同步发电机内部控制参数、调频支撑策略均可修改。仿真系统结构如图 4-25 所示。

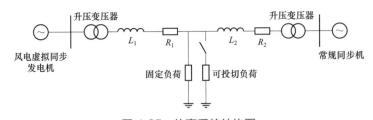

图 4-25　仿真系统结构图

截至 2016 年底，西北电网、华北电网等区域电网中新能源发电机组装机容量占比已达 20% 左右，在近年来发生的电网频率扰动事件中，最大功率缺额大约 4%。因此仿真设定风电装机占比约 20%，电网中发生系统容量 4% 的功率缺额。

（1）调频系数对调频效果的影响

在惯量和调频系数相同的情况下，风电机组参与调频支撑时间分别为 5s 和 10s 时，频率跌落情况如图 4-26 所示。风电机组参与调频的支撑时间和控制参数在一定程度上影响系统频率二次跌落的深度。在频率支撑时间和惯量常数相同的情况下，一次调频系数越大，支撑效果越好；在频率支撑时间和一次调频系数相同的情况下，惯性时间常数较大时，频率跌落较小；在惯量常数和一次调频系数相同的情况下，支撑时间适当增大，调频效果较好。

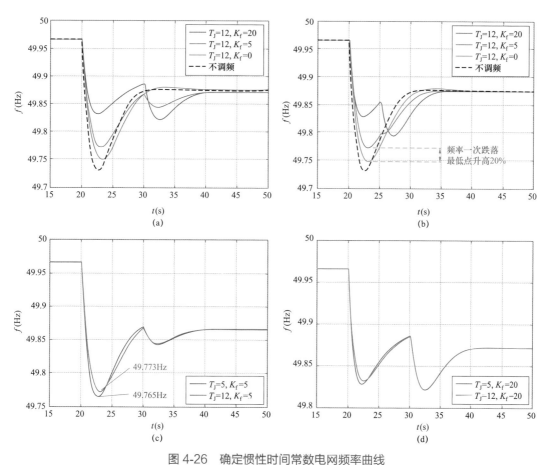

图 4-26　确定惯性时间常数电网频率曲线

（a）支撑 10s，不同 K_f；（b）支撑 5s，不同 K_f；（c）$K_f=5$，不同 T_J；（d）$K_f=20$，不同 T_J

（2）调频系数 K_f 和支撑时间 t 对调频效果的影响

固定惯量时间常数 $T_J=12$，设定风速为 8m/s，由于 K_f 与支撑时间互相耦合，实验设定支撑时间 t 为 4～13s，调频系数 K_f 为 5～20，分为 6 种组合，电网频率曲线如图 4-27 所示。

以频率最低点最高作为定量化评价指标，可得到最优参数为：$T_J=12$，$t=12$s，$K_f=19$。

固定惯量时间常数 $T_J=12$，设定风速为 11.2m/s，实验设定支撑时间 t 为 4～13s，调频系数 K_f 为 5～20，分为 6 种组合，电网频率曲线如图 4-28 所示。

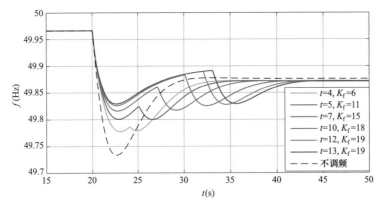

图 4-27　确定调频系数和支撑时间的电网频率曲线

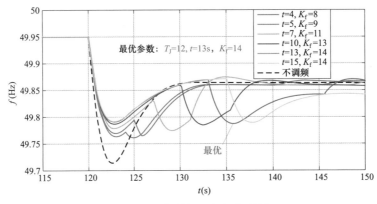

图 4-28　恒转矩区间调频特性

以频率最低点最高作为定量化评价指标，可得到最优参数为 $T_J = 12$、$t = 13s$、$K_f = 14$。

从上面的分析可见，基于风电 VSG 综合恢复策略的最优支撑策略参数范围：惯性时间常数 $T_J = 12$，支撑时间 t 为 10～13s，调频系 K_f 为 14～20。

（3）二次频率恢复策略

图 4-29 给出了采用固定值方式下风电机组输出电磁功率的波形，其中"固定值 0.25p.u."是指风电虚拟同步发电机一次调频结束后，按照综合恢复策略控制逻辑，以固定电磁功率 0.25p.u.作为转速恢复第一阶段，当风轮转速与 MPPT 跟踪曲线相交后，进入第二阶段转速恢复，作为对比，图中给出了传统 MPPT 曲线恢复策略的电磁功率波形。可见，随着固定功率值的增大，风电机组累计损失机械能增大，转速恢复时间也变长；使用固定值恢复策略，风电机组从调频状态返回正常发电状态时存在明显的频率反调，不利于系统频率的稳定。

图 4-30 给出了采用综合恢复方式下电网频率波形，可见在给定的仿真条件下，综合恢复方式 3 产生的频率二次跌落幅值与 MPPT 恢复策略相比可以减小 78%；采用综合恢复方式时，无论风电机组运行在 MPPT 区间还是恒转速区间，功率给定值从 P_2 切换到 P_0 时均不存在功率尖峰，可实现电磁功率和系统频率的平滑过渡。

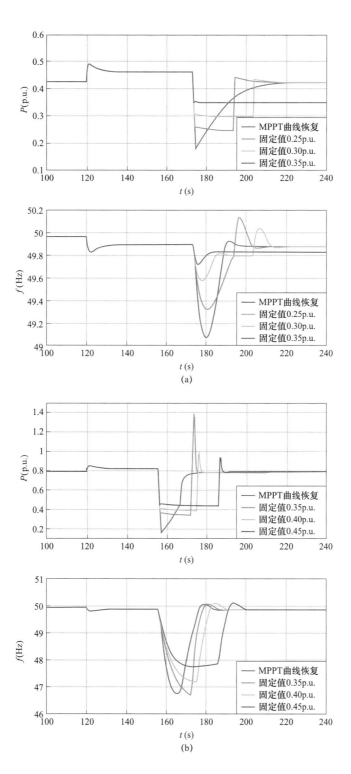

图 4-29 风电虚拟同步发电机固定值恢复策略仿真结果

（a）MPPT 区间；（b）恒转速区间

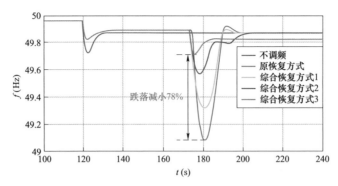

图 4-30 风电虚拟同步发电机综合恢复策略仿真结果

二、风储协调控制技术

目前工程中使用的两种常用新能源发电主动支撑应用模式中,预留备用方式经济损失巨大,无法在风电场进行推广,而转子动能控制模式下频率二次跌落无法完全消除,因此二者无法同时在技术性和经济性方面满足实际应用需求。结合目前新能源场站配置储能的发展趋势,新能源+储能应是兼顾多种功能和需求的解决方案。

考虑到目前储能投资成本较高,在提升频率支撑效果的同时需减少储能容量配置。下面分别讨论几种风储协调控制策略。

(一)储能单独支撑控制策略

图 4-31 给出了风电场调频任务均由储能系统独立承担时的储能调频控制流程图。

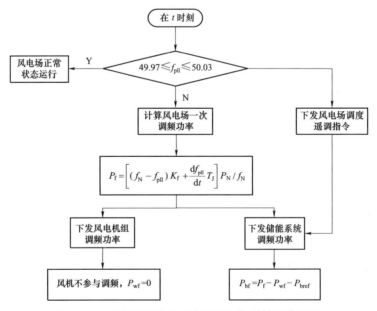

图 4-31 储能单独支撑风电场调频控制策略流程图

图 4-31 中,P_{bf} 为储能系统调频功率,P_f 为风场调频功率,P_{wf} 为风电机组调频功率,

P_{bref} 为功率指令值。在风电装机占比为 20% 的电网中施加 5% 系统容量的负荷扰动，若调频任务仅由储能系统承担，则仿真结果如图 4-32 所示。

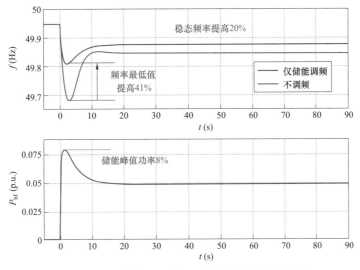

图 4-32　储能支撑风电场调频控制策略仿真结果

从图 4-32 可知，储能独立调频方式下需要配置风场容量 8% 的储能，采用此风储调频方案，系统频率最低点相比于无调频能力的风电场提升幅值达到 41%，频率稳态值提高 20%。

（二）基于频率二次跌落补偿的风储协调控制策略

前文已对转子动能释放参与调频支撑进行了详细介绍，实现方式如图 4-33 所示。当系统出现频率快速跌落时，转子动能支撑控制部分开始进行功率支撑，支撑时间为 T_{delay}，此后，转子动能支撑控制自动闭锁，风电机组进入转速恢复阶段。此时储能快速出力，弥补风电机组输出功率的快速下降，使风电机组和储能总体对外出力和转子动能支撑控制自动闭锁前保持不变。

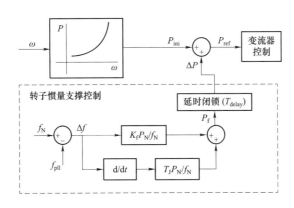

图 4-33　风电机组转子动能支撑控制结构图

图 4-33 中，f_N 为系统额定频率，f_{pll} 为变流器锁相环采集的系统频率，Δf 为系统频率的变化量，df/dt 为系统频率的变化率，T_J 和 K_f 为虚拟同步发电机惯性时间常数和有功调频系数，P_N 为风电机组的额定容量，P_f 为风电机组转子动能调频支撑的有功功率，ΔP 为调频功率附加值，T_{delay} 为延时闭锁时间。

基于频率二次跌落补偿的风储协调控制策略流程如图 4-34 所示。其中，P_{bf} 为储能系统调频功率，P_f 为风场调频功率，P_{wf} 为风电机组调频功率，P_{bref} 为功率指令值，T 为风电机组调频支撑时间。

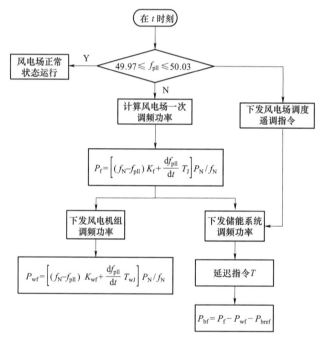

图 4-34　基于频率二次跌落补偿的风储协调控制策略控制流程图

在风电装机占比为 20% 的电网中施加 5% 系统容量的负荷扰动，风电机组风速为 8.6m/s 时，仅采用储能调频和基于频率二次跌落补偿的风储协调控制策略的频率特性如图 4-35 所示，两种方式的频率最低值均为 49.81Hz，频率稳态值均为 49.878Hz。相比不

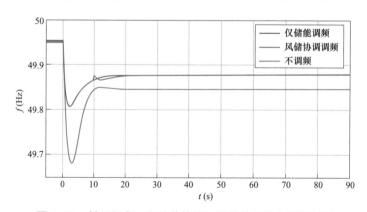

图 4-35　基于频率二次跌落补偿的风储协调控制调频效果

调频的系统频率，系统频率最低点抬升了 41%，频率稳态值抬升了 20%，明显改善了系统频率特性。

如图 4-36 所示，在调频过程中，风电机组同时进行一次调频和惯性支撑，支撑时长为 10s，10s 时风电机组退出调频后采用固定值恢复；储能在风电机组退出调频后开始进行支撑，支撑出力包括三部分，分别为一次调频、惯量和风电机组为了恢复转速而减少的出力。基于频率二次跌落补偿的风储协调控制策略的调频效果与储能支撑风电场调频时基本一致。与储能支撑风电场调频方式相比，采用基于频率二次跌落补偿的风储协调控制策略时，储能出力相对平滑，出力峰值较小。采用储能支撑风电场调频时需要配置 8%风场容量的储能，采用基于频率二次跌落补偿的风储协调控制策略时需要配置 5.7%风场容量的储能，相较于储能支撑风电场调频时需要配置的储能节约了 28%。

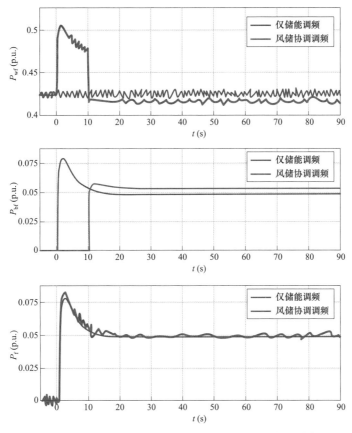

图 4-36　基于频率二次跌落补偿的风储协调控制对比

在风电装机占比为 20%的电网中施加 5%系统容量的负荷扰动，此时设定风电机组风速为 11.2m/s，采用频率二次跌落补偿的风储协调控制策略的风机、光伏出力如图 4-37 所示。

从图 4-37 可见，风速为 11.2m/s 时，储能容量需求为 13.9%，超过储能支撑风电场调频时的容量配置。接下来对调频支撑时间进行优化，以寻求 11.2m/s 风速下调频效果与储能支撑风电场调频一致时的最少储能配置容量，仿真结果如图 4-38 所示。

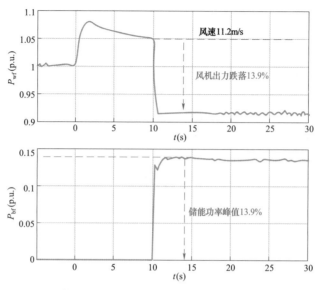

图 4-37 基于频率二次跌落补偿的风储协调控制调频效果

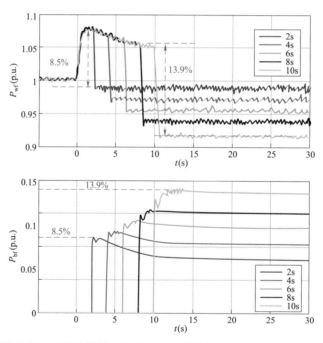

图 4-38 不同参数基于频率二次跌落补偿的风储协调控制效果

从图 4-38 可见，风电机组风速为 11.2m/s 时，储能容量配置最小为 8.5%，仍大于储能支撑风电场调频模式，可见基于频率二次跌落补偿的风储协调控制策略并不能优化储能容量的配置。究其原因是在风速较大时，风电机组退出调频后功率跌落幅度较为严重，需要更大功率的储能进行补偿。因此，大风速下风电机组短时支撑功率缺额较大，此时储能仅补偿功率跌落的控制策略不具备推广性。

（三）基于联合调频和二次跌落补偿的协调控制策略

在风电机组转子转速恢复阶段，储能通过短时输出功率补偿风电机组跌落的电磁功率。为改善风电退出调频时功率跌落严重的问题，提出基于联合调频支撑和二次跌落补偿的风储协调控制策略，基于此控制方式的风储协调调频控制如图 4-39 所示。

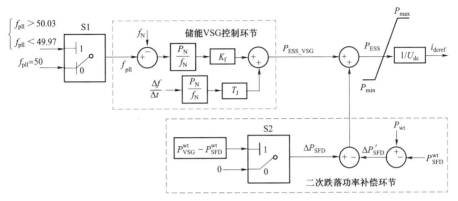

图 4-39　基于联合调频支撑和二次跌落补偿的控制策略

基于联合调频支撑和二次跌落补偿的控制策略流程如图 4-40 所示。在调频过程中，风电机组支撑 10s，支撑过程中同时进行一次调频和惯性支撑，储能在此期间参与调频，风电机组调频期间储能动作和不动作情况下系统的频率特性如图 4-41 所示，两种方式的频率最低值均为 49.81Hz，频率稳态值均为 49.878Hz。相比不调频的系统频率，系统频率最低点抬升了 41%，频率稳态值抬升了 20%，明显改善了系统频率特性。

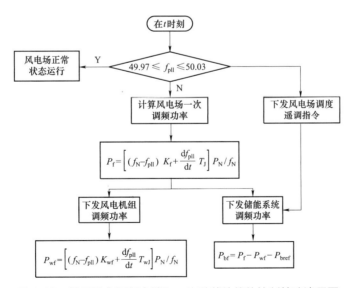

图 4-40　基于联合调频支撑和二次跌落补偿的控制策略流程图

图 4-40 中，P_{bf} 为储能系统调频功率，P_f 为风场调频功率，P_{wf} 为风电机组调频功率，P_{bref} 为功率指令值。

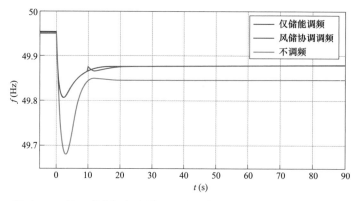

图 4-41　基于联合调频支撑和二次跌落补偿的控制策略调频效果

在联合调频支撑和二次跌落补偿的风储协调控制下，当风速为 11.2m/s 时，储能容量需求最大为 6.9%，优于储能支撑风电场调频时的容量配置，如图 4-42 所示。

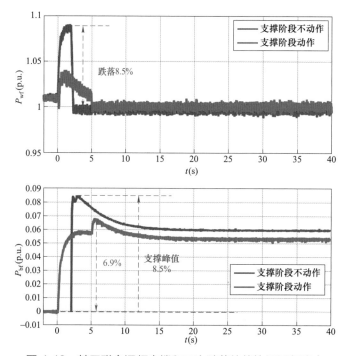

图 4-42　基于联合调频支撑和二次跌落补偿协调调频出力

（四）风储联合调频优化控制策略

基于风储调频出力特点，提出风电惯量释放和储能稳态支撑的协调控制策略。该方法利用惯量调频导致储能峰值功率时间较短，利用率低，此部分由风电承担；稳态功率部分相当于一次调频所需功率，此部分由储能承担。风储联合调频功率分配如图 4-43 所示，储能至少配置 5% 的储能来弥补稳态功率差额。

给出风电惯量释放和储能稳态支撑的协调控制策略流程如图 4-44 所示。图 4-44 中，P_f 为风场需要输出的调频功率，P_b 为储能容量，P_{bf} 为储能需要输出的功率，P_{wf} 为风电机组需要输出的调频功率。

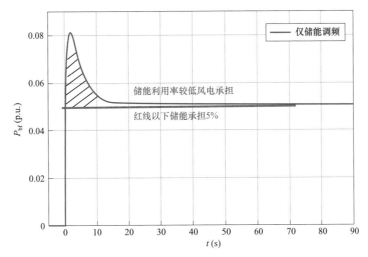

图 4-43　风电惯量释放和储能稳态支撑的协调控制策略出力示意图

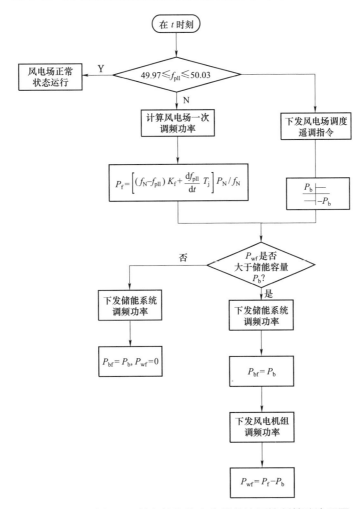

图 4-44　风电惯量释放和储能稳态支撑的协调控制策略流程图

设置独立于风电机组和储能的上层控制器,由该控制器计算整个风场需要输出的调频功率 P_f,计算公式如下:

$$P_f = \left[(f_N - f_{pll})K_f + \frac{df_{pll}}{dt}T_J \right] \times P_N / f_N \qquad (4\text{-}22)$$

式中:f_N 为系统额定频率;f_{pll} 为变流器锁相环采集的系统频率;df/dt 为系统频率的变化率;T_J 和 K_f 为虚拟同步发电机的惯性时间常数和有功调频系数;P_N 为风电机组的额定容量。

集中控制器将 P_f 分配给储能和风电机组,分配时按照储能优先的原则,即若风电场配置储能容量大于调频功率,则调频任务全部由储能承担;若储能容量小于整个风场需要输出的调频功率,则储能满发,剩余的调频任务由风电机组承担。

对风速分别为 6.2m/s、8.6m/s 和 11.2m/s 的风况进行仿真分析,发现风电机组风速在 11.2m/s 时储能容量需求最多,仿真结果如图 4-45 所示。风电惯量支撑和储能稳态支撑的风储联合调频策略调频效果与仅用储能调频效果相当,而储能需求由 8%风电场额定容量减小 5.9%,减少了 26%。

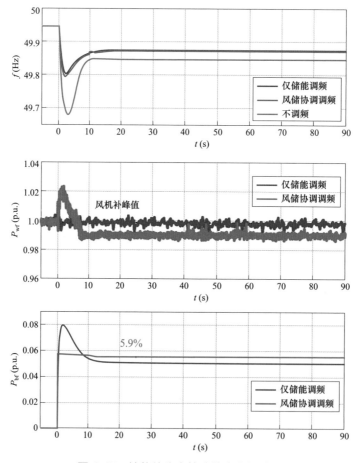

图 4-45 储能补稳态策略仿真分析结果

三、风电调频方案技术经济性对比

表 4-2 给出了京津唐地区某 100MW 风电场按照 10%装机容量预留备用的经济性计算结果，可见当电网不限电时，100MW 的风电场年经济损失可达 2500 万元，即使在电网普遍限电 50%额定容量的情况下，风电场经济损失也可达到 1600 万元。

表 4-2　　　　　　　　　　预留备用控制方式调频经济性分析

是否限电	年损失电量（万 kWh）	损失电量占年发电量比例	上网电价（元）	年经济损失（万元）
不限电	4643	18.57%	0.54	2500
限电 50%额定容量	2940	11.76%	0.54	1600

将预留 10%P_N 备用容量、转子动能控制、配置 10%P_N 储能三种风电场一次调频方案的技术经济性进行对比，如表 4-3 所示。预留备用方案调频性能与火电相当且可长期有功支撑，但经济损失巨大；释放转子动能控制方案只需修改机组控制软件，不增加一次投资，但频率二次跌落无法消除且过大；相比之下，配置储能方案仅需一次性投入且投资额可接受，其调频性能优于火电，且在后续运行中储能可通过减少弃风弃光、平滑出力等综合应用模式为业主增加收益，所以新能源发电电站配置集中式储能是最佳的一次调频方案。

表 4-3　　　　　　　　　　三种调频方式技术经济性对比

应用模式	技术性	经济性（100MW 风电场）
预留 10%P_N 备用容量	与火电机组相当	年经济损失约 2000 万元
转子动能释放	存在二次跌落，无法长期支撑	仅改造控制系统
配置 10%P_N 储能	优于火电机组	年均投资 150 万元

针对风电机组单独调频存在短时支撑、频率二次跌落的问题，提出风储协调调频优化策略，对三种风储协调策略进行储能配置容量需求分析，结果如表 4-4 所示。

表 4-4　　　　　　　　不同风速下风储协调策略储能容量需求

风速（m/s）	6.2	8.6	11.2
策略 1：储能单独支撑风电场	8%	8%	8%
策略 2：二次跌落补偿	6.7%	5.6%	8.5%
策略 3：联合调频与二次跌落补偿	6.2%	6.8%	6.9%
策略 4：风机惯量释放与储能稳态支撑	5.5%	5.2%	5.9%

可以看出，风电机组惯量释放和储能稳态支撑是风储协同调频最优策略，该策略储能容量配置是风电机组装机容量的 5.9%，与储能单独支撑需要配置 8%的容量相比减少 26%。

第二节　光伏虚拟同步发电机

由于光伏发电单元一般运行于 MPPT 模式，不具备惯量与一次调频支撑能力，若要将传统光伏发电系统改造成光伏虚拟同步发电机，可采用预留备用和配置储能两种方法。预留备用方法由于经济损失巨大，暂不做重点介绍。本节主要研究对象为光储虚拟同步发电机，对光伏虚拟同步发电机光储协同调频控制、自适应参数优化、储能充放电策略等问题进行详细阐述。

一、光伏虚拟同步发电机调频控制技术

（一）光储协调控制技术与特性

1. 光伏虚拟同步发电机拓扑结构

传统光伏逆变器母线电容用作稳压电容使用时，难以支撑光伏虚拟同步发电机的转动惯量和一次调频功率。研究报道和工程中常在光伏直流侧并联储能单元以提供调频所需能量，拓扑结构如图 4-46 所示。

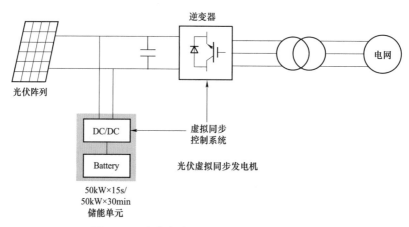

图 4-46　光伏虚拟同步发电机整体控制框图

2. 光伏虚拟同步发电机调频控制策略

光伏虚拟同步发电机常采用改变功率给定值控制方式和模拟转子运行方程两种调频控制方式，具体如下：

（1）改变功率给定值控制方式

该控制方式适用于配置超级电容器的光伏虚拟同步发电机，通过检测系统频率偏差 Δf 及频率变化率 $\mathrm{d}f/\mathrm{d}t$，在系统频率偏低和偏高时提供惯量和一次调频支撑。控制框图如图 4-47 所示。

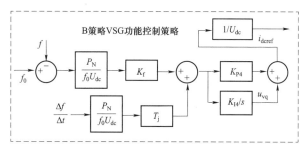

图 4-47　改变功率给定值调频控制策略

（2）模拟转子运动方程控制方式

该控制方式适用于配置锂电池的光伏虚拟同步发电机，通过模拟同步发电机二阶模型，光伏虚拟同步发电机控制器根据机械角速度和电网角速度，提供系统惯量支撑；同时，基于同步发电机调速控制器模型计算得到功率指令值，并根据同步发电机转子运动方程频域模型确定有功功率输出目标值的电压相角，进而调节虚拟同步发电机功角，实现对电网功率的支撑。同步发电机转子运动方程如式（4-23）和式（4-24）所示。

$$P_{\mathrm{m}} = K_{\mathrm{f}}(\omega - \omega_{\mathrm{N}}) \tag{4-23}$$

$$\begin{cases} J\dfrac{\mathrm{d}\omega}{\mathrm{d}t} = \dfrac{P_{\mathrm{m}} - P_{\mathrm{e}}}{\omega} - D(\omega - \omega_0) \\[2mm] P_{\mathrm{e}} = \dfrac{U_{\mathrm{t}} \cdot E \cdot \sin\delta}{X} \\[2mm] \dfrac{\mathrm{d}\theta}{\mathrm{d}t} = \omega \\[2mm] \delta = \theta - \theta_{\mathrm{g}} \end{cases} \tag{4-24}$$

式中：ω 为机械角速度；ω_{N} 为额定角速度；K_{f} 为调频系数；J 为转动惯量；D 为阻尼系数；P_{m} 和 P_{e} 分别为 VSG 的机械功率和电磁功率；ω_0 为电网角速度；U_{t} 为机端电压；E 为内电势；X 为定子阻抗；θ 为电角度；θ_{g} 为电网相角；δ 为功角。

控制框图如图 4-48 所示。

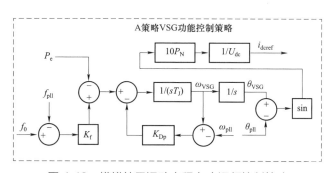

图 4-48　模拟转子运动方程有功调频控制策略

由于两类光伏虚拟同步发电机配置的储能单元类型、光储调频策略不同，整机调频支撑效果存在以下差异：

a）光储协同调频支撑方式。两种光伏虚拟同步发电机均通过直流侧配置储能电池提供有功调频支撑，由于光储协调控制逻辑设计的差异，两种方案中，锂电池既可放电提供有功支撑，又可充电来减少输出功率，储能充电功率不足时光伏压低功率最低至－10%P_N，在满足调频支撑的同时实现了光伏功率的最大化利用；超级电容只可放电提供有功支撑，频率上升时超级电容不吸收功率，需靠光伏压低功率来减少光储整体输出功率，会导致一定程度的弃光电量损失。

b）储能单元配置。锂离子电池具有价格低、维护工作量大等特点，超级电容具有高倍率充放电、低温耐受性好、维护工作量小等特点。同样成本下，若以锂离子电池作为储能单元，则其额定功率下的支撑时长约 30min，而若以超级电容作为储能单元其支撑时长仅为 15s。超级电容支撑时间过短，无法与电网二次调频的时间衔接，可能造成电网频率的再次跌落。

c）惯量响应死区。改变功率给定值控制策略以几个周波内频率变化率的平均值作为判断依据，为防止电网频率正常波动时调频功能频繁启动，需要设置频率变化率死区，但会导致实际电网频率变化率未超过死区时无法提供惯量支撑的问题，而采用模拟转子运动方程控制策略的光伏虚拟同步发电机在任一工况下均可提供惯量支撑。

3. 无功电压控制策略

光伏虚拟同步发电机的逆变器控制环路中增加了同步发电机励磁控制器模型，基于 dq 旋转坐标系的直流电压外环、桥臂电流内环的双闭环控制方式，建立电压－无功下垂控制器模型，以电压－无功下垂控制器模型的输出作为无功电流内环的指令值，模拟同步发电机电压－无功下垂特性，如式（4-25）所示。光伏虚拟同步发电机无功电压控制框图如图 4-49 所示。

$$i_{qref}^* = Q_{qref}^* = \frac{K_V(U_N - U_{rms})}{E_N} \qquad (4-25)$$

式中：i_{qref}^* 为无功电流内环指令值；Q_{qref}^* 为调压无功功率指令值；U_N 为电网额定电压；U_{rms} 为电网电压有效值；K_V 为无功调压系数；E_N 为虚拟同步发电机额定容量。

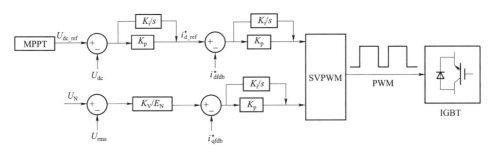

图 4-49　光伏虚拟同步发电机无功电压控制策略

4. 整体控制策略

电流控制型光伏虚拟同步发电机的控制策略均采用电压－电流双闭环控制策略，基于 MPPT 直流电压外环的光伏虚拟同步发电机整体控制框图如图 4-50 所示，其中控制策略 A 为改变功率给定值控制策略，控制策略 B 为转子运动方程控制策略。

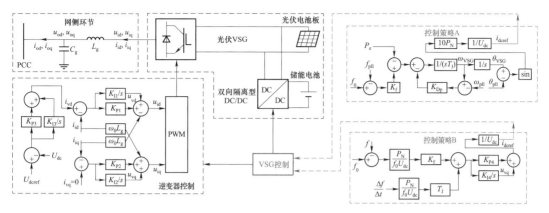

图 4-50　分别配置锂电池和超级电容的光伏虚拟同步发电机整体控制策略

图 4-50 中，U_{dc} 分别为直流母线电压，经过 MPPT 控制，得到直流母线电压参考值，再经过 PI 调节器，得到电流内环有功电流参考值。

电流内环控制电感电流，将电感电流采样信号经过 abc/dq 变换，得到旋转坐标系下的有功电流分量 i_d 和无功电流分量 i_q，将 i_d、i_q 与电流参考值进行比较，经过内环 PI 调节器，并通过电流解耦控制和电网电压前馈控制，得到两相旋转坐标系下的电压控制矢量 u_{sd}、u_{sq}，然后对其进行 iPark 变换，得到两相静止坐标系下的电压控制信号 M_α、M_β，最后经过 SVPWM 调制，输出逆变器的驱动控制信号。

上述控制中 Park 变换及 iPark 变换使用的角度 θ_g 由锁相环获得，控制框图如图 4-51 所示。

两种电流控制型光伏虚拟同步发电机的 DC/DC 变换器采用单电流环控制，下面以系统频率下降工况为例简要介绍其工作原理。

储能电池输出的有功功率 P 为：

$$P = U_{dc}i_{boost} \tag{4-26}$$

式中：U_{dc} 为 DC/DC 电路输入侧电压；i_{boost} 为 DC/DC 电路电感电流。

DC/DC 电路采用单电流环控制，控制框图如图 4-52 所示。

图 4-51　锁相环控制框图　　　　图 4-52　DC/DC 控制器 boost 控制框图

可见当电网频率下降时，双向 DC/DC 变换器工作于 BOOST 模式，发挥惯量响应和一次调频作用，输出功率以响应系统频率变化。当电网频率上升时，需要 DC/AC 控制器降低功率或双向 DC/DC 变换器吸收功率。此时，光伏虚拟同步发电机不再采用 MPPT 控制，切换进入限功率运行模式。

根据虚拟同步发电机控制策略，影响其调频功能的控制参数主要包括调频系数、惯性时间常数和阻尼系数，因此需要对比分析上述控制参数在不同整定值下对虚拟同步发电机调频能力的影响。对于电流控制型虚拟同步发电机，调频系数只影响一次调频稳态功率，所以此处主要考察惯性时间常数 T_J 和阻尼系数 K_{Dp} 对调频动态过程的影响。

（1）惯性时间常数对调频功率波动的影响

电网频率以 -0.5Hz/s 的速率由 50Hz 降低到 48.1Hz，固定阻尼系数 $K_{Dp}=80$，设置 $K_f=0$，T_J 分别为 5、6、8、10、15 和 20，考察不同惯性时间常数对虚拟同步发电机调频动态响应的影响。

不同惯性时间常数下光伏虚拟同步发电机调频动态曲线如图 4-53 所示。对于模拟转子运动方程控制策略，在固定阻尼系数的情况下，惯性时间常数增大，阻尼比逐渐增大，调频动态过程变长。从图 4-53（a）中可明显看到调频的动态过程随着惯性时间常数的增大而变得剧烈，出现振荡现象，在 $T_J=20$ 的条件下，虚拟同步发电机惯量调节时间达到 1.2s，振荡最大幅值为 -40kW。对于改变功率给定值控制策略，不同的惯性时间常数对调频动态过程基本无影响，如图 4-53（b）所示，在 $T_J=5$ 或 20 的条件下，两条调频曲线均未出现逐步衰减的现象，也未出现振荡。

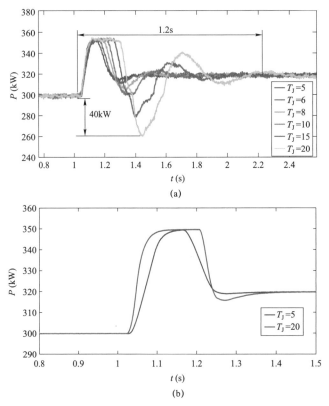

图 4-53　模拟转子运动方程与改变功率给定值控制策略调频曲线
（a）模拟转子运动方程；（b）改变功率给定值

（2）阻尼系数对调频功率波动的影响

设置 $K_f=20$、$T_J=5$，K_{Dp} 分别为 50、80 和 150，电网频率由 50Hz 阶跃到 49.9Hz，考察阻尼系数对虚拟同步发电机调频动态响应的影响。

对于模拟转子运动方程的控制方式，阻尼系数的影响与惯性时间常数相似，较小的阻尼系数会造成阻尼比增大，导致振荡现象，并导致恢复稳态的时间增加。由图 4-54 可知，当阻尼系数 K_{Dp} 分别为 50、80、150 时，超调量分别为 0.88p.u.、0.75p.u.、0.43p.u.，阻尼系数越小，调频动态过程越长，$K_{Dp}=50$ 时调节时间为 670ms，远长于 $K_{Dp}=80$ 或 $K_{Dp}=150$ 条件下的调节时间。而对于改变功率给定值控制策略，引入阻尼系数，直接响应虚拟同步发电机的功率计算值，不会发生振荡现象。

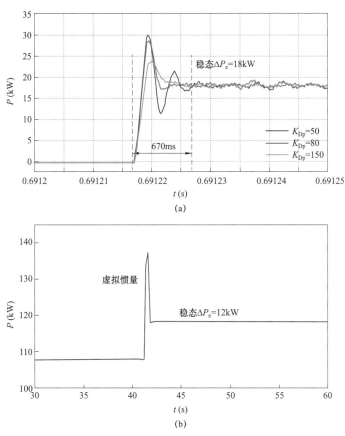

图 4-54　两种控制策略不同阻尼系数实测调频曲线

（a）模拟转子运动方程；（b）改变功率给定值

（二）光储协调控制

光伏虚拟同步发电机中逆变器常规情况下运行于 MPPT 模式，系统频率低于死区运行场景下，由储能单元提供惯量和一次调频功率。然而，受储能单元自身容量限制，若充放电过程中储能单元电池/模组电压、荷电状态（State of Charge，SOC）低于一定阈值，储能单元可能无法提供足够的惯量和一次调频功率。结合目前大规模集中式光伏电站普遍存在限功率运行的现状，本书提出在光伏虚拟同步发电机处于限功率运行工况下的光储协调调频控制策略。在稳态运行过程中，光伏虚拟同步发电机存在以下两种运行场景。

1. 光伏可用功率过剩

光伏虚拟同步发电机的储能单元处于热备用状态,当光伏电源最大可用功率大于负载或者调度指令值时,即为功率过剩。功率过剩容易导致系统电压和频率越限,在此情形下需适当弃光,即降低光伏电源功率输出,以满足系统功率平衡。

2. 光伏最大可用功率不足

当负载或调度的功率指令值大于光伏电源最大可用功率时,即为功率不足。系统功率不足也容易导致电压或频率异常,若不采取控制措施以保证光伏出力稳定,则可能由于功率不匹配而导致直流侧电压跌落甚至崩溃。这种情形下需控制光伏以最大可用功率输出,且保证直流电压稳定。

对于储能单元容量处于非运行区间或者光伏电源具有充足备用容量情况,需充分分析光伏电源稳定运行区域,充分利用光伏备用容量进行调频。光伏电源动态特性通常用直流侧电压和输出功率描述,并用 $P-U$ 曲线对光伏电源运行区域进行定性分析,如图 4-55 所示。

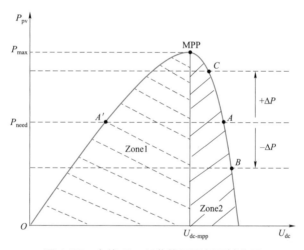

图 4-55　光伏 $P-U$ 曲线及运行区域分区

图 4-55 中,横纵坐标分别为光伏电源的直流电压(U_{dc})与可用输出功率(P_{pv});MPP 表示光伏电源的最大输出功率点;P_{need} 为负荷或调度的功率需求;ΔP 为功率需求增量;A、B、C 以及 A' 均为光伏电源可能出现的运行点。

光伏电源运行区域以 MPP 点为界分为两个运行区间,如图 4-55 中 Zone1 与 Zone2 所示。其中,Zone1 的光伏电源直流电压 U_{dc} 小于最大功率点电压 U_{dc-mpp},光伏电源的输出功率 P_{pv} 将随直流电压的增加而变大;Zone2 中,光伏电源直流电压 U_{dc} 大于最大功率点电压 U_{dc-mpp},光伏电源的输出功率随着直流电压的增加而降低。此外,当外界功率需求 P_{need} 小于光伏电源最大可用功率时,光伏电源存在两个输出功率相同的运行点(A 与 A'),但这两个运行点对应不同的直流电压。

当光伏电源运行在 A 点时,如果功率需求增加ΔP,则要求光伏电源增加输出以满足功率需求。从物理过程来看,根据图 4-55 所示光伏电源特性可知,通过光伏虚拟同步发电机直流侧电容放电，从而降低直流侧电压，进而增加其输出功率。因此，在该运行工况下，光伏电源运行点根据 $P-U$ 曲线从 A 点过渡运行至 C 点。同理，当光伏电源运行在 A 点时，若功率需求减小 ΔP，则需通过控制直流侧电容以充电，使得直流电压升高。根据图中 Zone2 所示，直流侧电压升高将会减少光伏电源输出功率，此时光伏电源运行点平稳地从 A 点过渡至 B 点。由上述分析可知，Zone2 的运行点为光伏虚拟同步发电机的稳定运行点，Zone2 为光伏虚拟同步发电机的合适运行区域。

对于 Zone1，当光伏电源运行在 A' 点时，若功率需求增加 ΔP，直流电容放电会降低直流电压，根据图中 Zone1 的特性可知，直流电压降低将导致功率输出减小，与功率需求增加相矛盾，即加剧了光伏电源输出功率与需求不匹配的情况，进而导致直流电压跌落直至崩溃。同理，当功率需求降低时，Zone1 中运行点仍难以使直流电压稳定。由上述分析可知，Zone1 并非光伏虚拟同步发电机的合适运行区域。

在实际工程应用中，从光伏电源的动态特性以及满足调度功率需求的角度看，选取Zone2 为合适运行区域的其他两方面原因如下：

a）功率调节响应速率。从 MPP 点到 A 点的电压变化量明显小于其到 Zone1 中相同功率的 A' 点对应的电压变化量，即满足公式

$$\begin{cases} D_1 = \dfrac{P_{mpp} - P_A}{U_{dc\_mpp} - U_{A\_mpp}}, U_{A\_mpp} = U\{Zone1\} \\ D_2 = \dfrac{P_{mpp} - P_{A'}}{U_{dc\_mpp} - U_{A'\_mpp}}, U_{A'\_mpp} = U\{Zone2\} \\ D_1 \geqslant D_2 \end{cases} \qquad (4\text{-}27)$$

由公式（4-27）可知，在运行过程中，直流电压在 Zone2 域内可以快速变化到 $P-U$曲线相应的直流电压值。

b）直流电压运行范围。由于集中式光伏逆变器交流侧额定电压通常在 270V 以上，根据逆变基本原理，调制比一般均小于 1，其直流侧电压运行范围通常在 400V 以上。当需求功率远小于光伏电源最大可用功率时，如果在 Zone1 内运行，且需求功率对应的直流电压小于光伏虚拟同步发电机直流电压运行范围，则容易出现直电压失稳的情况。

由上述分析可知，光伏电源动态特性较为复杂，光伏电源可用出力范围为 $[0, P_{max}]$，且存在稳定运行与不稳定运行区域。光伏电源稳定运行区域可通过其与直流电压的对应关系来判定，即 MPP 点所对应的直流电压（$U_{dc\text{-}mpp}$）为稳定运行区域的最小直流电压，若直流电压继续降低，则运行至不稳定区域（Zone1）。因此，充分考虑光伏电源动态特性，以保证其运行于稳定区域为前提，所提出的光伏虚拟同步发电机预留备用控制策略如图 4-56 所示。

由图 4-56 可知，改变功率给定值调频策略的基本原理是：通过 MPPT 算法获得光伏电源的最大功率运行点，并得到该点对应的直流电压（$U_{dc\text{-}mpp}$），即光伏电源稳定运行时的最小电压；然后，将 $U_{dc\text{-}mpp}$ 与实测直流电压的差值经 PI 控制器形成直流电压外环，并将输出附加控制变量 $I_{dm\text{-}ref}$ 作为控制变量；之后将 $I_{dm\text{-}ref}$ 附加于功率外环 PI 环节生成的

$I_{vsg\text{-}ref}$，即可得到含有光伏电源动态特征的 d 轴电流参考值 $I_{d\text{-}ref}$。由于比较器的存在，故有

$$P_e \leqslant P_{max} \tag{4-28}$$

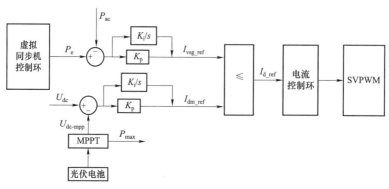

图 4-56　光伏虚拟同步发电机预留备用控制策略

值得说明的是，为保证初始状态下光伏电源处于稳定运行区域，$I_{d\text{-}ref}$ 初始值设置为 $I_{dm\text{-}ref}$；同时，当功率需求大于光伏最大可用功率时，保持 $I_{d\text{-}ref}=I_{dm\text{-}ref}$。此时，光伏电源以最大可用功率输出，且保证直流侧电压不低于光伏电源稳定运行时的最小电压。

本节采用仿真分析法对光伏虚拟同步发电机预留备用控制策略进行论证。设定辐照度和温度保持不变，光伏电源最大可用功率为 410kW，此时对应的直流电压约为 620V，设置储能单元闭锁，VSG 控制环节 $T_J=5$，关闭一次调频功能。测试曲线如图 4-57 所示，在 142s 时调度需求下降到 300kW，经过 2s 调节，光伏 VSG 出力下降至 300kW。在 150s 时，系统频率以 -0.5Hz/s 的变化率降低至 49Hz，光伏电源基于 110kW 的备用容量提供惯量支撑，惯量功率为 25kW，与理论值一致。这说明在满足调度功率需求的前提下，光伏 VSG 预留备用控制策略能够满足系统的惯量要求。

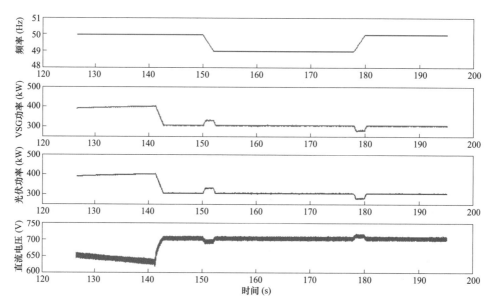

图 4-57　光伏虚拟同步机备用容量的惯量测试曲线

前文提到在稳态运行过程中,光伏虚拟同步发电机存在光伏可用功率过剩和最大可用功率不足两种运行场景,下面对这两种场景分别进行分析。

（1）光伏可用功率过剩

光伏电源独立支撑场景。在此工况下,光伏电源最大可用功率为 410kW,设置储能单元闭锁,VSG 控制环节 $T_J=5$、$K_f=20$。测试曲线如图 4-58 所示,在 139s 时调度需求为 200kW,经过 4s 调节,光伏 VSG 出力下降至 200kW。在 150s 时,系统频率以 $-0.5Hz/s$ 的变化率下降至 49.5Hz,光伏电源基于 210kW 的备用容量提供调频功率,电磁功率输出增加至 300kW,与理论值一致。这说明在满足调度功率需求的前提下,光伏电源通过预留备用控制策略能够满足系统的一次调频要求。值得注意的是,在该系统频率跌落场景下,光伏 VSG 的调频电磁功率参考值低于实际光伏电源可用最大功率。

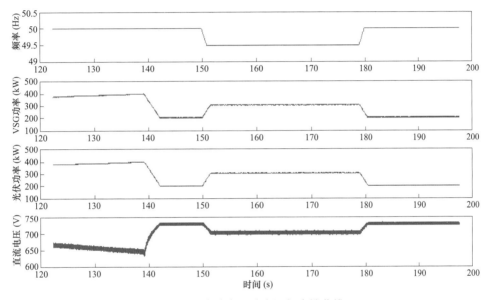

图 4-58　光伏电源独立调频支撑曲线

光伏电源备用支撑场景。在此工况下,光伏电源最大可用功率为 410kW,储能单元参与调频,VSG 控制环节 $T_J=5$、$K_f=20$。测试曲线如图 4-59 所示,在 132s 调度需求下降至 200kW,经过 4s 调节,光伏 VSG 出力下降至 200kW。在 150s 时,系统频率以 $-0.5Hz/s$ 的变化率下降至 49.5Hz,储能单元采用模拟转子运动方程控制策略,响应系统频率变化,稳态电磁功率为 50kW;光伏电源基于 210kW 的预留备用容量提供调频功率,电磁功率输出为 250kW,光伏 VSG 输出的总电磁功率为 300kW,与理论值一致。在 168s 时,储能单元闭锁,光伏电源立即增加调频功率,补充储能单元闭锁造成的功率损失,光伏 VSG 输出的总电磁功率维持不变,说明所提出的通过预留备用控制策略能够有效协调光伏电源和储能单元之间的调频支撑功率。

（2）最大可用功率不足

光伏电源独立支撑场景。在此工况下,光伏电源最大可用功率为 410kW,设置储能单元闭锁,VSG 控制环节 $T_J=5$、$K_f=20$。测试曲线如图 4-60 所示,在 138s 时调度需求

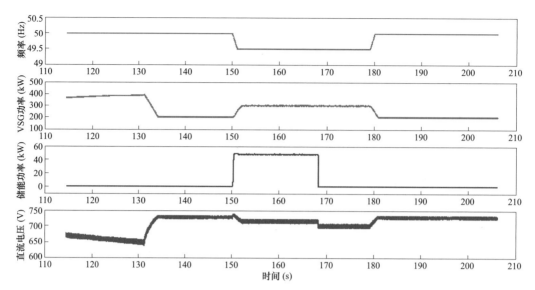

图 4-59　光伏虚拟同步机满足可用功率调频支撑曲线

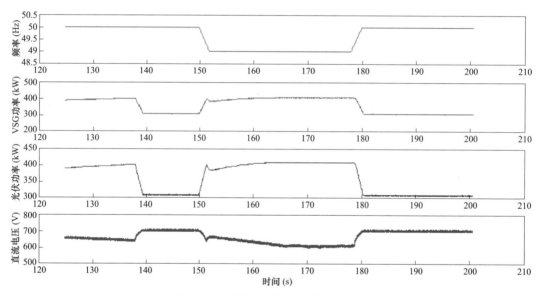

图 4-60　光伏电源独立调频支撑曲线

下降至 300kW，经过 4s 调节，光伏 VSG 出力下降至 300kW。在 150s 时，系统频率以 −0.5Hz/s 的变化率下降至 49Hz，光伏电源基于实际 110kW 的备用容量提供调频功率，调频功率理论值为 500kW，明显大于光伏电源的实际最大可用功率 410kW。在 152s 时，光伏 VSG 输出电磁功率为 410kW，达到光伏电源实际最大可用容量后，不足以继续支撑调频功率，基于预留备用控制策略，切换至 MPPT 运行模式，在 160s 时进入稳态，输出功率维持最大可用功率，支撑系统频率。

　　光伏电源备用支撑场景。在此工况下，光伏电源最大可用功率为 400kW，储能单元参与调频，VSG 控制环节 $T_J = 5$、$K_f = 20$。测试曲线如图 4-61 所示，在 152s 时调度需求为 300kW，经过 2s 调节，光伏 VSG 出力降低至 300kW。在 180s 时，系统频率以 −0.5Hz/s

的变化率降低至 49.4Hz，光伏 VSG 提供调频功率，其中，储能单元基于模拟转子运动方程控制策略，响应系统频率变化，输出稳态电磁功率 50kW；光伏电源基于 110kW 的预留备用容量提供调频功率，输出电磁功率 370kW，光伏 VSG 输出的总电磁功率为 420kW，与理论值一致。在 202s 时，储能单元闭锁，光伏电源立即增加调频功率至满发，补充储能单元闭锁造成的调频功率损失，光伏 VSG 输出的总电磁功率为 410kW。此时，光伏电源已经达到其最大可用功率，随后切换至 MPPT 模式运行。

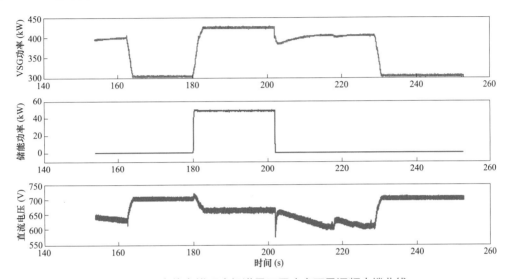

图 4-61　光伏虚拟同步机满足可用功率不足调频支撑曲线

（三）直流母线控制参数优化

光伏直流母线与储能单元的光伏虚拟同步发电机并联，储能单元充放电功率ΔP_{bat}会引起直流母线电压 U_{dc} 波动，其物理过程如公式（4-29）～式（4-32）所示。正常情况下，光伏、储能电池功率之和与输出电磁功率、电容功率之和相同，达到稳态平衡；若某时刻电网频率越限，储能电池突然向直流母线输出功率，由于光伏逆变器直流母线电压外环、电流内环控制响应有延时，此时逆变器输出功率 P_{out} 保持不变，储能输出功率ΔP_{bat}均由超级电容吸收，超级电容功率与电压成正比，使得直流母线电压升高。

储能吸收功率使得直流母线电压降低，其物理过程与上述过程相反。

$$P_{pv} + P_{bat} = P_{out} + P_c \tag{4-29}$$

调频初始状态：

$$\Delta P_{pv} = \Delta P_{out} = 0 \tag{4-30}$$

$$\Delta P_{bat} = \Delta P_c \tag{4-31}$$

$$P_c = \frac{C}{2} \cdot \frac{dU_{dc}}{2} \tag{4-32}$$

式中：P_{pv} 为光伏直流侧功率；P_{bat} 为储能输出功率；P_{out} 为光伏虚拟同步发电机输出功率；P_c 为光伏直流电容功率。

149

在光伏虚拟同步发电机现场调频测试过程中，当电网频率下降时，储能单元会向光伏直流母线注入功率，功率注入和退出过程中直流母线电压也会相应地升高或降低，如图 4-62 所示。图中红色线为直流母线电压，蓝色线为光伏发电功率，调频过程储能输出功率使得直流母线电压升高 50V，导致光伏功率降低 27kW。

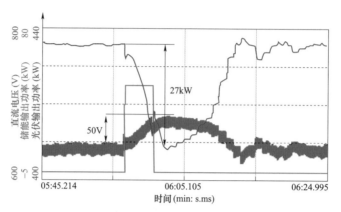

图 4-62　储能调频引起光伏功率波动现场测试曲线

为优化直流母线响应性能，通过硬件在环仿真平台复现了上述问题。如图 4-63（a）所示，随着频率变化，储能调频功率注入和退出瞬间引起直流母线电压波动，波动最大幅值达 50V，进而使光伏发电功率相应降低，下降最大幅值达 13kW。

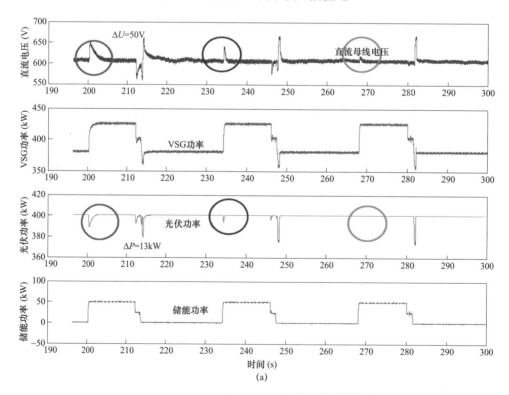

图 4-63　硬件在环仿真平台储能充放电引起光伏功率波动（一）

（a）优化前

优化后仿真结果表明,调节光伏直流电压外环 PI 参数对直流母线电压稳定影响明显,随着 K_p、K_i 参数逐步增大,直流电压和光伏功率逐步趋于稳定,如图 4-63(b)所示。

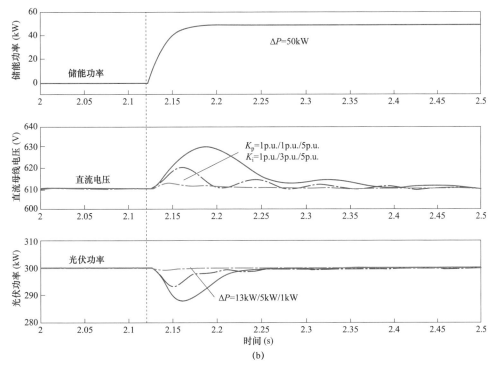

图 4-63　硬件在环仿真平台储能充放电引起光伏功率波动(二)

(b)优化后

二、自适应参数优化的调频控制技术

虚拟同步发电机在运行过程中难免会遭遇外部较大扰动,比如负荷投切、风光资源波动等,这些扰动很可能导致机组输出功率振荡。若暂态过程中的冲击和振荡超过设备阈值,很可能导致设备运行异常,甚至造成系统失稳。为此,有必要研究改善虚拟同步发电机暂态响应过程的控制方法,减弱频率以及功率暂态振荡,进而提高 VSG 运行的暂态性能。

与同步发电机相比,虚拟同步发电机的参数选择更为灵活,因此可通过调节参数改善其暂态响应性能。通过虚拟惯量与虚拟阻尼的协调,可以优化虚拟同步发电机暂态响应过程,并提高系统暂态性能。因此,利用 VSG 虚拟惯量和阻尼系数灵活可控的特征,综合考虑 VSG 暂态过程的超调量和调节时间等指标,建立暂态响应优化模型,提出基于参数协调的虚拟同步发电机暂态响应优化控制方法。下面将通过仿真对所提控制策略的有效性进行验证。

虚拟同步发电机并网运行过程中,参考设定值或虚拟原动机出力的波动特性,输入 VSG 的功率会发生变化或扰动。假设输入 VSG 的有功功率由 P_0 阶跃至 P_1,经过暂态过程后达到新的稳态,结合式(4-33)所示虚拟同步发电机的虚拟调速方程可知,暂态过程中的虚拟频率及有功功率变化如图 4-64 所示。
图 4-64 中，P_{em} 为极限传输功率，δ_c 为暂态过程中功角最大值，δ_d 为功角最大允许值。

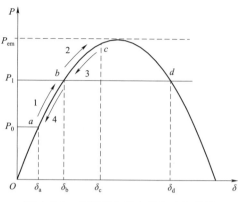

图 4-64　虚拟同步发电机的功角曲线

$$\begin{cases} \dfrac{P_{ref}}{\omega} - \dfrac{P_e}{\omega} - D\Delta\omega = J\dfrac{\mathrm{d}\Delta\omega}{\mathrm{d}t} \\ \dfrac{\mathrm{d}\theta}{\mathrm{d}t} = \omega \end{cases} \quad (4\text{-}33)$$

（一）虚拟惯量 J 和阻尼系数 D 协同优化

虚拟同步发电机角频率和功率的振荡不仅受到输入功率变化的影响，还与 VSG 的控制参数紧密相关。当输入功率变化较大而引起角频率和功率发生大幅波动时，频率幅值可能越限。输入功率的大小受多种因素影响，可控性较低。因此，可行思路之一是根据暂态过程中角频率和功角等物理量的变化情况，实时调节虚拟惯量 J 和阻尼系数 D，从而抑制频率或功率振荡，优化系统的暂态响应，具体分析如下。

由式（4-33）可知，当阻尼系数 D 较小时，图 4-64 中 $a-b$ 段为加速过程，VSG 在到达 b 点时，其角频率将大于额定值。由于惯性作用，VSG 将越过 b 点向 c 点运行，从而导致频率和功率的振荡甚至失稳。若在暂态过程中适时改变虚拟惯量或阻尼系数的大小，使 VSG 从 a 点运行至 b 点时角频率先增大后减小，就可有效抑制角频率和功率的振荡。该情况下对应的角频率和有功功率变化曲线如图 4-65 所示。

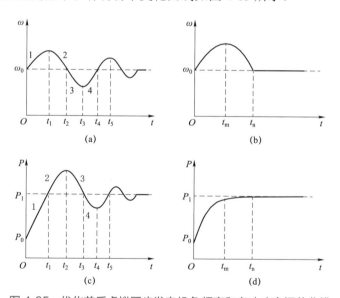

图 4-65　优化前后虚拟同步发电机角频率和有功功率振荡曲线
（a）优化前角频率曲线；（b）优化后角频率曲线；（c）优化前有功功率曲线；（d）优化后有功功率曲线

具体而言，当 VSG 运行至 ab 之间的 m 点，其角频率由 ω_0 增大至设定上限时，可调节虚拟惯量 J 和阻尼系数 D，使式（4-33）阻尼项的值大于转矩差，则 VSG 开始减速。

若控制适当，则可使 VSG 在到达 b 点时角频率刚好减速至额定值，此时即可直接进入稳态。

上述分析从减弱暂态过程中 VSG 频率振荡的角度出发，给出了参数调节的方向。若进一步考虑响应时间的长短，则可得出参数的量化选取方法。为此，对于大小确定的扰动，可建立以暂态过程响应时间最短为目标、以频率不超过设定阈值为约束，并考虑系统平衡点边界条件的优化模型。其中，对于频率的约束主要考虑其变化幅值和变化率，两者超过阈值均可能造成 VSG 脱网，进而威胁系统稳定运行。综上所述，可建立暂态过程优化模型如下：

$$
\begin{cases}
\min \quad T \\
\text{s.t.}
\begin{cases}
\Delta\delta = \displaystyle\int_0^T [\omega(t)-\omega_0]\mathrm{d}t \\
\omega(t)\big|_{t=0} = \omega(t)\big|_{t=T} = \omega_0 \\
|\omega(t)-\omega_0| \leqslant 2\pi\Delta f_{\max} \\
|\omega'(t)| \leqslant 2\pi\gamma
\end{cases}
\end{cases}
\tag{4-34}
$$

式中：T 为暂态响应时间；$\Delta\delta$ 为与扰动对应的功角差；$\omega(t)$ 为 t 时刻的虚拟角频率；$\Delta f_{\max}$ 为频差阈值；γ 为频率变化率阈值。

分析式（4-34）可知，暂态响应时间 T 为该模型的目标函数，与第一个约束条件相关；从数学意义上而言，该模型并非严格的数学优化问题。该模型将系统的两个稳态作为边界条件，同时，由于频率或其变化率超过阈值有可能造成 VSG 脱网，故该模型中还考虑了频率和频率变化率的约束。因此，该模型具有明确优化目标和物理意义，为方便说明，下面简称为优化模型。

可对角频率进行一阶泰勒展开以获取暂态响应时间的取值范围，从而得出最短响应时间 T^* 及对应的 $\omega^*(t)$。具体求解过程如下。

其中约束条件为：

$$
\Delta\delta = \int_0^T [\omega(t)-\omega_0]\mathrm{d}t
\tag{4-35}
$$

$$
\omega(t)\big|_{t=0} = \omega(t)\big|_{t=T} = \omega_0
\tag{4-36}
$$

$$
|\omega(t)-\omega_0| \leqslant 2\pi\Delta f_{\max}
\tag{4-37}
$$

$$
|\omega'(t)| \leqslant 2\pi\gamma
\tag{4-38}
$$

根据式（4-38）～式（4-41），分别将 $\omega(t)$ 在 $t=0$ 和 $t=T$ 处进行一阶泰勒展开可得：

$$
\omega(t) = \omega(0) + \omega'(\xi)(t-0) \quad \xi \in (0,t)
\tag{4-39}
$$

$$
\omega(t) = \omega(T) + \omega'(\eta)(t-T) \quad \eta \in (t,T)
\tag{4-40}
$$

因此：

$$
-2\pi\gamma t \leqslant \omega(t)-\omega_0 \leqslant 2\pi\gamma t
\tag{4-41}
$$

$$
-2\pi\gamma(T-t) \leqslant \omega(t)-\omega_0 \leqslant 2\pi\gamma(T-t)
\tag{4-42}
$$

可将式（4-41）和式（4-42）表示为：

$$-2\pi\Delta f_{\max} \leqslant \omega(t) - \omega_0 \leqslant 2\pi\Delta f_{\max} \tag{4-43}$$

为分析简便，以上确界为例，可得：

$$\omega(t) - \omega_0 \leqslant \min\{2\pi\gamma t, 2\pi\Delta f_{\max}, 2\pi\gamma(T-t)\} \tag{4-44}$$

取 $f(\omega) = \min\{2\pi\gamma t, 2\pi\Delta f_{\max}, 2\pi\gamma(T-t)\}$，则有：

$$f(\omega) = \begin{cases} 2\pi\gamma t & 0 \leqslant t < \Delta f_{\max}/\gamma \\ 2\pi\Delta f_{\max} & \Delta f_{\max}/\gamma \leqslant t < T - \Delta f_{\max}/\gamma \\ 2\pi\gamma(t-T) & T - \Delta f_{\max}/\gamma \leqslant t \leqslant T \end{cases} \tag{4-45}$$

由式（4-45）可得：

$$\begin{aligned} \Delta\delta &= \int_0^T (\omega - \omega_0)\mathrm{d}t \\ &= \int_0^T f(\omega)\mathrm{d}t \\ &= 2\pi\Delta f_{\max}\left(T - \frac{\Delta f_{\max}}{\gamma}\right) \end{aligned} \tag{4-46}$$

由此可得最小时间 T^* 为：

$$T^* = \frac{\Delta\delta}{2\pi\Delta f_{\max}} + \frac{\Delta f_{\max}}{\gamma} \tag{4-47}$$

对应的 $\omega^*(t)$ 的表达式为：

$$\omega^*(t) = \begin{cases} \omega_0 + 2\pi\gamma t & 0 \leqslant t < T_1 \\ \omega_0 + 2\pi\Delta f_{\max} & T_1 \leqslant t < T_2 \\ \omega_0 - 2\pi\gamma(t-T^*) & T_2 \leqslant t \leqslant T^* \end{cases} \tag{4-48}$$

其中，中间变量 T_1、T_2 为：

$$\begin{cases} T_1 = \Delta f_{\max}/\gamma \\ T_2 = T^* - \Delta f_{\max}/\gamma \end{cases} \tag{4-49}$$

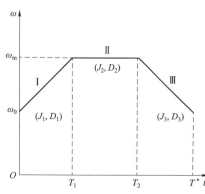

图 4-66　暂态过程中的角频率响应曲线

结合上述表达式，可得最短响应时间情况下对应的角频率曲线，如图 4-66 所示。

图 4-66 中，ω_{m} 表示角频率的阈值，ω_0 为角频率的稳态值。从图 4-66 中可以看出，该调节过程分为 Ⅰ、Ⅱ、Ⅲ 三个阶段，每个阶段对应不同的角频率值，可为后续参数设计提供指导。

进一步分析，在暂态响应过程中可通过对虚拟惯量和阻尼系数进行自适应调节，使角频率按照图 4-66 中的曲线变化，从而实现前述优化目标。

结合式（4-33）可得：

$$J\frac{\mathrm{d}[\omega^*(t)]}{\mathrm{d}t} = \frac{P_{\mathrm{m}} - P_{\mathrm{e}}}{\omega} - D\Delta\omega \tag{4-50}$$

与图 4-66 中角频率变化的三个阶段相对应，J 和 D 的协调控制也可分为 Ⅰ、Ⅱ、Ⅲ

三个阶段。同时，可得出各阶段 J 和 D 需满足的条件，分述如下。

第 I 阶段，角频率匀速增大。此阶段 J 和 D 的设定值需满足的条件为：

$$\frac{(P_{\mathrm{m}}-P_{\mathrm{e}})/\omega-D\Delta\omega}{J}=2\pi\gamma \tag{4-51}$$

在该阶段的控制策略中，为了缩短暂态响应时间，阻尼系数可设计为 0，此时 J 的取值为：

$$J=\frac{P_{\mathrm{m}}-P_{\mathrm{e}}}{2\pi\gamma\omega} \tag{4-52}$$

第 II 阶段，角频率保持恒定。此阶段 J 和 D 的设定值需满足如下条件：

$$\frac{(P_{\mathrm{m}}-P_{\mathrm{e}})/\omega-D\Delta\omega}{J}=0 \tag{4-53}$$

由于此阶段角频率保持为 $\omega_0+2\pi\Delta f_{\max}$，故可写为：

$$\frac{(P_{\mathrm{m}}-P_{\mathrm{e}})/(\omega_0+2\pi\Delta f_{\max})-2\pi D\Delta f_{\max}}{J}=0 \tag{4-54}$$

为保证上式具有可行解，令分子为 0，可得该阶段阻尼系数为：

$$D=\frac{P_{\mathrm{m}}-P_{\mathrm{e}}}{2\pi\Delta f_{\max}(\omega_0+2\pi\Delta f_{\max})} \tag{4-55}$$

此阶段 J 取值为暂态过程之前的初始值。

第 III 阶段，角频率匀速减小。此阶段 J 和 D 的设定值需满足的条件为：

$$\frac{(P_{\mathrm{m}}-P_{\mathrm{e}})/\omega-D\Delta\omega}{J}=-2\pi\gamma \tag{4-56}$$

与第一阶段类似，为缩短暂态响应时间，阻尼系数仍设计为 0，此时 J 的表达式为：

$$J=-\frac{P_{\mathrm{m}}-P_{\mathrm{e}}}{2\pi\gamma\omega} \tag{4-57}$$

需要指出的是，由于此阶段 VSG 的输入功率大于输出功率，为使系统减速，令虚拟惯量取值为负，这也是传统同步发电机难以实现的。

经过上述三个阶段的调整后，系统角频率将恢复至额定值，其输出功率也将达到新的稳态。

为了研究所提策略对系统暂态稳定性的影响，可通过分析功角和角频率差在二维相空间上的变化轨迹来判断系统稳定性。

VSG 暂态过程的三个阶段中，频率差和功角的关系为：

$$\frac{\mathrm{d}\Delta\omega}{\mathrm{d}\delta}=\begin{cases} \dfrac{2\pi\gamma}{\Delta\omega} & \delta_{\mathrm{a}}\leqslant\delta<\delta_1 \\ 0 & \delta_1\leqslant\delta<\delta_2 \\ -\dfrac{2\pi\gamma}{\Delta\omega} & \delta_2\leqslant\delta\leqslant\delta_{\mathrm{b}} \end{cases} \tag{4-58}$$

式中：δ_1 和 δ_2 分别为 T_1 和 T_2 时刻对应的功角，$\delta_{\mathrm{b}}\in\left(0,\dfrac{\pi}{2}\right)$，由此可求得：

$$\Delta\omega = \begin{cases} 2\sqrt{\pi\gamma(\delta-\delta_{\mathrm{a}})} & \delta_{\mathrm{a}} \leqslant \delta < \delta_1 \\ 2\pi\Delta f_{\max} & \delta_1 \leqslant \delta < \delta_2 \\ \sqrt{(2\pi\Delta f_{\max})^2 - 4\pi\gamma(\delta-\delta_2)} & \delta_2 \leqslant \delta \leqslant \delta_{\mathrm{b}} \end{cases} \tag{4-59}$$

由此，判定系统暂态稳定性的拐点曲线方程为：

$$\Delta\omega = \pm\sqrt{\frac{(P_{\mathrm{m}} - P_{\mathrm{em}}\sin\delta)^2}{-P_{\mathrm{em}}J\omega_0\cos\delta}} \tag{4-60}$$

式（4-60）的角频率差和功角变化轨迹如图 4-67 所示。

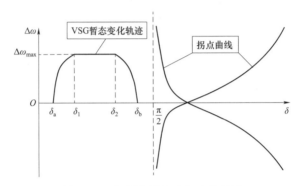

图 4-67　角频率差和功角变化轨迹

由于 VSG 暂态变化轨迹的功角 $\delta_{\mathrm{b}} < \pi/2$，在暂态响应过程中，VSG 的角频率差—功角曲线始终位于拐点曲线左侧，因此，自适应参数优化调频控制策略可保证系统始终运行在稳定区域。

采用光伏虚拟同步发电机并网运行算例拓扑，仿真主要参数如表 4-5 所示。

表 4-5　　　　　　　　　　暂态过程优化控制主要仿真参数

参数名称	参数值	参数名称	参数值
直流电压	700V	频差阈值 $\Delta f_{\max}$	1Hz
交流相电压有效值	220V	频率变化率阈值 γ	0.1Hz/ms
滤波参数 L_{S}、C、R_{S}	2mH、40μF、0.1Ω	虚拟惯量初值 J	0.2W/（rad/s²）
线路参数 L_{g}、R_{g}	2mH、0.1Ω	阻尼系数初值 D	1（N·m·s）/rad

VSG 输入有功初始值为 1kW，在 0.2s 阶跃至 10kW，在 0.2～0.7s 期间输入 10kW 保持不变，在 0.7s 调回至 1kW。图 4-68 显示了不同控制模式下光伏虚拟同步发电机角频率的变化情况。

由图 4-68 可以看出，当输入功率阶跃时，若 VSG 采取恒定惯量/阻尼控制策略，其频率振荡的幅值达到 1.3Hz，超过允许范围，需要经历约 0.2s 的振荡才能趋于稳态；如果采用参数协调控制策略，频率变化限制在 49～51Hz 以内，只需约 0.02s 即可进入稳态。

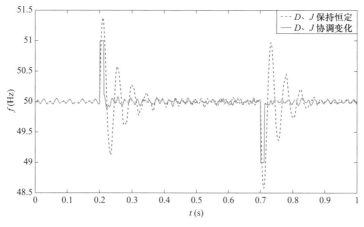

图 4-68　不同控制方式时频率的对比

图 4-69 展示了不同控制模式下 VSG 输出有功功率的变化情况。当 VSG 采用恒惯量/恒阻尼控制时，功率超调量约为 25%，振荡持续时间约为 0.2s；当采用参数协调控制策略时，输出功率经过约 0.1s 即可平稳过渡至新的稳态，且暂态过程中功率振荡很小，几乎没有超调。

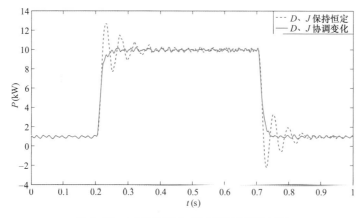

图 4-69　不同控制方式时有功功率的对比

图 4-70 和图 4-71 分别给出了 VSG 输入功率突变过程中虚拟惯量 J 和虚拟阻尼系数 D 的变化情况。

从图 4-71 中可见，当功率突变时，VSG 虚拟惯量减小，阻尼系数变为 0，从而加快系统频率的加速度；当系统频率增加至设定阈值时，阻尼系数跟随转矩差变化，使系统频率维持匀速，同时虚拟惯量恢复，维持系统稳定；在系统即将达到新的稳态时，虚拟惯量为负，系统开始减速，同时阻尼系数为 0，使系统快速进入稳态。

综合仿真分析可知，当采用自适应参数优化控制策略时，VSG 的虚拟惯量和阻尼系数能够根据外界扰动情况进行自适应调节，暂态过程中功率和频率振荡减弱，且暂态响应时间缩短，从而使暂态响应性能得到显著改善。

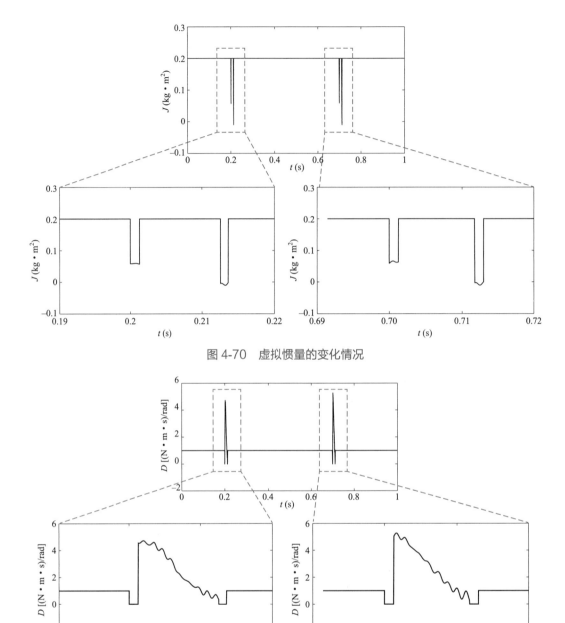

图 4-70 虚拟惯量的变化情况

图 4-71 虚拟阻尼系数的变化情况

（二）虚拟惯量自适应优化

当功率变化时，光伏虚拟同步发电机的功角也会相应发生变化。如图 4-72（a）所示，给定有功功率 P_m 从 P_a 增加到 P_b 时，系统会从稳定运行点 a 切换到新的稳定运行点 b。功角存在衰减振荡过程，为更形象地反映这一振荡过程，图 4-72（b）给出了并网模式下同步发电机给定有功功率增加时转子角速度的变化曲线。其中，一个典型的振荡周期可分为 $[t_1, t_2]$、$[t_2, t_3]$、$[t_3, t_4]$、$[t_4, t_5]$ 四个区间（分别记为区间Ⅰ、Ⅱ、Ⅲ、Ⅳ）。每个区间的功率变化和功角变化的特征不同，所需的转子动能大小也不相同。

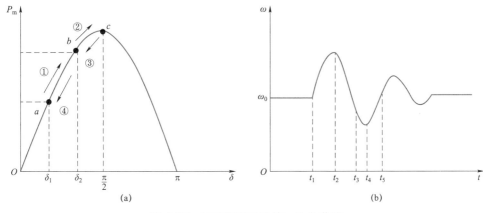

图 4-72　同步机有功功率－功角曲线

（a）有功－功角曲线；（b）转子角速度变化曲线

从物理意义的角度分析，当输入功率从 P_a 增加到 P_b 时，虚拟转子的角速度将增加，即 $d\omega/dt > 0$。在区间 Ⅰ 内，由于虚拟同步发电机的虚拟转子角速度已大于电网的角速度，即 $\omega > \omega_g$，因此需利用较大的转子动能来约束虚拟转子角速度的增加，以防止角速度增加过快而造成更大的转速超调。在区间 Ⅱ 内，虚拟同步发电机的虚拟转子角速度依然大于电网的角速度，但此时进入了减速的状态，即 $d\omega/dt < 0$，此时宜采用较小的虚拟转子动能，可以使虚拟转子角速度加速减缓，使运行点尽快达到稳态运行点 c。同理，在区间Ⅲ和区间Ⅳ内也需不同的虚拟转子动能。

综上可知，转子动能的大小不是由转子角速度变化率单独决定的，而是由虚拟同步发电机的虚拟转子角速度和电网角速度之差共同决定，具体关系如表 4-6 所示。对同步发电机而言，功角的变化幅度和速度取决于转子的惯性阻尼。同理可知，光伏虚拟同步发电机的功角变化幅值和速度由虚拟惯量 J 决定。

表 4-6　　　　　　　　　　　　　　不同情况下的转子动能

区间序号	频率偏差	变化率 $d\omega/dt$	转子动能变化
Ⅰ	$\omega > \omega_g$	>0	增大
Ⅱ	$\omega > \omega_g$	<0	较小
Ⅲ	$\omega < \omega_g$	<0	增大
Ⅳ	$\omega < \omega_g$	>0	较小

结合对虚拟转子动能与功率振荡关系的分析，为使虚拟同步发电机在给定功率变化时有更快的响应速度，可以采用由虚拟转子角速度变化率 $d\omega/dt$、虚拟转子角速度 ω 与电网角速度 ω_g 之差协同控制的自适应虚拟转子动能控制方案。虚拟转子动能 J 取值原则如式（4-61）所示。

$$J = \begin{cases} J_0, \dfrac{\mathrm{d}\omega}{\mathrm{d}t} \leqslant C \\ J_0 + k\dfrac{|\omega - \omega_g|}{\omega - \omega_g}\dfrac{\mathrm{d}\omega}{\mathrm{d}t}, \dfrac{\mathrm{d}\omega}{\mathrm{d}t} > C \end{cases} \tag{4-61}$$

式中：k 为常数；C 为虚拟转子角速度变化率的阈值。

采用阈值 C 判定 J 值，可以减少锁相过程中频率计算误差或延时造成的 J 值变动，保证了系统的稳定性。式中的两个关键的控制变量 J_0 与 k 可以通过小信号模型分析来确定取值范围。

虚拟同步发电机输出的有功功率、输出电压为：

$$P = \frac{E_e U}{Z}\cos(\theta - \delta) - \frac{U^2}{Z}\cos\theta \tag{4-62}$$

$$S_E = \frac{\partial P}{\partial \delta}\bigg|\delta = \delta_s, E = E_s = \frac{E_e U}{Z}\sin(\theta - \delta_s) \tag{4-63}$$

式中：E_s 和 δ_s 分别为稳态工作点所对应的电压幅值和相位，结合光伏虚拟同步发电机模拟的转子运动方程，可得到有功功率输入、输出之间的传递函数，并表示为二阶传递函数的形式：

$$G(s) = \frac{P(s)}{P_{ref}(s)} = \frac{\omega_0 \dfrac{S_E}{J}}{s^2 + \dfrac{D}{J}s + \dfrac{S_E}{J}\omega_0} \tag{4-64}$$

通过式（4-68），可以得到二阶模型的自然振荡角频率和阻尼系数：

$$\begin{cases} \omega_n = \sqrt{\dfrac{S_E}{J}\omega_0} \\ \xi = 0.5D\sqrt{\dfrac{\omega_0}{S_E J}} \end{cases} \tag{4-65}$$

对于传统的同步发电机或者固定虚拟惯量的虚拟同步发电机而言，其 ω_n 和 ξ 是固定不变的。因此，在设计虚拟同步发电机控制器时，通常会参照同步发电机的自然振荡频率（0.628～15.700rad/s）。在确定了虚拟同步发电机的振荡角频率后，可由式（4-65）计算所需要的虚拟惯量 J。类似地，在考虑阻尼系数时，利用最优二阶系统的概念，取 $\xi = 0.707$，由式（4-65）得到所需的阻尼系数 D。

为保证系统的稳定性，虚拟惯量 J 自适应变化时，其值不宜过大或过小，根据自适应虚拟惯量控制算法，当 $\mathrm{d}\omega/\mathrm{d}t$ 较大时，光伏虚拟同步发电机角频率与电网角频率的偏差可以确定系数 k 的正负。假设系数为正值，则惯量 J 的最小值可表示为：

$$J_{min} = J_0 + k\frac{\mathrm{d}\omega}{\mathrm{d}t}\bigg|max, J_{min} \leqslant 60 \tag{4-66}$$

综上所述，在采用自适应的惯量 J 时，要充分考虑稳态时的惯量 J_0 与系数 k 的选择。当 k 的值选取得较大时，可根据虚拟转子角频率的变化率来改变虚拟惯量的大小，有助于减小暂态过程的超调量。但若 k 值过大且 J_0 值较大，则容易导致 J 值过大，由式（4-65）可知，此时系统的阻尼系数 ξ 变小，欠阻尼振荡时间变长，影响系统的动态性能。因此，在选择 J_0 和 k 值时，要综合考虑系统对暂态响应超调和整体阻尼的要求。

为分析自适应惯量虚拟同步控制对系统频率事件的响应，将光伏虚拟同步发电机主电路接入三相可用电压源，通过设置频率曲线模拟频率事件，如图 4-73 所示，频率变化率分为 3 个阶段，分别为 0.8Hz/s、1Hz/s 和 0.4Hz/s。

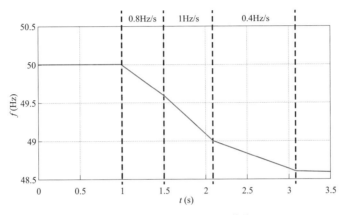

图 4-73　模拟的电网频率曲线

图 4-74 给出了不同虚拟转子动能下虚拟同步发电机调频支撑功率和虚拟转子角频率的暂态过程，以及调频过程中自适应虚拟惯量 J 的变化情况。图中，蓝色曲线采用自适应虚拟惯量控制策略，红色曲线采用常规的固定虚拟惯量参数控制策略。

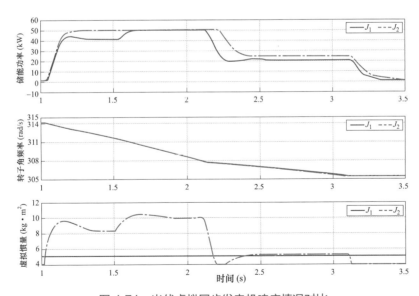

图 4-74　光伏虚拟同步发电机响应情况对比

分析仿真结果可知，在并网运行情况下，系统频率波动超出调频死区后，光伏虚拟同步发电机工作在调频模式，输出功率跟随功率外环给定的有功功率参考值，但与传统双闭环控制的电流源型光伏逆变器不同。由于引入的储能单元具备虚拟转子惯量，光伏虚拟同步发电机在暂态过程有一定的缓冲，能够在频率事件发生过程中的不同频率变化情况下，有效抑制系统频率的变化。

在光伏虚拟同步发电机并网运行模式下，当发生系统频率事件后，光伏虚拟同步发电机的输出功率为典型的过阻尼变化并趋于稳定的过程，转子角频率由于接入三相理想电压源电网模型，基本跟随电网角频率的变化并趋于稳定，虚拟惯量参数基于自适应控制策略存在振荡现象并最终趋于稳态。在固定虚拟惯量的控制策略下，存在一定的功率超调现象。从仿真结果看，采用自适应虚拟惯量控制策略后，光伏虚拟同步发电机能够根据电网频率偏差和频率变化率合理支撑系统惯量，有助于提升系统的稳定性。

三、储能充放电控制技术

光伏虚拟同步发电机直流并联储能单元根据所配置的储能类型采用不同的充放电方式。下面给出超级电容、锂电池采用的充放电策略。

（一）超级电容

光伏虚拟同步发电机配置的 $10\%P_N \times 15s$ 超级电容仅提供功率支撑，其参数如表 4-7 所示。

表 4-7 超 级 电 容 储 能 参 数

电容参数		系统特性参数	
储能容量	50kW×15s	运行自耗电	<0.5kW（额定功率）
电压范围	200~380V	待机自耗电	<100W
		运行环境温度范围	−25~+55℃
		运行环境相对湿度	0~95%，无冷凝

超级电容的充放电策略如下：

a）电容放电后，当端电压仍处于 220~360V 之间且频率为 50Hz 时，延迟 1min 开始充电，如图 4-75 所示。

b）电容电压低于截止电压 220V 时，电容停止放电，频率恢复至 50Hz 时，电容立即开始充电。

c）电容充电过程中，当频率偏离 50Hz 时，电容停止充电。为了防止超级电容电量不满而导致频率支撑时间过短，控制策略设定超级电容未充满电时不响应调频。

d）当超级电容直流电压达到 360V 时，充电完成。

如图 4-76 和图 4-77 所示，随着超级电容主动支撑时间的增加，电容机端电压降低。当电压低于 220V 时，电容停止放电进入待充电模式。当电网频率恢复到 50Hz 时，电容可以充电，若充电过程中电网频率超出死区，电容停止充电，如此反复，直至电容电压恢复到 360V。

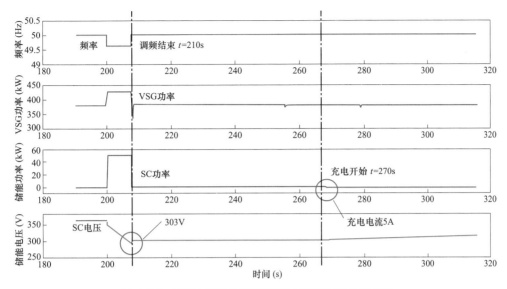

图 4-75 光伏 VSG 所配超级电容实验室充放电曲线

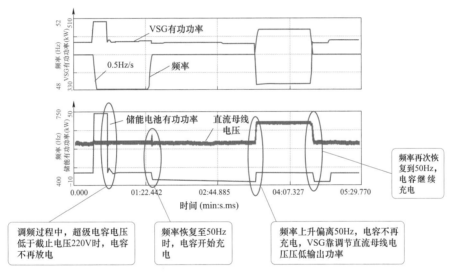

图 4-76 超级电容充放电现场测试曲线

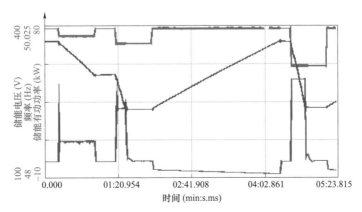

图 4-77 超级电容充放电现场测试曲线

（二）锂电池

光伏虚拟同步发电机配置的 $10\%P_N \times 20min$ 锂电池可以提供功率支撑,储能单元参数如表 4-8 所示。

表 4-8 锂 电 池 系 统 参 数

电池类型	磷酸铁锂	常温循环寿命	≥2000
额定容量	80Ah	绝缘电压	1000V
存储电量	34kWh	电池电压	260~450V
充放电倍率	≥2C	母线侧电压	450~820V

锂电池的充放电策略如下:

频率上升时储能参与调频,放电截止电压为 430V($SOC=15\%$),充电截止电压为 490V($SOC=90\%$);调频过程中,如果电池电压低于截止电压则停止放电,不再提供功率支撑;频率恢复后,电池自动将容量充电至 $SOC=60\%$。现场测试曲线如图 4-78 所示。

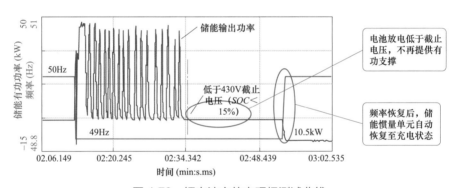

图 4-78 锂电池充放电现场测试曲线

四、光伏调频方式技术经济性对比

光伏电站参与电网调频包括如下三种方式（见图 4-79）:

a）光伏独立调频方式。光伏逆变器运行在预留备用容量的模式,可通过电流控制释放直流侧光伏电源的备用容量。

b）光伏发电单机配置储能单元调频方式。由于在 MPPT 模式下光伏电站不具备用于参与系统调频的动能或电能,故需附加储能系统,通过释放储能系统存储的电能或化学能,对系统进行频率支撑。

c）光伏电站配置集中式储能系统调频方式。在光伏独立调频模式下,光伏发电系统的惯性和一次调频能量由直流侧光伏电源提供,需预留 $10\%P_N$ 的容量作为备用容量;光伏发电单元配置储能单元调频方式,需在直流侧配置储能系统以提供调频所需能量,使光伏逆变器具备惯量、一次调频及调压功能;光伏电站配置集中式储能可实现电站级的惯量、一次调频和电网电压控制，并可实现其他附加控制功能，集中式储能系统接入光伏电站并网点或主变压器低压侧参与系统调频。

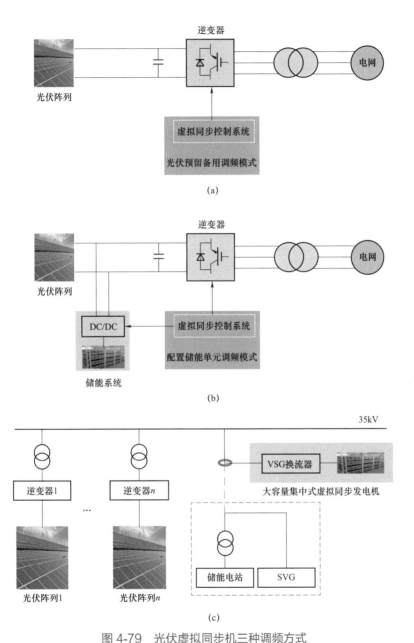

图 4-79　光伏虚拟同步机三种调频方式

（a）光伏独立调频模式方式；（b）光伏发电单机配置储能单元调频方式；

（c）光伏电站配置集中式储能系统调频方式

储能调频单元配置在光伏逆变器直流侧，以某 100MW 光伏电站为例，若光伏逆变器的额定容量为 500kW，则每台逆变器配置的调频锂电池容量为 50kW/30min，表 4-9 给出了经济性计算结果。

表 4-9			配置储能经济性计算结果		
分项成本	锂电池	储能变流器	土建及配套电气设备	合计
投资单价（万元）	12	9.5	8.5	30
总投资金额（万元）	2400	1900	1700	6000

可见，对于 100MW 的光伏电站需要投入 6000 万元用于配置储能装置。若锂电池按照生命周期为 8 年进行折旧，其他设备按照生命周期为 20 年进行折旧计算，平均每年投资为 300 万～400 万元。

对于光伏电站配置集中式储能调频系统的调频模式，其调频模式本质上与光伏电站自身的运行方式不相关，因此，当光伏电站输出功率在（0%～100%）P_N 时均可支撑系统调频。集中式储能接入光伏电站并网点或主变压器低压侧，以 100MW 光伏电站为例，配置储能容量为 10MW/30min，表 4-10 给出了经济性计算结果。

表 4-10			配置储能经济性计算结果		
分项成本	磷酸铁锂电池	储能变流器	土建及配套电气设备	合计
投资金额（万元）	1050	850	750	2650

可见，100MW 的光伏电站需要投入 2650 万元用于配置集中储能电站。若采用的磷酸铁锂储能电池按照生命周期为 8 年进行折旧，其他设备按照生命周期为 20 年进行折旧计算，平均每年投资为 100 万～200 万元。

对光伏预留备用、光伏发电单机配置储能单元和光伏电站配置集中式储能三种调频方式的调频支撑能力进行仿真分析。设置惯性时间常数 T_J 为 12，调频系数 K_f 为 20，新能源发电装机占比 20%，系统功率缺额 5%。

如图 4-80 所示，光伏电站不同调频方式均实现了一次调频和惯性支撑，三种模式的支撑效果基本一致。

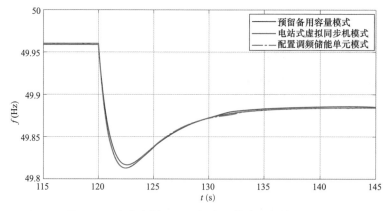

图 4-80 光伏电站不同调频应用模式调频效果分析

光伏预留备用、光伏发电单机配置储能单元和光伏电站配置集中式储能三种调频方式均可在工程中实现应用，但由于其物理结构、实现方式和装置配置的不同，必然会导致经济性差异，这是选择调频方式的重要影响因素。上述三种模式的技术经济性对比如表 4-11 所示。

表 4-11   三种光伏电站调频应用模式技术经济性对比

应用模式	技术性	经济性（100MW 风电场）
预留 10%P_N 备用容量	优于火电机组	年经济损失约 1982 万元
配置 10%P_N 调频储能单元		年均投资 300 万～400 万元
光伏电站配置 10%P_N 储能系统		年均投资 100 万～200 万元

通过对比调频能力与经济性可知，目前具备工程可行性的三种调频方式在调频能力方面均满足系统需求。其中，预留备用方式经济损失巨大，无法在光伏电站进行推广，分散配置储能调频单元的模式应用成本相对较高，光伏电站配置集中式储能调频方式适合在光伏电站推广应用。

第三节　新能源场站整站快速频率响应技术

在虚拟同步发电机示范工程建设、投运的同时，西北、华北、东北地区的多个省电力公司进行了整站快速频率响应技术的试点，该技术可以视为虚拟同步发电机调频技术在新能源场站层面的应用。本节将从整站快速频率响应技术的拓扑结构、控制原理、实现方案等方面进行阐述。

一、整站快速频率响应需求的发展历程

2016 年，国家能源局西北监督局首次在西北五省进行快速频率响应试点。2016～2017年西北电网 10 座新能源发电厂完成了快速频率响应功能改造，证明新能源发电厂能够具备电网快速频率响应能力。

2018 年 8 月，国家能源局西北监管局发布《国家能源局西北监管局关于开展西北电网新能源场站快速频率响应功能推广应用工作的批复》，同意在西北开展新能源发电快速频率响应功能推广应用工作；并发布《西北电网新能源场站快速频率响应功能推广应用工作方案》，规定推广应用范围为西北电网接入 35kV 及以上电压等级的风电场、光伏发电站，计划分三个批次开展推广工作：第一批次为电力送出无电网安全稳定约束的新能源场站；第二批次为发电出力对省内局部 330kV 及以下电网安全稳定影响较大的新能源场站；第三批次为发电出力对 750kV 主网安全稳定影响较大的新能源场站。对于新投产的新能源场站，应依据相关国家及行业标准的要求，入网前具备快速频率响应功能。

2018 年底，DL/T 1870—2018《电力系统网源协调技术规范》发布，首次对新能源电站一次调频能力、调频计算方法、站内调频设备性能做出了规定。至此，新能源发电具备一次调频能力有了标准可依。华北、东北等新能源发电富集区开始进行整站一次调频技术

储备与试点。

2019 年 1 月 2 日，总结前期快速频率响应功能改造与测试经验，国家能源局西北监管局发布《西北电网新能源场站快速频率响应功能入网试验方案（试行）》，明确了改造后场站频率响应的现场测试方案。此测试方案也是其他各省开展一次调频测试的重要依据。

2019 年为《发电厂并网运行管理实施细则》和《并网发电厂辅助服务管理实施细则》（简称"两个细则"）修编年，各省在本次修编中均将新能源场站一次调频要求加入其中，至此新能源场站一次调频功能成了必不可少的并网要求。

2021 年，GB/T 40594—2021《电力系统网源协调技术规范》发布，除一次调频要求外，提出在新能源发电并网发电比例较高的地区，新能源场站应提供必要的惯量与短路容量支撑，必要时可配置调相机等装置。这是新能源电站提供惯量被首次提出。

2022 年，GB/T 19963.1—2021《风电场接入电力系统技术规定　第 1 部分：陆上风电》发布，其明确规定了风电场惯量支撑性能、计算方法和频率变化率采集要求。新能源电站提供惯量支撑开始逐步试点。

二、整站快速频率响应技术方案

频率/有功下垂控制为新能源整站快频响应主要采用的技术方案，即在新能源电站有功控制环节中加入高精度测频模块与有功下垂控制程序，当电网频率超出死区后，按照式（4-67）计算调频功率，将调频功率与场站 AGC 指令叠加后快速下发给各新能源发电机组，以达到整站调频的目的。

$$P = P_0 - P_N \cdot \frac{f - f_d}{f_N} \cdot \frac{1}{\delta\%} \qquad (4\text{-}67)$$

式中：f_d 为快速频率响应动作门槛；P_N 为额定功率；$\delta\%$ 为调差率；P_0 为功率初值。

目前对于风电场一次调频改造主要有以下三种方案：

（1）电站 AGC 系统改造

改造方案：现有风电场测控装置的测频精度、频率采样周期大多无法满足快速频率响应快速性的要求，需要加装专用高精度测频模块。改造方案是对原有 AGC 程序进行升级，程序中增加频率—有功下垂控制、调频响应与 AGC 协同控制。AGC 系统改造示意图如图 4-81 所示。

调频工作过程：AGC 系统接收风电场并网点采集的频率和功率信号，计算得到调频功率指令，依次转发给风机能量管理平台和机组执行。

技术特点：不改变风电场原有功率控制架构，不添加新设备；频率及调频功率指令层层转发，响应时间较长，响应的快速性需要进一步优化；此方案一般由 AGC 厂家采用。

（2）风电能量管理平台改造

改造方案：现有风电场测控装置的测频精度、频率采样周期大多无法满足快速频率响应快速性的要求，需要加装专用高精度测频模块。该方案对原有能量管理平台程序进行升级，程序中增加频率—有功下垂控制、频率响应与 AGC 指令协同控制。能量管理平台改造示意图如图 4-82 所示。

168

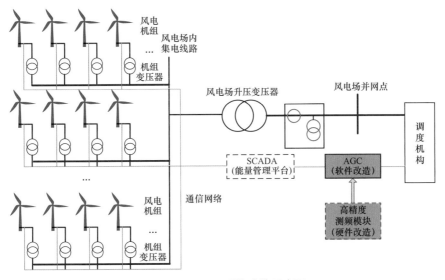

图 4-81 AGC 系统改造示意图

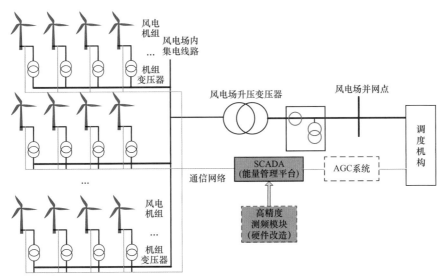

图 4-82 能量管理平台改造示意图

调频过程：风电能量管理平台接收并网点采集的频率和 AGC 功率信号，能量管理平台根据系统频率快速计算调频功率指令并下发给机组以响应调频功率指令。

技术特点：不改变风电场原有功率控制架构，指令传输层级较少；需要解决与 AGC 系统的协调配合问题；不同风电机组制造商能量管理平台技术性能存在差异。

（3）整站调频控制柜

改造方案：装配整站调频控制柜，该控制柜与 AGC 并联运行，AGC 指令实时通信到调频控制柜中，控制柜经计算后将给整站功率指令下发给能量管理平台，如图 4-83 所示。

控制柜主要实现两个功能：① 精确测量频率变化率与电网频率并计算得到惯量及一次调频功率指令；② 调频指令与 AGC 指令协调。

调频过程：当电网的频率或频率变化率超出死区时，控制柜计算出惯量、一次调频功率并与 AGC 指令选择性叠加，直接下发到站内风机能管平台。

技术特点：对于现有电站和新建电站可以做到兼容，改造周期短；直接与现有通信单元连接，需要解决与 AGC、能量管理平台的交互问题。

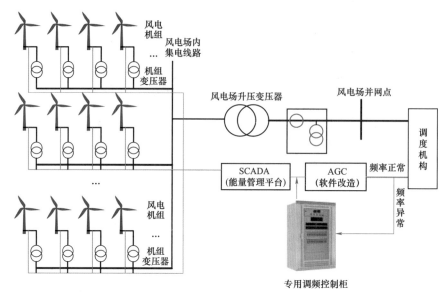

图 4-83　整站调频控制柜

对于光伏电站一次调频改造主要有以下三种改造方式：

（1）光伏 AGC 系统改造

改造方案：现有光伏电站测控装置的测频精度、频率采样周期大多无法满足快速频率响应快速性的要求，需加装专用高精度测频模块；通过在 AGC 系统现有的软件中增加控制模块来实现快速频率响应功能。改造示意图如图 4-84 所示。

调频过程：AGC 系统接收光伏电站并网点频率和功率信号，按要求判定和计算后，通过通信单元将功率调节命令下发给光伏逆变器。

技术特点：无需改动光伏电站有功控制系统架构；通信环节较多，响应时间较长，需优化通信网络。

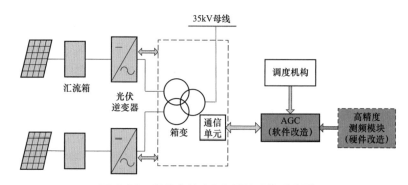

图 4-84　光伏电站 AGC 系统改造示意图

（2）加装快速频率响应控制柜

改造方案：加装快速频率响应装置，装置与 AGC 并列运行，AGC 信息实时传递给快速频率响应装置，依靠光伏电站现有通信网络，如图 4-85 所示。

调频过程：电网频率正常时，AGC 系统通过快速频率响应装置向通信单元下发调度端指令。当出现频率越限时，闭锁场站 AGC 控制信号，快速频率响应装置启动调节，通过叠加 AGC 指令与调频信号，将命令发送到通信单元，最后由通信单元完成对逆变器的指令下发，并在规定的时间内监测功率调节结果，形成闭环控制。

技术特点：对于现有电站和新建电站可以做到兼容，改造周期短；直接与现有通信单元连接，频率异常时可在一定程度上缩减系统的通信时间，提高响应速率；现有光伏电站通信单元与逆变器多采用串行通信方式，响应时间较长，满足快速调频要求；需结合光伏电站实际情况进行通信网络优化，并完成与 AGC 控制策略协调。

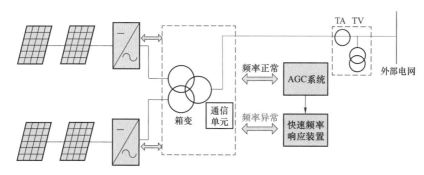

图 4-85　加装快速频率响应装置示意图

（3）单机改造方案

单机改造目前处于试点阶段，其基本的改造思路是场站级控制系统不做改动，在风电、光伏逆变器单机侧装配高精度频率模块，在常规 PQ 控制中加入调频环节，使得新能源发电单机具有自主响应频率波动的能力，由于省去了通信环节，其响应速度有大的提升。

改造方案：对光伏逆变器进行软硬件改造，增加频率模块，同时对逆变器程序进行升级，使其具备有功下垂、与 AGC 协调运行的控制能力，如图 4-86 所示。

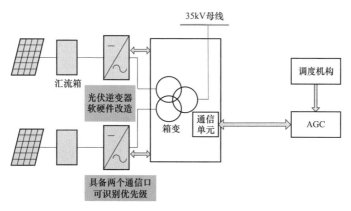

图 4-86　单机下垂调频性能改造

调频过程：当电网频率发生越限，光伏逆变器单机侧频后计算出应响应的功率，自主进行响应。

技术特点：逆变器能够快速响应（毫秒级）频率事件；光伏电站闭环调节难度较大，需解决并网点调频一致性问题；光伏逆变器功率调节实现与 AGC 相互协调；需要逐台进行软硬件升级，工作量较大。

三、整站惯量响应技术方案

目前新能源场站常采用的整站惯量响应方案有如下两种：

1. 频率变化率快速下发

通过频率检测模块测量频率信号，在实际频率变化的 100ms 内计算出频率变化率发给每台风电机组主控/光伏逆变器，由风电机组主控/光伏逆变器根据设定的功率系数计算出风电机组/光伏逆变器需要额外调整的功率ΔP，如式（4-68）所示。需保证风电机组主控/光伏逆变器计算周期短，在一个周期（20ms）内即可将功率变化指令下发给变流器响应，使有功功率能够快速响应频率变化率。

$$\Delta f \frac{\mathrm{d}f}{\mathrm{d}t} > 0$$
$$\Delta P_t = -\frac{T_J}{f_N} \cdot \frac{\mathrm{d}f}{\mathrm{d}t} \cdot P_t$$

（4-68）

式中：ΔP_t 为风电场/光伏逆变器有功功率变化量；P_t 为风电场/光伏逆变器有功功率。

2. 惯量支撑功率快速下发

在风电场原有功率控制环路中增加调频/惯量控制器，如图 4-87 所示。该设备的主要作用是精准测量频率、功率计算与传输功能，实际运行中实时检测并网点频率，计算一次调频和惯量功率ΔP_f、$\Delta P_{df/dt}$。若电网频率未超出死区，$\Delta P_f = 0$、$\Delta P_{df/dt} = 0$；若电网频率超出死区，调频/惯量控制器首先将$\Delta P_{df/dt}$分解成每个风电机组功率指令$\Delta P_{df/dt\_i}$，不经过能量管理平台直接下发给风电机组/光伏逆变器以快速响应。同时，一次调频功率与调度 AGC 指令累加（需要遵循累加规则）得到的P_{agc+f}下发给风电机组能量管理平台，能量管理平台将该功率指令分解后下发给光伏逆变器。

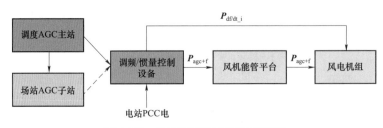

图 4-87　电站惯量响应控制逻辑图

参 考 文 献

［1］段南，李国胜，王玉山. 大型火电机组一次调频功能投入的研究［J］. 华北电力技术，2003（10）：1－4.

［2］尹峰. CCS 参与的火电机组一次调频能力试验研究［J］. 中国电力，2005，38（3）：74－77.

［3］唐西胜，苗福丰，齐智平，等. 风力发电的调频技术研究综述［J］. 中国电机工程学报，2014，34（25）：4304－4314.

［4］VIDYANANDAN K V, SENROY N. Primary frequency regulation by deloaded wind turbines using variable droop［J］. IEEE Transactions on Power Systems, 2013, 28(2): 837－846.

［5］付媛，王毅，张祥宇，等. 变速风电机组的惯性与一次调频特性分析及综合控制［J］. 中国电机工程学报，2014，34（27）：4706－4716

［6］范冠男，刘吉臻，孟洪民，等. 电网限负荷条件下风电场一次调频策略［J］. 电网技术，2016，40（7）：2030－2037.

［7］刘彬彬，杨健维，廖凯，等. 基于转子动能控制的双馈风电机组频率控制改进方案［J］. 电力系统自动化，2016，40（16）：17－22.

［8］丁磊，尹善耀，王同晓，等. 考虑惯性调频的双馈风电机组主动转速保护控制策略［J］. 电力系统自动化，2015，39（24）：29－34.

［9］KANG M, KIM K, MULJADI E, et al. Frequency control support of a doubly-fed induction generator based on the torque limit［J］. IEEE Transactions on Power Systems, 2016, 31(6): 4575－4583.

［10］刘彬彬，杨健维，廖凯，等. 基于转子动能控制的双馈风电机组频率控制改进方案［J］. 电力系统自动化，2016，40（16）：6.

［11］宣晓华，尹峰，张永军，等. 特高压受端电网直流闭锁故障下机组一次调频性能分析［J］. 中国电力，2016，49（11）：140－144.

［12］卫鹏，周前，汪成根，等. ±800kV 锦苏特高压直流双极闭锁对江苏电网受端系统稳定性的影响［J］. 电力建设，2013，34（10）：1－5.

［13］段南，李国胜，王玉山. 大型火电机组一次调频功能投入的研究［J］. 华北电力技术，2003（10）：1－4.

［14］尹峰. CCS 参与的火电机组一次调频能力试验研究［J］. 中国电力，2005，38（3）：74－77.

［15］程冲，杨欢，曾正，等. 虚拟同步发电机的转子惯量自适应控制方法［J］. 电力系统自动化，2015（19）：82－89.

［16］张留生，谢震，许可宝，等. 基于超速和变桨优化协调的双馈风电机组一次调频控制［J］. 2021.

［17］李立成，叶林. 变风速下永磁直驱风电机组频率—转速协调控制策略［J］. 电力系统自动化，2011，35（17）：6.

［18］唐西胜，苗福丰，齐智平，等. 风力发电的调频技术研究综述［J］. 中国电机工程学报，2014，34（025）：4304－4314.

［19］丁磊，尹善耀，王同晓，等. 考虑惯性调频的双馈风电机组主动转速保护控制策略［J］. 电力系统自动化，2015（24）：7.

［20］陈宇航，王刚，侍乔明，等. 一种新型风电场虚拟惯量协同控制策略［J］. 电力系统自动化，2015，39（5）：7.

［21］李世春，邓长虹，龙志君，等. 适应于电网高风电渗透率下的双馈风电机组惯性控制方法［J］. 电力系统自动化，2016，40（1）：7.

［22］刘辉，葛俊，巩宇，等. 风电场参与电网一次调频最优方案选择与风储协调控制策略研究［J］. 全球能源互联网，2019（1）：9.

［23］巩宇，王阳，李智，等. 光伏虚拟同步发电机工程应用效果分析及优化［J］. 电力系统自动化，2018，42（9）：8.

第五章
虚拟同步发电机并网适应性分析与提升技术

　　本章围绕新能源虚拟同步发电机的并网适应性展开论述，重点分析虚拟同步发电机的故障暂态特性与宽频阻抗特性，并提出虚拟同步发电机故障穿越策略与阻尼提升方法。由第三章可知，虚拟同步发电机分为电压源型和电流源型两种类型，不同类型虚拟同步发电机的故障暂态与宽频阻抗特性有较大区别，本章将进行对比介绍。

第一节 虚拟同步发电机故障穿越技术

一、虚拟同步发电机故障暂态特性分析

（一）电压源型虚拟同步发电机暂态特性分析

本小节以双馈风电机组为例，说明电压源型虚拟同步发电机的暂态建模过程。电压源型虚拟同步发电机的控制框图如图 5-1 所示，主要由调频环节、调压环节、控制电压生成环节三部分构成。调频环节模拟同步发电机的惯量支撑与一次调频功能，产生虚拟的同步角频率与滑差角频率 ω_{slip}；调压环节通过模拟同步发电机的无功—电压下垂特性来产生虚拟励磁电流 $\boldsymbol{i}_{\text{fv}}$。控制电压合成环节模拟同步发电机的励磁特性产生转子控制电压指令 $\boldsymbol{u}_{\text{r}}^{\text{ref}}$。

$$\boldsymbol{u}_{\text{r}}^{\text{ref}} = \omega_{\text{slip}} M_{\text{fv}} \boldsymbol{i}_{\text{fv}} \text{e}^{-\text{j}\frac{\pi}{2}} - M_{\text{fv}} \frac{\text{d}\boldsymbol{i}_{\text{fv}}}{\text{d}t} \text{e}^{-\text{j}\frac{\pi}{2}} \tag{5-1}$$

式中：M_{fv} 表示定子绕组与虚拟励磁绕组互感。

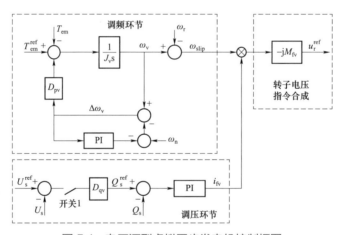

图 5-1 电压源型虚拟同步发电机控制框图

在电网故障的电磁暂态过程中，电压源型风电虚拟同步发电机内部将产生很大幅值的转子故障电流，并由此引起电磁转矩的剧烈振荡。根据转子电压方程，对转子故障电流的分析将分别从转子反电动势 $\boldsymbol{e}_{\text{r}}$ 和转子电压 $\boldsymbol{u}_{\text{r}}$ 两方面进行。

$$\boldsymbol{u}_{\text{r}} - \boldsymbol{e}_{\text{r}} = \left[R_{\text{r}} + L_{\text{r}\sigma} \left(\frac{\text{d}}{\text{d}t} + \text{j}\omega_{\text{slip}} \right) \right] \boldsymbol{i}_{\text{r}} \tag{5-2}$$

式中：R_{r}、$L_{\text{r}\sigma}$ 分别表示转子电阻与转子漏感。

当电网发生短路故障时，虚拟同步发电机机端电压 $\boldsymbol{u}_{\text{s}}$ 瞬间跌落，由于定子磁链不能

突变，故电压跌落瞬间定子磁链由稳态分量和故障分量两部分组成。对于对称故障，定子磁链故障分量为随时间衰减的暂态直流分量 ψ_{st}；对于不对称故障，定子磁链故障分量除暂态直流分量外，还含有持续存在的负序分量 $\psi_{s(2)}$。

定子磁链的稳态与故障分量均会在虚拟同步发电机的转子侧产生对应的反电动势。由转子电压方程可知：

$$e_r = \frac{L_m}{L_s}\left(\frac{\mathrm{d}\psi_s}{\mathrm{d}t} + \mathrm{j}\omega_{slip}\psi_s\right) \qquad (5\text{-}3)$$

电网发生对称故障时，$e_r = e_{rw} + e_{rt}$；电网发生不对称故障时，$e_r = e_{rw} + e_{rt} + e_{r(2)}$。式中：$e_{rw}$ 为转子反电动势的稳态分量；e_{rt} 为转子反电动势的暂态分量；$e_{r(2)}$ 为转子反电动势的负序分量。

由式（5-3）可知：

$$e_{rw} = \mathrm{j}s\omega_s\frac{L_m}{L_s}\psi_{sw} \qquad (5\text{-}4)$$

$$e_{rt} = -\frac{L_m}{L_s}\mathrm{j}(1-s)\omega_s\psi_{st} \qquad (5\text{-}5)$$

$$e_{r(2)} = \mathrm{j}(s-2)\omega_s\frac{L_m}{L_s}\psi_{s(2)} \qquad (5\text{-}6)$$

综上可知，对于电网对称故障，转子反电动势的大小主要取决于转子转速与机端电压的跌落深度；对于电网不对称故障，转子反电动势的大小主要取决于转子转速与机端电压的不对称度。由于风电机组的转差通常较小，因此转子反电动势的故障分量幅值远大于正常运行的转子反电动势幅值。

图 5-2 和图 5-3 分别表示电网发生对称故障和单相短路故障时，转子反电动势最大值随故障严重程度和转差率变化的关系。由图可知，当电网发生故障时，转子反电动势的幅值远大于正常运行时转子反电动势的幅值。

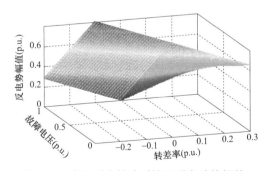

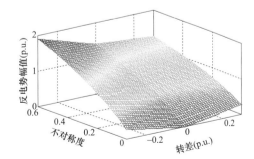

图 5-2　电网对称故障时转子反电动势幅值　　图 5-3　电网不对称故障时转子反电动势幅值

研究电压源型虚拟同步发电机有功调节和频率支撑的机电动态过程时，通常可认为虚拟励磁电流的暂态调节过程已经结束，i_{fv} 为恒定直流，因此电压源型虚拟同步发电机策略中，虚拟定子内电动势的控制方程为：

$$\boldsymbol{u}_{\mathrm{r}}^{\mathrm{ref}} = \omega_{\mathrm{slip}} M_{\mathrm{fv}} \boldsymbol{i}_{\mathrm{fv}} \mathrm{e}^{-\mathrm{j}\frac{\pi}{2}} \tag{5-7}$$

　　电压源型虚拟同步发电机以实现有功调节和提供频率支撑功能为主,其转子电压按惯性时间常数进行控制,因此在电网故障的电磁暂态过程中 $\boldsymbol{u}_{\mathrm{r}}$ 基本保持不变。这就表明,电压源型虚拟同步发电机转子反电动势和转子电压之间将产生较大的电压矢量差,该电压矢量差作用于转子阻抗上,将产生较大的转子故障电流。图 5-4 所示分别为发生电网对称故障和不对称故障时,电压源型虚拟同步发电机的转子电流波形。由图 5-4 可知,转子电流故障分量幅值较大,远远超出转子变流器能承受的范围,因此有必要采取改进措施。

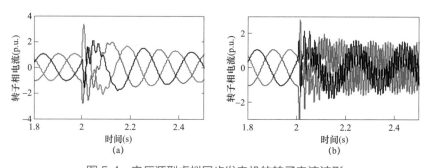

图 5-4　电压源型虚拟同步发电机的转子电流波形

（a）电网发生对称故障；（b）电网发生不对称故障

（二）电流源型虚拟同步发电机暂态特性分析

　　图 5-5 所示为电流源型虚拟同步发电机的控制框图。与常规新能源发电机组矢量控制策略相比,虚拟同步发电机改造主要体现在调频环节计算电流 d 轴指令值和调压环节计算电流 q 轴指令值的方法上,并没有根本上改变光伏或风电机组电流源型的外特性。控制电压指令的产生主要由电流环输出得到,因此控制电压的动态响应特性主要由电流环决定。在电网故障的电磁暂态过程中,电流环的控制性能将在很大程度上影响输出电流大小和电流源型虚拟同步发电机的故障特性。这使得电压异常工况下电流源型虚拟同步发电机的运行特性分析与传统新能源发电机组的特性基本一致。

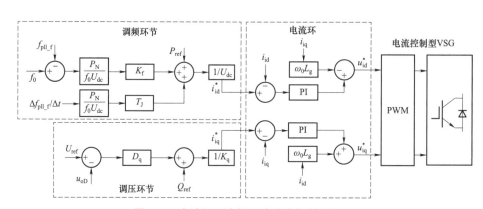

图 5-5　电流源型虚拟同步发电机控制框图

二、虚拟同步发电机故障穿越控制策略

基于上述对电网故障情况下虚拟同步发电机的暂态特性分析,需要提出相应的故障穿越优化控制策略,以改善虚拟同步发电机的暂态响应特性,提升虚拟同步发电机的故障穿越能力。

由于电流源型虚拟同步发电机与常规新能源发电机组的控制结构基本相同,可以考虑沿用常规新能源发电机组较为成熟的故障穿越技术,如加装硬件保护(包括撬棒、卸荷电路等)和改进软件控制策略等,本节不作赘述。本节重点分析电压源型虚拟同步发电机的故障穿越能力提升方案。

由第一节可知,电网发生故障时,电压源型虚拟同步发电机产生故障过流和电磁转矩振荡的主要原因是:控制电压响应过慢,缺少抑制转子反电动势故障分量的对应分量。由于电压源型虚拟同步发电机的控制电压指令是利用同步发电机的数学模型计算得到的,因此可根据电网故障时同步发电机的电磁暂态过程,分析虚拟同步控制量的电磁暂态特性,从而改进控制电压指令的计算办法。

在电磁暂态时间尺度分析电压源型虚拟同步发电机的励磁特性时,其虚拟励磁电流与虚拟定子内电动势均应包含相应的故障分量。

电网发生对称故障时,虚拟励磁电流的故障分量 $i_{\mathrm{fv}\sim}$ 的产生是为了抵消 ψ_{st} 产生的空间气隙磁场与虚拟励磁绕组交链的磁链 $\psi_{\mathrm{fv}\sim}$:

$$\psi_{\mathrm{fv}\sim} = \frac{M_{\mathrm{fv}}\psi_{\mathrm{st}}}{L_{\mathrm{v}}} \tag{5-8}$$

由于 $L_{\mathrm{fv}}i_{\mathrm{fv}\sim} = \psi_{\mathrm{fv}\sim}$,可计算虚拟定子内电动势暂态分量:

$$\boldsymbol{e}_{\mathrm{0vt}} = -M_{\mathrm{fv}}\frac{\mathrm{d}i_{\mathrm{fv}}}{\mathrm{d}t}\mathrm{e}^{-\mathrm{j}\frac{\pi}{2}} = -\frac{M_{\mathrm{fv}}^2}{L_{\mathrm{fv}}L_{\mathrm{v}}}\left(\frac{1}{\tau_{\mathrm{s}}} + \mathrm{j}\omega_{\mathrm{v}}\right)\psi_{\mathrm{st}} \tag{5-9}$$

式中:L_{v}、L_{fv} 分别为虚拟定子电感与虚拟励磁电感。

由于 $1/\tau_{\mathrm{s}} \ll \omega_{\mathrm{v}}$,$\boldsymbol{e}_{\mathrm{0vt}}$ 中关于 $1/\tau_{\mathrm{s}}$ 的项可被忽略,故:

$$\boldsymbol{e}_{\mathrm{0vt}} = -\mathrm{j}\omega_{\mathrm{v}}\frac{M_{\mathrm{fv}}^2}{L_{\mathrm{fv}}L_{\mathrm{v}}}\psi_{\mathrm{st}} = -\mathrm{j}\omega_{\mathrm{v}}k_{\mathrm{v}}\psi_{\mathrm{st}} \tag{5-10}$$

式中:$k_{\mathrm{v}} = M_{\mathrm{fv}}^2/(L_{\mathrm{fv}}L_{\mathrm{v}})$。

同理,当电网发生不对称故障时,虚拟定子内电动势的故障分量除暂态分量外,还含有负序分量。

$$\boldsymbol{e}_{\mathrm{0v(2)}} = -\mathrm{j}2k_{\mathrm{v}}\omega_{\mathrm{v}}\psi_{\mathrm{s(2)}} \tag{5-11}$$

基于上述分析,对电压源型虚拟同步发电机进行控制电压补偿来提高其故障穿越能力。以电压源型虚拟同步发电机为例进行说明,其改进后的控制框图如图 5-6 所示。所提策略通过前馈补偿控制电压的故障分量,可使电压源型虚拟同步发电机快速响应电网故障,有效抑制故障电流与电磁转矩振荡。

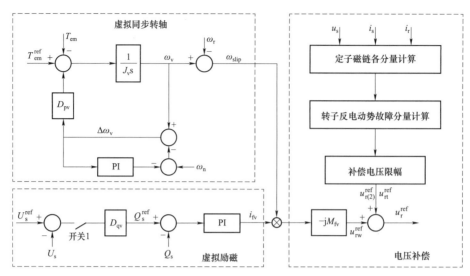

图 5-6 电压补偿型风电虚拟同步发电机控制策略

与现有虚拟同步发电机控制策略相比，图 5-6 所示策略的关键在于电压补偿环节。图 5-6 中，u_{rw}^{ref}、$u_{r(2)}^{ref}$ 和 u_{rt}^{ref} 分别表示转子电压指令的正序、负序和暂态分量。理想的电压补偿应同时实现：

$$u_{r(2)} = e_{0v(2)} = e_{r(2)} \qquad (5\text{-}12)$$

$$u_{rt} = e_{0vt} = e_{rt} \qquad (5\text{-}13)$$

考虑对暂态分量与负序分量的补偿效果的兼顾，取 $k_v = (1 - 0.75s)L_m/L_s$。此时应满足：

$$u_{r(2)} = \frac{1.5s - 2}{s - 2} e_{r(2)} \qquad (5\text{-}14)$$

$$u_{rt} = \frac{0.75s - 1}{s - 1} e_{rt} \qquad (5\text{-}15)$$

将上式代入转子回路的电压、电流方程，可得：

$$i_{rc(2)} = \frac{0.5s}{2 - s} i_{r(2)} \qquad (5\text{-}16)$$

$$i_{rct} = \frac{0.25s}{2 - s} i_{rt} \qquad (5\text{-}17)$$

式中：$i_{rc(2)}$、i_{rct} 为电压补偿虚拟同步控制策略下转子负序与暂态电流。由此可知，加入补偿电压后，转子电流的负序与暂态分量分别减小到原来的 $0.5s/(2-s)$ 倍与 $0.25s/(2-s)$ 倍。通常有 $|s| < 0.3$，当 $s = 0.1$ 时，转子电流的负序与暂态分量分别减小为原来的 2.6% 和 1.3%，因此该方案对转子故障电流的抑制效果非常明显。

由于优化策略是在现有策略的基础上进行电压补偿，并未影响现有策略模拟同步发电机机电动态特性，故所提策略在实现故障穿越的同时，仍将具备良好的惯性支撑与调频能力。此外，补偿电压由风电虚拟同步发电机定子磁链故障分量产生，电网故障切除后两者也随之消失，因此所提策略避免了正常运行控制与故障控制之间的复杂切换，工程实现比

180

较简便。

下面通过搭建电压源型虚拟同步发电机的仿真模型来验证所提策略的故障穿越效果与暂态电压支撑效果。对于电网对称故障情形，令 $t=2$s 时，风电虚拟同步发电机机端电压跌落至 0.7p.u.。图 5-7 所示为电压补偿前后电压源型虚拟同步发电机机端电压、转子电流和电磁转矩的波形。

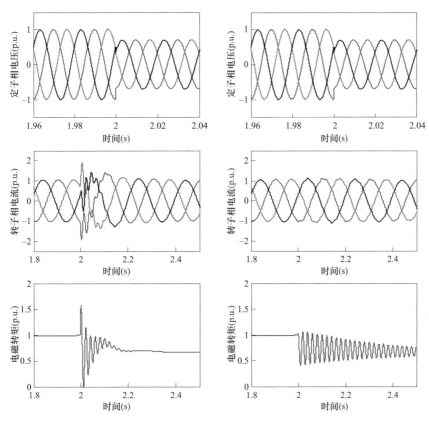

图 5-7　对称故障下电压补偿前后电压源型虚拟同步发电机特性对比

由图 5-7 可知，电压补偿前，电压源型虚拟同步发电机转子电流峰值达到 2.0p.u.，且定子与转子的暂态过流会产生较大幅值的电磁转矩基频振荡，导致双馈风电机组轴系加速度瞬时突变，发生较大的扭振。仿真结果验证了前文对电压源型虚拟同步发电机暂态特性的理论分析。

电压补偿后，由于转子暂态反电动势完全由补偿电压抵消，故障前后转子电流幅值基本不变，证明了电压补偿策略对抑制转子过流的显著效果。另外，对比电磁转矩的波形可知，电压补偿策略使故障瞬间电磁转矩振荡幅度由 0～1.5p.u.减小到 0.5～1.05p.u.，降低了 63.3%，证明该策略可显著平抑电磁转矩过大的暂态幅值，降低机端电压对称骤降对 DFIG 轴系的机械冲击，提升电压源型虚拟同步发电机对暂态电压的支撑能力。

对于电网不对称故障的情形，以单相接地故障为例，$t=2.005$s 时，DFIG 机端 A 相电压跌落至 0.7p.u.，图 5-8 所示为电压补偿前后电压源型虚拟同步发电机机端电压、转子电流和电磁转矩的波形。

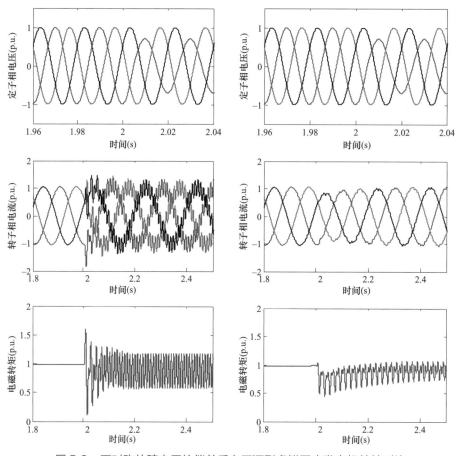

图 5-8 不对称故障电压补偿前后电压源型虚拟同步发电机特性对比

可知，电压补偿前电压源型虚拟同步发电机转子绕组中产生了较大的暂态电流与负序电流，其中暂态电流随时间衰减，负序电流稳定存在于整个故障阶段。机端不对称电压与暂态电流、负序电流作用，导致电磁转矩产生了剧烈的瞬时过冲和较大幅值的持续振荡。上述仿真结果验证了本章前文对电压源型虚拟同步发电机暂态特性的分析。

电压补偿后，转子暂态电流与负序电流均得到了明显抑制。由于故障电流被抑制，电磁转矩在故障瞬间也不再产生暂态冲击，且其稳态振荡幅值明显减小。仿真结果表明，电压补偿策略可有效提高电压源型虚拟同步发电机的故障穿越能力及暂态电压支撑能力。

第二节　虚拟同步发电机宽频振荡特性分析

一、电压源型虚拟同步发电机宽频振荡特性分析与提升技术

（一）单机宽频振荡特性分析与提升技术

虚拟同步发电机既保留了电力电子接口电源特性又表现出同步发电机特点，其并网稳

定性非常复杂，近年来也逐渐成为新能源发电领域的研究热点之一。本节从虚拟同步发电机单机并网系统出发，开展其宽频振荡特性的研究工作。

本节所研究的虚拟同步发电机并网系统如图 5-9 所示。其中虚拟同步发电机经滤波回路接入并网点（PCC），而后经过外部电网等值线路与无穷大电网相连。虚拟同步发电机直流侧为理想直流源，其控制环节主要包括有功控制、无功控制、虚拟阻抗控制和电流内环控制。有功控制模拟了同步发电机的惯性和一次调频；无功控制模拟了同步发电机的主动调压；虚拟阻抗控制模拟了同步发电机的定子电阻和同步电抗；电流内环控制生成电压参考信号，利用脉冲宽度调制（Pulse Width Modulation，PWM）技术生成驱动信号控制虚拟同步发电机各开关器件。

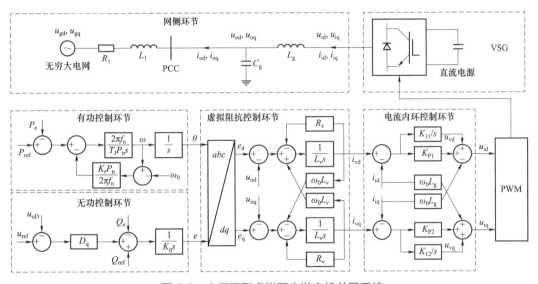

图 5-9 电压源型虚拟同步发电机并网系统

图 5-9 所示的虚拟同步发电机并网系统中存在两个同步旋转坐标系，即无穷大电网的 DQ 坐标系和虚拟同步发电机自身的 dq 坐标系，如图 5-10 所示。

由图 5-10 可知，两个坐标系的变换关系为：

$$\begin{bmatrix} x_{\text{d}} \\ x_{\text{q}} \end{bmatrix} = \begin{bmatrix} \cos\delta & \sin\delta \\ -\sin\delta & \cos\delta \end{bmatrix} \begin{bmatrix} x_{\text{D}} \\ x_{\text{Q}} \end{bmatrix} \qquad (5\text{-}18)$$

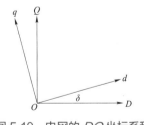

图 5-10 电网的 DQ 坐标系和虚拟同步发电机的 dq 坐标系

式中：x_{d}、x_{q}、x_{D}、x_{Q} 分别为 dq 和 DQ 坐标系下电气量；δ 为 dq 坐标系超前 DQ 坐标系的角度。

选择虚拟同步发电机自身 dq 坐标系作为参考系建立系统小信号模型，分别对系统的网侧环节、有功控制环节、无功控制环节、虚拟阻抗控制环节、电流内环控制环节和功率测量及计算环节进行建模，而后利用 MATLAB/Simulink 进行数字仿真，验证所推导小信号模型的正确性。

系统网侧环节主要包括虚拟同步发电机的滤波电感 L_g 和电容 C_g, PCC 点与无穷大电网间的等效电感 L_l 和电阻 R_l。该环节对应状态方程如下：

$$\begin{cases} \dfrac{di_{id}}{dt} = \dfrac{1}{L_g}(\omega_0 L_g i_{iq} + u_{id} - u_{od}) \\[3mm] \dfrac{di_{iq}}{dt} = \dfrac{1}{L_g}(-\omega_0 L_g i_{id} + u_{iq} - u_{oq}) \end{cases} \quad (5\text{-}19)$$

$$\begin{cases} \dfrac{du_{od}}{dt} = \dfrac{1}{C_g}(\omega_0 C_g u_{oq} + i_{id} - i_{od}) \\[3mm] \dfrac{du_{oq}}{dt} = \dfrac{1}{C_g}(-\omega_0 C_g u_{od} + i_{iq} - i_{oq}) \end{cases} \quad (5\text{-}20)$$

$$\begin{cases} \dfrac{di_{od}}{dt} = \dfrac{1}{L_l}(\omega_0 L_l i_{oq} + u_{od} - u_{gd} - R_l i_{od}) \\[3mm] \dfrac{di_{oq}}{dt} = \dfrac{1}{L_l}(-\omega_0 L_l i_{od} + u_{oq} - u_{gq} - R_l i_{oq}) \end{cases} \quad (5\text{-}21)$$

式中：ω_0 为额定角速度；u_{id}、u_{iq}、i_{id}、i_{iq} 分别为虚拟同步发电机输出电压及电流的 d、q 轴分量；u_{od}、u_{oq} 分别为 PCC 点电压 d、q 轴分量；i_{od}，i_{oq} 分别为线路电流 d、q 轴分量；u_{gd}、u_{gq} 分别为无穷大电网电压的 d、q 轴分量。

有功控制环节模拟了同步发电机的惯性和一次调频特性，对应的状态方程如下：

$$\begin{cases} \dfrac{d\omega}{dt} = \dfrac{2\pi f_N}{T_J P_N}\left[P_{ref} - P_e - \dfrac{K_f P_N}{2\pi f_N}(\omega - \omega_0) \right] \\[3mm] \dfrac{d\theta}{dt} = \omega \end{cases} \quad (5\text{-}22)$$

式中：ω 为虚拟同步发电机控制环节对应的电角速度；θ 为虚拟同步发电机控制环节对应的电角度；T_J 为惯性时间常数；P_e 为虚拟同步发电机输出的有功功率平均值；P_N 为虚拟同步发电机的额定功率；f_N 为额定频率，$f_N = 50\text{Hz}$；P_{ref} 为虚拟同步发电机的有功参考值；K_f 为有功调频系数。

无功控制环节模拟了同步发电机的主动调压特性，对应的状态方程如下：

$$\frac{de}{dt} = \frac{1}{K_q}[D_q(U_{ref} - \sqrt{u_{od}^2 + u_{oq}^2}) - Q_e] + \frac{1}{K_q}Q_{ref} \quad (5\text{-}23)$$

式中：e 为虚拟同步发电机内电动势；K_q 为无功积分系数；D_q 为无功调差系数；Q_e 为虚拟同步发电机输出的无功功率平均值；Q_{ref} 为虚拟同步发电机的无功参考值。

虚拟阻抗控制环节模拟同步发电机的定子电阻和同步电抗，对应的状态方程如下：

$$\begin{cases} \dfrac{di_{vd}}{dt} = \dfrac{1}{L_v}(e_d - u_{od} + \omega_0 L_v i_{vq} - R_v i_{vd}) \\[3mm] \dfrac{di_{vq}}{dt} = \dfrac{1}{L_v}(e_q - u_{oq} - \omega_0 L_v i_{vd} - R_v i_{vq}) \end{cases} \quad (5\text{-}24)$$

式中：i_{vd}，i_{vq} 分别为虚拟同步发电机内部虚拟电流的 d、q 轴分量；e_d，e_q 分别为虚拟同步发电机内电势 e 的 d、q 轴分量；L_v 为虚拟电感；R_v 为虚拟电阻。

电流内环控制环节对应的状态方程和输出方程如下：

$$\begin{cases} \dfrac{\mathrm{d}u_{vd}}{\mathrm{d}t} = K_{I1}(i_{vd} - i_{id}) \\ \dfrac{\mathrm{d}u_{vq}}{\mathrm{d}t} = K_{I2}(i_{vq} - i_{iq}) \end{cases} \tag{5-25}$$

$$\begin{cases} u_{id} = u_{vd} + K_{P1}(i_{vd} - i_{id}) - \omega_0 L_g i_{iq} \\ u_{iq} = u_{vq} + K_{P2}(i_{vq} - i_{iq}) + \omega_0 L_g i_{id} \end{cases} \tag{5-26}$$

式中：u_{vd}、u_{vq} 分别为虚拟同步发电机内部虚拟电压的 d、q 轴分量；K_{P1}、K_{P2} 分别为有功、无功电流内环的比例系数；K_{I1}、K_{I2} 分别为有功、无功电流内环的积分系数。

功率测量及计算环节对应的状态方程如下：

$$\begin{cases} \dfrac{\mathrm{d}P_e}{\mathrm{d}t} = \omega_c(p - P_e) \\ \dfrac{\mathrm{d}Q_e}{\mathrm{d}t} = \omega_c(q - Q_e) \end{cases} \tag{5-27}$$

式中：p、q 分别为虚拟同步发电机输出的瞬时有功和无功功率；P_e、Q_e 分别为输出的有功和无功功率平均值；ω_c 为截止频率。

联立上述状态方程可求解得系统稳态运行点，在稳态运行点进行线性化，得到虚拟同步发电机并网系统的小信号模型：

$$\Delta\dot{\boldsymbol{x}} = \boldsymbol{A}\Delta\boldsymbol{x} + \boldsymbol{B}\Delta\boldsymbol{u} \tag{5-28}$$

式中：$\Delta\boldsymbol{x} = [\Delta i_{id}, \Delta i_{iq}, \Delta u_{od}, \Delta u_{oq}, \Delta i_{od}, \Delta i_{oq}, \Delta\omega, \Delta\delta, \Delta e_d, \Delta i_{vd}, \Delta u_{vd}, \Delta i_{vq}, \Delta u_{vq}, \Delta P_e, \Delta Q_e]^T$ 为系统状态量；$\Delta\boldsymbol{u} = [\Delta P_{ref}, \Delta Q_{ref}]^T$ 为系统控制量；$\boldsymbol{A}$ 为系统状态矩阵；$\boldsymbol{B}$ 为系统输入矩阵。

为验证本节所推导小信号模型的正确性，在 MATLAB/Simulink 中建立数字仿真模型进行对比验证。小信号模型和 Simulink 模型的参数如表 5-1 所示。对比虚拟同步发电机有功参考值 P_{ref} 阶跃 10kW 时，两个模型得出的虚拟同步发电机输出有功功率 P、无功功率 Q 和自身角速度 ω 的动态过程，如图 5-11 所示。

表 5-1　　　　　　　　　　　　并 网 系 统 参 数

参数	数值	参数	数值	参数	数值
P_{ref}（kW）	200	L_1（mH）	0.0386	R_1（mΩ）	1.264
Q_{ref}（kvar）	0	C_g（μC）	300	R_v（Ω）	0.01
K_{P1}、K_{P2}	0.64	L_g（μH）	150	L_v（μH）	150
K_{I1}、K_{I2}	100	T_J（s）	0.065	D_q	20000
P_N（kW）	500	K_f	10	K_q	318

由图 5-11 可以看出，Simulink 模型与小信号模型对应的系统动态曲线基本重合，从而验证了小信号模型的正确性。

根据系统小信号模型，可计算系统状态矩阵 A，通过求解 A 的特征值可以分析系统在稳态运行点的小信号稳定性。

考虑虚拟同步发电机初始有功功率和无功功率分别为 200kW、0kvar（额定容量为500kW）的运行工况，计算系统的全部特征值，并根据参与因子判断影响特征根的主要状态变量和主导影响参数，结果如表 5-2 所示。

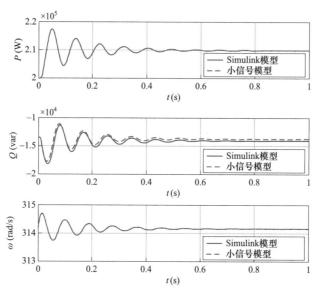

图 5-11　Simulink 仿真模型与小信号模型

表 5-2　　　　　　　　　　系 统 特 征 根

特征根	实部	振荡频率（Hz）	阻尼比	主要相关状态变量	主导影响参数
λ_{1-2}	−98.84	1218.70	0.0041	u_{od}、u_{oq}、i_{od}、i_{oq}	L_g、C_g、L_1、R_1
λ_{3-4}	−29.20	1126.51	0.0041	u_{od}、u_{oq}、i_{od}、i_{oq}	L_g、C_g、L_1、R_1
λ_{5-6}	−4111.2	8.20	1	i_{id}、i_{iq}	L_g、C_g
λ_{7-8}	−64.93	49.75	0.2034	i_{vd}、i_{vq}	L_v、R_v
λ_{9-10}	−8.03	11.35	0.1119	ω、θ、P_e	K_f、T_J
λ_{11-12}	−158.90	0.74	1	u_{vd}、u_{vq}	K_{P1}、K_{I1}、K_{P2}、K_{I2}
λ_{13}	−195.00	0	1	ω、P_e	K_f、T_J
λ_{14}	−18.87	0	1	e_d、Q_e	D_q、K_q
λ_{15}	−50.73	0	1	e_d、Q_e	D_q、K_q

特征根中 λ_{3-4} 的阻尼比最小，λ_{7-10} 是由于逆变器引入虚拟同步发电机控制后系统新增的四个特征根，其中 λ_{9-10} 距离虚轴最近，为系统主导特征根。后文着重分析虚拟同步发电机控制参数对 λ_{3-4}、λ_{7-8} 和 λ_{9-10} 三对特征根的影响。

首先分析有功调频系数 K_f 的影响，保持其他参数不变，K_f 由 20 变为 5 时，特征根如图 5-12 所示。由图 5-12 可知，随着 K_f 的减小，λ_{9-10} 两个特征根快速向右半平面移动，对应模态的阻尼迅速减小。当 K_f 减小至小于 7.5 时，系统会发生次同步振荡而失稳。λ_{9-10} 两个特征根主要与有功控制环节的状态变量有关，而 K_f 作为有功控制环节中的重要参数会直接影响 λ_{9-10}。

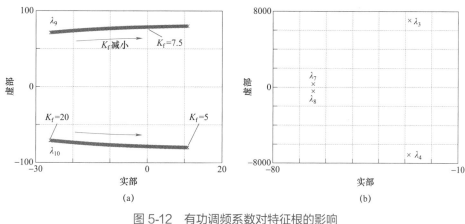

图 5-12 有功调频系数对特征根的影响

（a）λ_{9-10}；（b）λ_{3-4}、λ_{7-8}

K_f 变化时，λ_{3-4} 和 λ_{7-8} 两对特征根基本不变。这是因为 λ_{3-4} 主要与网侧环节的状态变量相关，λ_{7-8} 主要与虚拟阻抗控制环节中的状态变量相关，这两对特征根与有功控制环节中的状态变量和参数几乎无关。

为了验证上述分析的正确性，在 RT－LAB 上构建了虚拟同步发电机控制器硬件在环仿真平台进行验证，如图 5-13 所示。分别取 $K_f=10$（λ_{9-10} 实部小于零）和 $K_f=5$（λ_{9-10} 实部大于零）两种典型工况，在该平台上进行数字和硬件在环仿真，虚拟同步发电机有功输出曲线如图 5-14 所示。

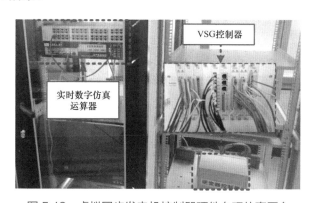

图 5-13 虚拟同步发电机控制器硬件在环仿真平台

由仿真结果可知，当 $K_f=10$ 时系统处于稳定状态，当 $K_f=5$ 时，系统出现次同步振荡而失稳，这与小信号模型结果一致，进而验证了小信号模型分析的正确性。

1. 惯性时间常数对特征根的影响

惯性时间常数 T_J 由 0.0065 变为 6.5 时，其对特征根的影响如图 5-15 所示。可以看出，随着 T_J 的增大，λ_{9-10} 两个特征根快速向右半平面移动，对应模态的阻尼迅速减小。T_J 变化时，λ_{3-4} 和 λ_{7-8} 两对特征根基本不变，这说明 T_J 对 λ_{3-4} 和 λ_{7-8} 对应模态的阻尼影响较小。

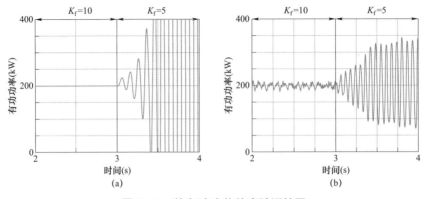

图 5-14 数字/半实物仿真验证结果

（a）数字仿真结果；（b）半实物仿真结果

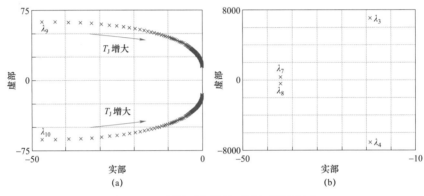

图 5-15 惯性时间常数对特征根的影响

（a）λ_{9-10}；（b）λ_{3-4}、λ_{7-8}

2. 虚拟电阻对特征根的影响

虚拟电阻 R_v 从 0.01Ω 变化为 1Ω 时，其对特征根的影响如图 5-16 所示。虚拟电阻增大对系统模态的阻尼会产生两种效果相反的影响。① 正面影响：电阻增大，系统阻尼增

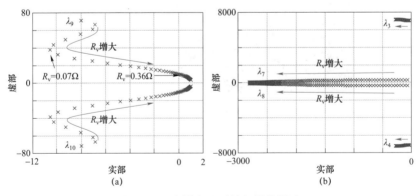

图 5-16 虚拟电阻对特征根的影响

（a）λ_{9-10}；（b）λ_{3-4}、λ_{7-8}

加；② 负面影响：电阻增大，系统 dq 轴耦合程度增加，dq 解耦控制性能恶化，导致系统阻尼变小，甚至失稳。

图 5-16 中，当 $R_v > 0.07\Omega$ 后，随着 R_v 增大，λ_{9-10} 两个主导特征根逐渐向右移动；当 $R_v > 0.36\Omega$ 时，特征根落到右半平面，系统失稳。可见，此时 R_v 增大对 λ_{9-10} 所对应模态阻尼产生的负面影响大于正面影响。这是因为 λ_{9-10} 主要与有功控制环节有关，如果 R_v 过大，导致 dq 轴解耦控制失效，会间接影响有功控制环节，强化负面影响效果。

R_v 增大，λ_{3-4} 逐渐向左移动，λ_{7-8} 迅速向左移动，λ_{3-4} 和 λ_{7-8} 对应模态阻尼有所增强。这是因为 λ_{3-4} 主要和网侧环节有关，λ_{7-8} 主要与虚拟阻抗控制环节有关，R_v 增大会间接改善网侧环节的阻尼特性，直接改善虚拟阻抗控制环节的阻尼特性，强化正面影响效果。

3. 虚拟电感对特征根的影响

虚拟电感 L_v 从 62.5μH 变化为 15mH 时，其对特征根的影响如图 5-17 所示。

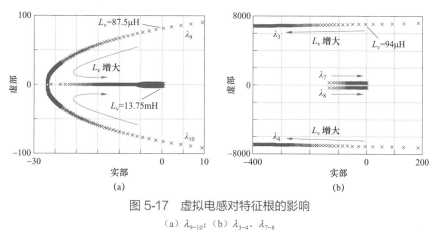

图 5-17　虚拟电感对特征根的影响
（a）λ_{9-10}；（b）λ_{3-4}、λ_{7-8}

由 5-17（a）可见，随着 L_v 的增加，λ_{9-10} 先向左后向右移动；当 L_v 小于 87.5μH 或大于 13.75mH 时，λ_{9-10} 落入右半平面，系统失稳。

由 5-17（b）可见，随着 L_v 的增加，λ_{3-4} 向左移动，λ_{7-8} 向右移动；当 L_v 小于 94μH 时，λ_{3-4} 落入右半平面，系统失稳。

λ_{3-4}、λ_{7-8} 和 λ_{9-10} 这三对特征根在虚拟同步发电机控制参数变化时可能移动到右半平面，导致系统失稳。表 5-3 给出虚拟同步发电机控制参数对系统 λ_{3-4}、λ_{7-8} 和 λ_{9-10} 三对特征根的影响。参数变化后系统特征根的实部减去参数变化前的特征根实部，再除以参数变化前特征根实部的绝对值，即得到表 5-3 中实部变化的百分比结果。

表 5-3　　　　　　　　虚拟同步发电机控制参数对系统稳定性的影响

系统参数	变化范围	λ_{3-4}实部变化	λ_{7-8}实部变化	λ_{9-10}实部变化	系统稳定性
K_f	10→5	<0.01%	<0.01%	192%	导致失稳
T_J（s）	0.065→0.13	<0.01%	<0.01%	83%	未失稳
R_v（Ω）	0.01→0.02	6%	80%	15%	未失稳
L_v（μH）	150→75	605%	44%	114%	导致失稳

结合表 5-3 和图 5-17 可知，有功调频系数 K_f 减小后，系统主导特征根 λ_{9-10} 实部大幅增加，会引发次同步振荡，导致系统失稳。虚拟电感 L_v 减小后，特征根 λ_{3-4} 和 λ_{9-10} 实部大幅增加，会诱发高频和次同步振荡，导致系统失稳。惯性时间常数 T_J 和虚拟电阻 R_v 的增加会分别致使特征根 λ_{9-10} 和 λ_{7-8} 的实部增加，但不会使系统失稳。对比各控制参数对系统特征根的影响可知，K_f 和 L_v 对稳定性的影响起相对主导的作用。

总结虚拟同步发电机并网系统稳定性的特点如下：

a）虚拟同步发电机并网系统中主要存在三种可能诱发系统振荡的模态，分别是：① 由于引入虚拟同步发电机有功控制环节而产生的模态；② 由于引入虚拟同步发电机虚拟阻抗控制环节而产生的模态；③ 虚拟同步发电机滤波电路与外网线路组成的 LCL 谐振回路产生的模态。

b）增加有功调频系数（K_f）或减小惯性时间常数（T_J）可提升系统次同步振荡模态阻尼。增大虚拟电阻（R_v）可提升系统千赫兹级别的高频振荡或同步频率振荡模态的阻尼，减小虚拟电阻（R_v）可提升系统低频振荡模态阻尼。提升虚拟电感（L_v）可提升系统千赫兹级别的高频振荡或次同步振荡模态的阻尼，减小虚拟电感（L_v）可提升系统低频振荡模态阻尼。

（二）多机宽频振荡特性分析与提升技术

本小节重点分析多台电压源型虚拟同步发电机并入电网时的振荡问题。首先建立虚拟同步发电机多机系统模型，如图 5-18 所示。

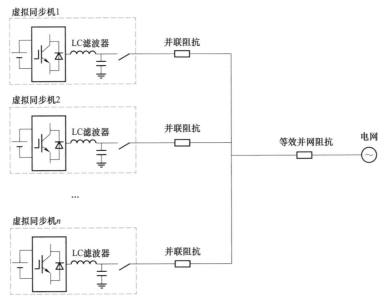

图 5-18　多台虚拟同步发电机并联接入大电网的电路拓扑

n 台虚拟同步发电机并网运行时，系统存在（$n+1$）个坐标系，即各虚拟同步发电机

自身的 *dq* 旋转坐标系及电网的 *DQ* 旋转坐标系，二者关系如图 5-19 所示。

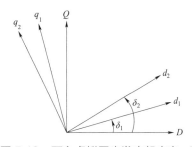

为建立完整的小信号模型，需要将系统中所有的虚拟同步发电机变换到同一公共坐标系。选定电网的 *DQ* 坐标系为公共坐标系，第 *i* 台虚拟同步发电机的 *dq* 分量变换至公共坐标系 *DQ* 轴的公式为：

图 5-19 两台虚拟同步发电机自身 *dq* 旋转坐标系及电网 *DQ* 旋转坐标系

$$\begin{bmatrix} x_{\mathrm{D}i} \\ x_{\mathrm{Q}i} \end{bmatrix} = \begin{bmatrix} \cos\delta_i & -\sin\delta_i \\ \sin\delta_i & \cos\delta_i \end{bmatrix} \begin{bmatrix} x_{\mathrm{d}i} \\ x_{\mathrm{q}i} \end{bmatrix} \tag{5-29}$$

其小信号模型为：

$$\begin{bmatrix} \Delta x_{\mathrm{D}i} \\ \Delta x_{\mathrm{Q}i} \end{bmatrix} = \begin{bmatrix} \cos\delta_{0i} & -\sin\delta_{0i} \\ \sin\delta_{0i} & \cos\delta_{0i} \end{bmatrix} \begin{bmatrix} \Delta x_{\mathrm{d}i} \\ \Delta x_{\mathrm{q}i} \end{bmatrix} + \begin{bmatrix} -X_{\mathrm{d}i}\sin\delta_{0i} - X_{\mathrm{q}i}\cos\delta_{0i} \\ X_{\mathrm{d}i}\cos\delta_{0i} - X_{\mathrm{q}i}\sin\delta_{0i} \end{bmatrix} \Delta\delta_i \tag{5-30}$$

同理，由 *DQ* 轴变换至 *dq* 坐标系的公式及小信号模型为：

$$\begin{bmatrix} x_{\mathrm{d}i} \\ x_{\mathrm{q}i} \end{bmatrix} = \begin{bmatrix} \cos\delta_i & \sin\delta_i \\ -\sin\delta_i & \cos\delta_i \end{bmatrix} \begin{bmatrix} x_{\mathrm{D}i} \\ x_{\mathrm{Q}i} \end{bmatrix} \tag{5-31}$$

$$\begin{bmatrix} \Delta x_{\mathrm{d}i} \\ \Delta x_{\mathrm{q}i} \end{bmatrix} = \begin{bmatrix} \cos\delta_{0i} & \sin\delta_{0i} \\ -\sin\delta_{0i} & \cos\delta_{0i} \end{bmatrix} \begin{bmatrix} \Delta x_{\mathrm{D}i} \\ \Delta x_{\mathrm{Q}i} \end{bmatrix} + \begin{bmatrix} -X_{\mathrm{d}i}\sin\delta_{0i} + X_{\mathrm{q}i}\cos\delta_{0i} \\ -X_{\mathrm{d}i}\cos\delta_{0i} - X_{\mathrm{q}i}\sin\delta_{0i} \end{bmatrix} \Delta\delta_i \tag{5-32}$$

本节选择电网的 *DQ* 坐标系为公共坐标系，在电网接口环节建模中将各虚拟同步发电机自身的 *dq* 变量变换至 *DQ* 公共坐标系，再进行小信号建模；随后分别以各虚拟同步发电机的自身的 *dq* 坐标系对虚拟同步发电机的控制环节（包括有功功率控制环节、无功功率控制环节、虚拟阻抗控制环节、电流内环控制环节和功率测量及计算环节）进行建模，之后利用 MATLAB/Simulink 中的模型验证基于逆变器结构虚拟同步发电机并网系统的小信号模型的正确性。电网接口环节框图如图 5-20 所示。

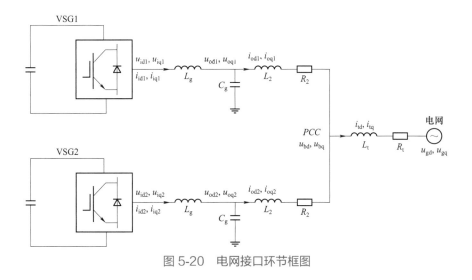

图 5-20 电网接口环节框图

对于虚拟同步发电机 1 和虚拟同步发电机 2 的输出电流 i_{od}、i_{oq} 的小信号模型，将各变量变换至各虚拟同步发电机的自身 dq 坐标系下，得到该环节对应的状态方程：

$$\frac{\mathrm{d}i_{od1}}{\mathrm{d}t} = \frac{1}{L_1}(\omega_0 L_1 i_{oq1} + u_{od1} - u_{bd1} - R_1 i_{od1})$$
$$\frac{\mathrm{d}i_{oq1}}{\mathrm{d}t} = \frac{1}{L_1}(-\omega_0 L_1 i_{od1} + u_{oq1} - u_{bq1} - R_1 i_{oq1})$$
（5-33）

$$\frac{\mathrm{d}i_{od2}}{\mathrm{d}t} = \frac{1}{L_2}(\omega_0 L_2 i_{oq2} + u_{od2} - u_{bd2} - R_2 i_{od2})$$
$$\frac{\mathrm{d}i_{oq2}}{\mathrm{d}t} = \frac{1}{L_2}(-\omega_0 L_2 i_{od2} + u_{oq2} - u_{bq2} - R_2 i_{oq2})$$
（5-34）

对于并联后的输出电流 i_{tD}、i_{tQ} 的小信号模型，将各变量变换至电网 DQ 坐标系下，得到该环节对应的状态方程：

$$\frac{\mathrm{d}i_{tD}}{\mathrm{d}t} = \frac{1}{L_t}(\omega_0 L_t i_{tQ} + u_{bD} - u_{gD} - R_t i_{tD})$$
$$\frac{\mathrm{d}i_{tQ}}{\mathrm{d}t} = \frac{1}{L_t}(-\omega_0 L_t i_{tD} + u_{bQ} - u_{gQ} - R_t i_{tQ})$$
（5-35）

为建立并联系统的整体模型，在并联 PCC 点引入一个足够大的虚拟对地电阻 R_n，以便消除公共母线节点电压 u_{bD}、u_{bQ} 输入变量（当虚拟电阻取值很大时，对动态性能影响很小，建模结果较精确），并以电网电压 DQ 坐标系为公共坐标系，得到：

$$u_{bD} = R_n(i_{oD1} + i_{oD2} - i_{tD})$$
$$u_{bQ} = R_n(i_{oQ1} + i_{oQ2} - i_{tQ})$$
（5-36）

其小信号模型如下，注意 Δi_{oD1}、Δi_{oD2}、Δi_{oQ1}、Δi_{oQ2} 为变换至 DQ 公共坐标系下的小信号模型。

$$\Delta u_{bD} = R_n(\Delta i_{oD1} + \Delta i_{oD2} - \Delta i_{tD})$$
$$\Delta u_{bQ} = R_n(\Delta i_{oQ1} + \Delta i_{oQ2} - \Delta i_{tQ})$$
（5-37）

有功功率控制环节对应的状态方程为：

$$\left.\begin{array}{l} \dfrac{\mathrm{d}\omega}{\mathrm{d}t} = \dfrac{1}{J\omega_0}[-P_e - K_{Dp}(\omega - \omega_0)] + \dfrac{1}{J\omega_0}P_{ref} \\[3mm] \dfrac{\mathrm{d}\theta}{\mathrm{d}t} = \omega \end{array}\right\}$$
（5-38）

式中：P_{ref} 为虚拟同步发电机有功参考值；P_e 为虚拟同步发电机输出的平均有功功率；ω 为虚拟同步发电机角速度；J 为虚拟惯量；K_{Dp} 为有功下垂常数；ω_0 为电网角速度；θ 为虚拟同步发电机角度。

无功功率控制环节对应的状态方程为：

$$\frac{\mathrm{d}e}{\mathrm{d}t} = \frac{1}{K_q}[D_q(U_{ref} - \sqrt{u_{od}^2 + u_{oq}^2}) - Q_e] + \frac{1}{K_q}Q_{ref} \tag{5-39}$$

式中：e 为虚拟同步发电机的内电动势；K_q 为无功积分系数；D_q 为无功调差系数；Q_{ref} 为虚拟同步发电机无功参考值；Q_e 为虚拟同步发电机输出的平均无功功率。

虚拟阻抗控制环节对应的状态方程为：

$$\left.\begin{array}{l} \dfrac{\mathrm{d}i_{vd}}{\mathrm{d}t} = \dfrac{1}{L_v}(e_d - u_{od} + \omega_0 L_v i_{vq} - R_v i_{vd}) \\[2mm] \dfrac{\mathrm{d}i_{vq}}{\mathrm{d}t} = \dfrac{1}{L_v}(e_q - u_{oq} - \omega_0 L_v i_{vd} - R_v i_{vq}) \end{array}\right\} \tag{5-40}$$

式中：i_{vd}、i_{vq} 分别为虚拟同步发电机内部虚拟电流的 d 轴和 q 轴分量；e_d、e_q 分别为虚拟同步发电机内电动势的 d 轴和 q 轴分量；L_v 为虚拟电感；R_v 为虚拟电阻。

电流内环控制环节对应的状态方程为：

$$\left.\begin{array}{l} \dfrac{\mathrm{d}i_{vd}}{\mathrm{d}t} = \dfrac{1}{L_v}(e_d - u_{od} + \omega_0 L_v i_{vq} - R_v i_{vd}) \\[2mm] \dfrac{\mathrm{d}i_{vq}}{\mathrm{d}t} = \dfrac{1}{L_v}(e_q - u_{oq} - \omega_0 L_v i_{vd} - R_v i_{vq}) \end{array}\right\} \tag{5-41}$$

对应的输出方程为：

$$\left.\begin{array}{l} u_{id} = u_{vd} + K_{P1}(i_{vd} - i_{id}) - \omega_0 L_g i_{iq} \\[2mm] u_{iq} = u_{vq} + K_{P2}(i_{vq} - i_{iq}) + \omega_0 L_g i_{id} \end{array}\right\} \tag{5-42}$$

式中：u_{vd}、u_{vq} 分别为虚拟同步发电机内部虚拟电压的 d 轴和 q 轴分量；K_{P1}、K_{P2} 分别为有功、无功电流内环的比例系数；K_{I1}、K_{I2} 分别为有功、无功电流内环的积分系数。

功率测量及计算环节对应的状态方程为：

$$\left.\begin{array}{l} \dfrac{\mathrm{d}P_e}{\mathrm{d}t} = \omega_c(p - P_e) \\[2mm] \dfrac{\mathrm{d}Q_e}{\mathrm{d}t} = \omega_c(q - Q_e) \end{array}\right\} \tag{5-43}$$

式中：p、q 分别为虚拟同步发电机输出的瞬时有功、无功功率；P_e、Q_e 分别为虚拟同步发电机输出的平均有功、无功功率；ω_c 为截止频率。

瞬时有功、无功功率的计算公式为：

$$\left.\begin{array}{l} p = \dfrac{3}{2}(u_{od}i_{od} + u_{oq}i_{oq}) \\[2mm] q = \dfrac{3}{2}(-u_{od}i_{oq} + u_{oq}i_{od}) \end{array}\right\} \tag{5-44}$$

由上述分析可知，单台基于逆变器结构的虚拟同步发电机并网运行时，系统共有 32 个状态变量。将该系统在平衡点进行线性化，整理后可得单台基于逆变器结构的虚拟同步发电机并网的小信号模型：

$$\Delta \dot{\boldsymbol{x}} = \boldsymbol{A}\Delta \boldsymbol{x} + \boldsymbol{B}\Delta \boldsymbol{u} \tag{5-45}$$

式中：$\Delta \boldsymbol{x} = [\Delta i_{id1}, \Delta i_{iq1}, \Delta u_{od1}, \Delta u_{oq1}, \Delta i_{od1}, \Delta i_{oq1}, \Delta \omega_1, \Delta \delta_1, \Delta e_{d1}, \Delta i_{vd1}, \Delta u_{vd1}, \Delta i_{vq1}, \Delta u_{vq1}, \Delta P_{e1},$ $\Delta Q_{e1}, \Delta i_{id2}, \Delta i_{iq2}, \Delta u_{od2}, \Delta u_{oq2}, \Delta i_{od2}, \Delta i_{oq2}, \Delta \omega_2, \Delta \delta_2, \Delta e_{d2}, \Delta i_{vd2}, \Delta u_{vd2}, \Delta i_{vq2}, \Delta u_{vq2}, \Delta P_{e2}, \Delta Q_{e2},$ $\Delta i_{tD}, \Delta i_{tQ}]^{\mathrm{T}}$ 为系统状态量；$\Delta \boldsymbol{u} = [P_{ref}, Q_{ref}]^{\mathrm{T}}$ 为系统控制变量；$\boldsymbol{A}$ 为系统状态矩阵；$\boldsymbol{B}$ 为系统输入矩阵。

为验证本节推导的小信号模型的正确性，在 MATLAB/Simulink 中搭建了仿真模型。在 Simulink 模型和小信号模型中，设定两台虚拟同步发电机初始有功功率均为 200kW，初始无功功率为 0kvar，两台虚拟同步发电机除了并联阻抗参数不同外，控制参数均相同，其具体参数如表 5-4 所示。

表 5-4 　　　　　　　　　　　　　　虚拟同步发电机并网系统参数

参数	数值	参数	数值
$P_{N1,2}$（kW）	500	$R_{v1,2}$（Ω）	0.01
$L_{g1,2}$（μH）	150	$L_{v1,2}$（μH）	150
$J_{1,2}$（kg·m²）	0.33	$K_{P1,2}$	0.64
$K_{Dp1,2}$	15888	$K_{I11,2}$	100
$D_{q1,2}$	20000	L_{t}（μH）	0.386
$K_{q1,2}$	318	R_{t}（Ω）	0.01264
L_{1}（μH）	38.6	L_{2}（μH）	193
R_{1}（Ω）	1.264	R_{2}（Ω）	6.32

将两台虚拟同步发电机的有功功率参考值分别加入相同的扰动 $\Delta P_{ref} = 10\mathrm{kW}$，即虚拟同步发电机有功功率参考值阶跃 10kW，对比两个模型对应的虚拟同步发电机输出有功功率 P、无功功率 Q 和自身角速度 ω 的曲线，如图 5-21 所示。

可以看出，Simulink 仿真模型与小信号模型曲线基本重合，从而证明了本节建立的小信号模型的正确性。

由于系统稳态工作点会影响小信号模型中各矩阵的系数，进而影响系统稳定性，因此在计算小信号模型时需要先计算系统的稳态工作点。系统的稳态工作点可以通过求解系统非线性状态方程得到。对于本节中的单台基于逆变器结构的虚拟同步发电机并网系统，稳态运行时系统应满足如下条件：$\mathrm{d}\theta/\mathrm{d}t = \omega_0$，其余所有状态变量的导数均为 0。将以上条件代入系统非线性状态方程即可求得系统的稳态工作点。

求解得到系统稳态工作点后，即可利用所建立的小信号模型分析系统的特征根和稳定性。考虑虚拟同步发电机初始有功功率为 200kW，初始无功功率为 0kvar 的运行工况，系统的全部特征值信息如表 5-5 所示。

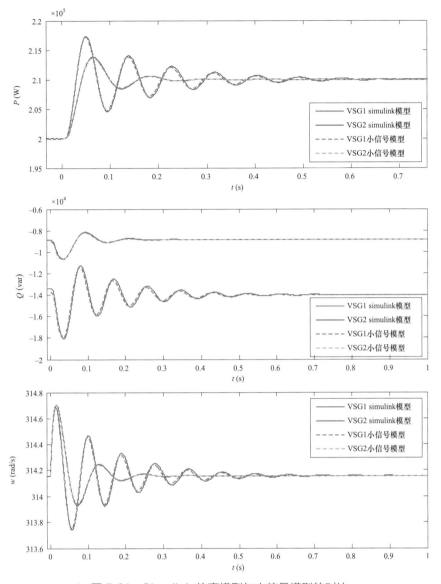

图 5-21　Simulink 仿真模型与小信号模型的对比

表 5-5　　　　两台虚拟同步发电机并网特征根（两台发电机线路参数一致）

特征根	实部	虚部	振荡频率（Hz）	阻尼比	主要相关状态变量
λ_{1-2}	-2.6×10^9	314.16	50.00	1	i_{tD}，i_{tQ}
λ_{3-4}	-0.68	7656.72	1218.60	8.8×10^{-5}	$u_{od1,2}$，$u_{oq1,2}$，$i_{od1,2}$，$i_{oq1,2}$
λ_{5-6}	-0.38	7598.83	1209.39	5.1×10^{-5}	$u_{od1,2}$，$u_{oq1,2}$，$i_{od1,2}$，$i_{oq1,2}$
λ_{7-8}	-28.67	7077.15	1126.36	4.1×10^{-3}	$u_{od1,2}$，$u_{oq1,2}$，$i_{od1,2}$，$i_{oq1,2}$
λ_{9-10}	-28.94	7019.84	1117.24	4.1×10^{-3}	$u_{od1,2}$，$u_{oq1,2}$，$i_{od1,2}$，$i_{oq1,2}$
λ_{11-12}	-4108.52	51.65	8.22	1	$i_{id1,2}$，$i_{iq1,2}$
λ_{13-14}	-4108.48	51.03	8.12	1	$i_{id1,2}$，$i_{iq1,2}$
λ_{15-16}	-65.46	311.08	49.51	0.21	$i_{vd1,2}$，$i_{vq1,2}$

特征根	实部	虚部	振荡频率（Hz）	阻尼比	主要相关状态变量
λ_{17-18}	-65.32	311.07	49.51	0.21	$i_{vd1,2}$，$i_{vq1,2}$
λ_{19-20}	-7.11	71.79	11.43	0.10	$\omega_{1,2}$，$\theta_{1,2}$，$P_{e1,2}$
λ_{21-22}	-7.18	71.67	11.41	0.10	$\omega_{1,2}$，$\theta_{1,2}$，$P_{e1,2}$
λ_{23}	-195.10	0.00	0.00	1	$\omega_{1,2}$
λ_{24}	-195.20	0.00	0.00	1	$\omega_{1,2}$
λ_{25-26}	-158.88	4.69	0.75	1	$u_{vd1,2}$，$u_{vq1,2}$
λ_{27-28}	-158.88	4.64	0.74	1	$u_{vd1,2}$，$u_{vq1,2}$
λ_{29-30}	-38.63	26.02	4.14	0.83	$e_{d1,2}$，$Q_{e1,2}$
λ_{31-32}	-38.73	26.01	4.14	0.83	$e_{d1,2}$，$Q_{e1,2}$

由表 5-5 可知，特征根 λ_{1-2} 主要与电网接口环节有关，受并联后阻抗参数（包括变压器、线路等）影响较大，且为同步振荡频率（约 50Hz）；λ_{3-14} 主要与电网接口环节有关，受逆变器输出滤波电感电容和并联阻抗参数（包括变压器、线路等）影响较大；λ_{15-18} 主要与虚拟阻抗控制有关，受虚拟电抗和虚拟电阻影响较大；λ_{19-24} 主要与有功功率控制环节有关，受有功功率下垂系数，虚拟惯量影响较大；λ_{25-28} 主要与电流内环控制环节有关，受电流内环控制 PI 参数和逆变器滤波电感影响较大；λ_{29-32} 主要与无功功率控制环节有关，受无功功率调差和积分系数影响较大。

还可知，特征根中 λ_{19-22} 距离虚轴较近，为引入虚拟同步功能后新增加的系统主导特征根，且为低频振荡模态，反映了多台虚拟同步发电机与电网之间有功功率的动态，因此后文着重分析不同控制参数及工况对该对特征根的影响，进而分析不同控制参数及工况对系统动态的影响；特征根中 λ_{3-6} 距离虚轴也较近，其振荡模态与传统逆变器并联后出现的振荡模态相同，在此不再赘述。

首先分析有功调频系数 K_f 的影响，如图 5-22 所示。可以看出，在某一台虚拟同步发电机的有功调频系数保持不变，而另一台的有功调频系数减小时，λ_{19-20} 和 λ_{21-22} 两对特征根快速向右半平面移动，不利于系统稳定。这是由于 λ_{19-20} 和 λ_{21-22} 两对特征根主要与有功功率控制环节有关，而有功调频系数的减小会直接削弱该环节阻尼特性，该环节对应振荡模态阻尼会迅速减小，直至失稳。图 5-22 中还标出了系统临界稳定时的 K_f 值。此时 $K_f = 7.75$，与单台虚拟同步发电机的临界值基本相同（单台临界值为 7.8）。

然后分析虚拟同步发电机惯量 J 的影响。当 J 由 0.33 变为 33（T_J 由 0.065 变为 6.5）时，系统 λ_{19}、λ_{20} 两个特征根的轨迹如图 5-23 所示。

可以看出，在某台虚拟同步发电机的惯量常数保持不变，而另一台的惯量常数（对应虚拟同步发电机中的虚拟惯量 J）增大时，系统 λ_{19-20} 和 λ_{21-22} 两对特征根快速向右半平面移动，不利于系统稳定。在 λ_{19-20} 和 λ_{21-22} 两对特征根穿过虚轴后，随着 T_J 的增大 λ_{19-20} 和 λ_{21-22} 两对特征根呈现先向右再向左移动的趋势，但最终仍然处于右半平面内。由于虚拟惯量常数 T_J 与系统惯量相关，T_J 越大则虚拟同步发电机对电网调频的支撑能力越强，

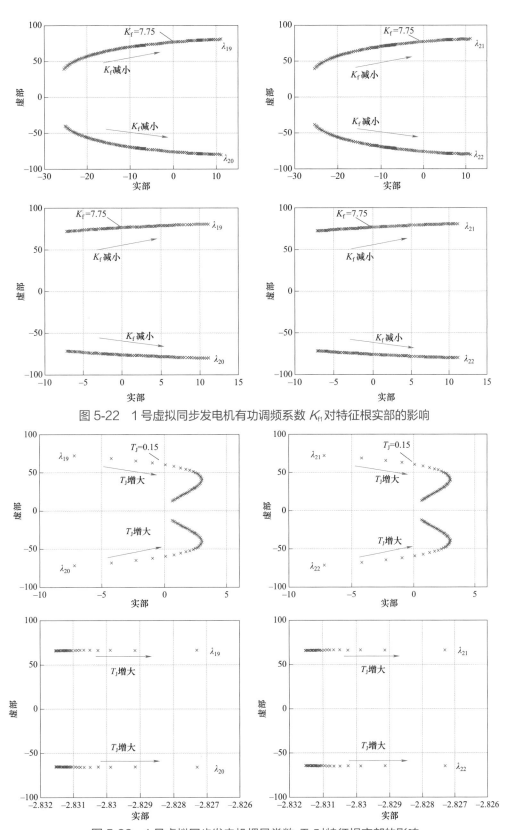

图 5-22 1号虚拟同步发电机有功调频系数 K_{f1} 对特征根实部的影响

图 5-23 1号虚拟同步发电机惯量常数 T_{J1} 对特征根实部的影响

但 T_J 取值过大时会导致系统失稳，因此需要合理设置 T_J，避免使系统出现振荡。图中还标出了系统临界稳定时的 T_J 值，此时 $T_J = 0.15$，与单台虚拟同步发电机的临界稳定值相同。

并联阻抗（包括变压器和线路）的阻感比参数 R_{RXL} 与 R_l 和 L_l 的换算关系如下：

$$R_{RXL} = R_l / (L_l \times 100 \times \pi) \tag{5-46}$$

考虑两种极端情况，当 R_{RXL} 由 0.1 变化到 10 时，系统 λ_{19-20} 和 λ_{21-22} 两对特征根的轨迹如图 5-24～图 5-26 所示。

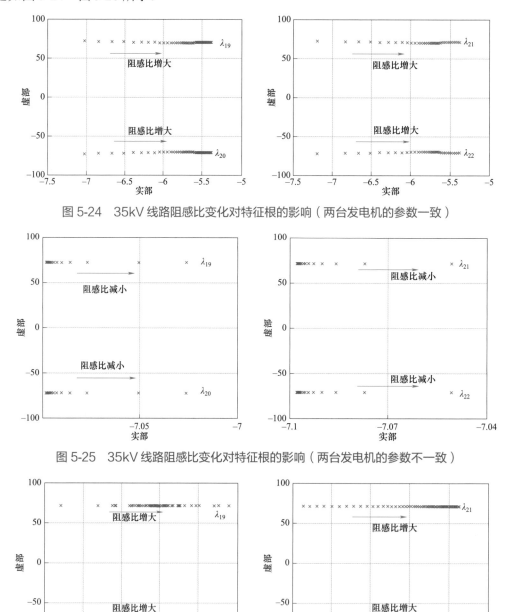

图 5-24　35kV 线路阻感比变化对特征根的影响（两台发电机的参数一致）

图 5-25　35kV 线路阻感比变化对特征根的影响（两台发电机的参数不一致）

图 5-26　220kV 线路阻感比变化对特征根的影响（两台发电机的参数一致）

当两台虚拟同步发电机的参数一致时，随着线路阻感比的增大，系统λ_{19-20}和λ_{21-22}两对特征根缓慢向虚轴移动，但线路阻感比在两种极端情况之间变化时，主导特征根一直在左半平面，线路阻感比变化对特征根的影响较小。当两台虚拟同步发电机的参数不一致（L_1阻感比由$0.1 \rightarrow 10$，L_2阻感比保持为0.1）时，随着L_1线路阻感比增大，λ_{19-20}和λ_{21-22}两对特征根实部变化很小。

为分析线路长度的影响，保持线路阻感比不变，观察35kV线路由0km增加到10000km、220kV线路从0km增加到10000km时系统λ_{19-20}和λ_{21-22}两对特征根的轨迹，如图5-27～图5-29所示。可见，随着线路长度的增长，系统λ_{19-20}和λ_{21-22}两对特征根逐渐向左移动，说明对这两个特征根对应的振荡模态来说，线路变长会抑制该振荡模态，但从特征根变化趋势来看，线路长度变化对特征根的影响不大（此时变压器在阻抗中占比较大）。

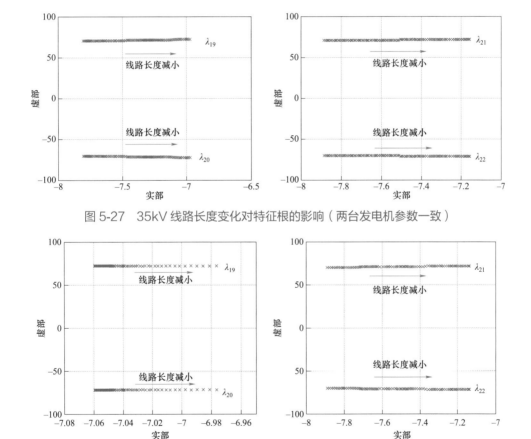

图 5-27　35kV线路长度变化对特征根的影响（两台发电机参数一致）

图 5-28　35kV线路长度变化对特征根的影响（两台发电机参数不一致）

综上，多台虚拟同步发电机并联接入大电网，且并联虚拟同步发电机参数一致，虚拟同步发电机中控制参数（有功调频系数、惯量时间常数）及并联线路长度变化对振荡风险的影响基本与单台虚拟同步发电机接入电网一致，表现为并联虚拟同步发电机发生同频同相振荡，从而引起外部电网发生振荡，且并联台数的增多对振荡的临界参数值及振荡频率

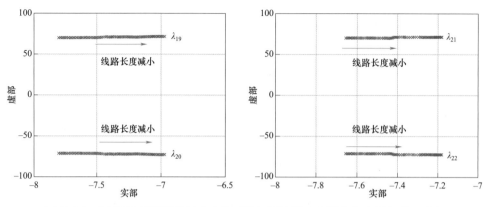

图 5-29   220kV 并联线路长度变化对特征根的影响（两台发电机参数一致）

无明显影响。以两台虚拟同步发电机并联为例，2s 前两台虚拟同步发电机的参数一致，系统稳定运行。2s 时两台虚拟同步发电机的有功调频系数 K_f 由 20 变为 5，得到有功功率输出仿真结果如图 5-30 所示。可知，当有功调频系数减小时，两台虚拟同步发电机发生同频同相振荡，从而引起外部电网也发生振荡，振荡频率约为 12Hz。2s 时两台虚拟同步发电机的惯性时间常数从 0.065 提升到 0.12，得到有功输出仿真结果如图 5-31 可知，惯性时间常数增大时，两台虚拟同步发电机发生振荡。

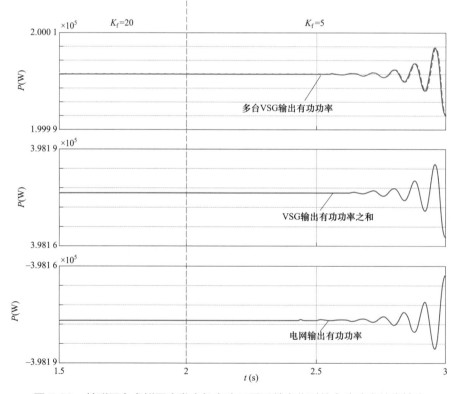

图 5-30   并联两台虚拟同步发电机有功下垂系数变化时的有功功率仿真输出

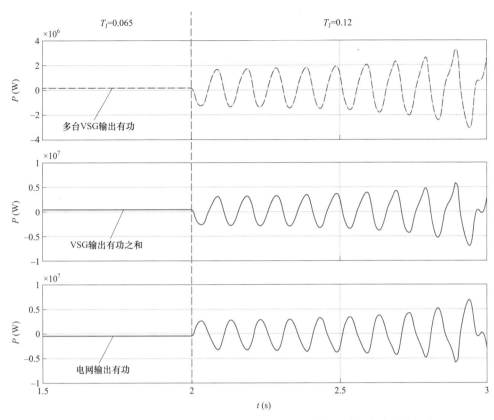

图 5-31 并联两台虚拟同步发电机惯性时间常数变化时的有功仿真输出

总结多台虚拟同步发电机并联接入大电网时振荡临界参数与振荡频率对比结果，如表 5-6 所示。

表 5-6   多台虚拟同步发电机并联接入大电网振荡临界参数与振荡频率对比

		单台	两台	三台
有功调频系数 K_f	临界振荡值	$K_f=7.5$	$K_f=7.5$	$K_f=7.5$
	振荡频率	12 Hz	12 Hz	12 Hz
	振荡相角	—	同相	同相
惯量时间常数 T_J	临界振荡值	0.12	0.12	0.12
	振荡频率	10 Hz	10 Hz	10 Hz
	振荡相角	—	同相	同相
并联线路长度	临界振荡值	无振荡	无振荡	无振荡
	振荡频率	无振荡	无振荡	无振荡
	振荡相角	—	—	—

主要结论如下：

a）有功调频系数 K_f 减小时，并联虚拟同步发电机易发生同频同相功率振荡，从而引起外部电网也发生振荡，且功率振荡的临界 K_f 及振荡频率不随并联台数的增多发生明显变化。提升有功调频系数 K_f 可提升系统次同步振荡模态阻尼。

b）惯量时间常数 T_J 增大时，并联虚拟同步发电机易发生同频同相功率振荡，从而引起外部电网也发生振荡，且功率振荡的临界 T_J 及振荡频率不随着并联台数的增多发生明显变化。减小惯量时间常数 T_J 可提升系统次同步振荡模态阻尼。

c）虚拟同步发电机渗透率较低时，多台虚拟同步发电机并入大电网，其振荡特征（振荡频率、阻尼比等）与单台虚拟同步发电机类似，多台虚拟同步发电机发生同频同相低频振荡，从而引起外部电网也发生振荡，并联虚拟同步发电机台数不会影响功率振荡的临界参数及振荡频率。

二、电流源型虚拟同步发电机的宽频振荡特性分析与提升技术

在并入大电网的大容量新能源电站中，已有电流源型虚拟同步发电机技术的实际应用。为保证电流源型虚拟同步发电机并网后的安全稳定运行，需研究电流源型虚拟同步发电机的并网稳定性。

电流源型虚拟同步发电机的并网稳定性分析是一个新颖且复杂的问题。首先，该问题与现有研究中电压源型虚拟同步发电机的稳定性问题有较大区别。若无需离/并网切换，则电压源型虚拟同步发电机无需锁相环即可运行在稳定状态，因此在分析其小信号稳定性时可省略锁相环的建模工作。但对于电流源型虚拟同步发电机，锁相环是重要组成部分，且对电流源型虚拟同步发电机并网系统的稳定性有重要影响，因此需要对锁相环进行详细建模。与此同时，电流源型虚拟同步发电机的稳定性分析与现有研究中对含下垂控制环节的逆变器和传统逆变器的稳定分析也有较大区别。由于传统逆变器和含下垂控制环节的逆变器中，都不具备对系统频率的惯性支撑能力，因此无需考虑惯性支撑能力对系统稳定性的影响。在电流源型虚拟同步发电机控制系统中，不仅包括与传统逆变器和含下垂控制环节的逆变器相同的部分，还存在其独有的惯量控制环节，因此需要对这种电流源型虚拟同步发电机独有的控制环节进行建模，并分析其对稳定性的影响。

为研究电流源型虚拟同步发电机的并网稳定问题，首先建立了电流源型虚拟同步发电机并网系统的小信号模型，计算得到了系统特征根，分析了系统中各模态的阻尼特性，在此基础上，分析了电流源型虚拟同步发电机控制参数对其稳定性的影响，并对电流源型虚拟同步发电机在不同电网条件下的稳定性即其并网适应性进行了分析。研究结果表明，虚拟同步发电机控制环节对电流源型虚拟同步发电机的稳定性存在显著影响，电流源型虚拟同步发电机并网运行存在高频振荡和次同步振荡风险，需要合理整定其控制参数以保证其安全稳定运行。

所研究的电流源型虚拟同步发电机并网系统如图 5-32 所示。其中，逆变器经滤波电路接入并网点，而后经传输线路与无穷大电网相连。逆变器控制系统主要包括锁相环、有功控制环节、无功控制环节和电流内环控制环节。其中，有功控制环节模拟同步发电机的惯性和一次调频特性，无功控制环节模拟同步发电机的励磁调压特性。

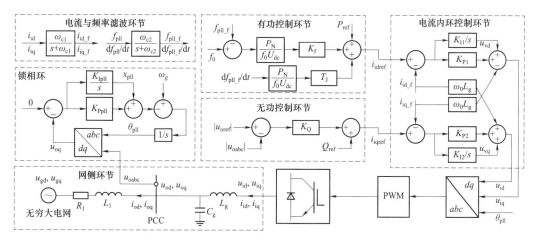

图 5-32   电流源型虚拟同步发电机并网系统模型

图 5-32 所示的虚拟同步发电机并网系统中存在两个同步旋转坐标系，即电网的 DQ 坐标系和虚拟同步发电机的 dq 坐标系，两个坐标系的关系如图 5-33 所示。

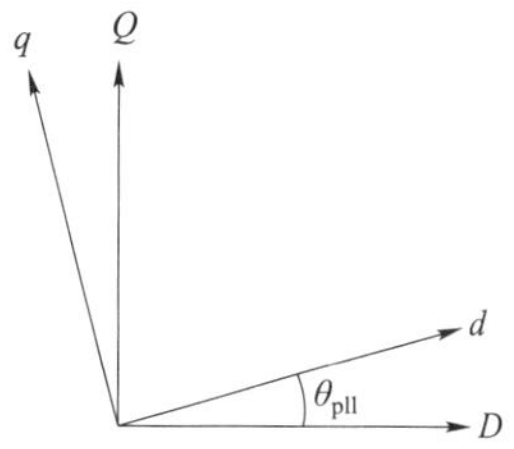

DQ 坐标系和 dq 坐标系的变换关系为：

$$\begin{bmatrix} x_{\mathrm{d}} \\ x_{\mathrm{q}} \end{bmatrix} = \begin{bmatrix} \cos\theta_{\mathrm{pll}} & \sin\theta_{\mathrm{pll}} \\ -\sin\theta_{\mathrm{pll}} & \cos\theta_{\mathrm{pll}} \end{bmatrix} \begin{bmatrix} x_{\mathrm{D}} \\ x_{\mathrm{Q}} \end{bmatrix} \tag{5-47}$$

式中：x_{d}、x_{q}、x_{D}、x_{Q} 分别为 dq 和 DQ 坐标系下的电气量；θ_{pll} 为虚拟同步发电机锁相环输出的 PCC 点电压相角。

图 5-33   电网的 DQ 坐标系和
虚拟同步发电机的 dq 坐标系

选择虚拟同步发电机的 dq 坐标系作为参考系建立系统小信号模型，分别对锁相环、网侧环节、滤波环节、有功控制、无功控制与电流内环控制环节进行建模，而后利用 MATLAB/Simulink 进行数字仿真，验证所推导小信号模型的正确性。

锁相环的状态方程如下：

$$\begin{cases} \dfrac{\mathrm{d}x_{\mathrm{pll}}}{\mathrm{d}t} = -K_{\mathrm{Ipll}}u_{\mathrm{oq}} \\ \dfrac{\mathrm{d}\theta_{\mathrm{pll}}}{\mathrm{d}t} = \omega_{\mathrm{g}} - (x_{\mathrm{pll}} - K_{\mathrm{Ppll}}u_{\mathrm{oq}}) \end{cases} \tag{5-48}$$

式中：ω_{g} 为额定角速度；x_{pll} 为锁相环积分器的输出；θ_{pll} 为锁相环锁得的相角；K_{Ppll}、K_{Ipll} 分别为锁相环 PI 控制器的比例系数和积分系数。

系统网侧环节主要包括虚拟同步发电机的滤波电感 L_{g} 和电容 C_{g}、PCC 点与无穷大电网间线路的电感 L_1 和电阻 R_1。该环节对应的状态方程如下：

$$\begin{cases} \dfrac{\mathrm{d}i_{\mathrm{id}}}{\mathrm{d}t} = \dfrac{1}{L_{\mathrm{g}}}(\omega_{\mathrm{g}}L_{\mathrm{g}}i_{\mathrm{iq}} + u_{\mathrm{id}} - u_{\mathrm{od}}) \\ \dfrac{\mathrm{d}i_{\mathrm{iq}}}{\mathrm{d}t} = \dfrac{1}{L_{\mathrm{g}}}(-\omega_{\mathrm{g}}L_{\mathrm{g}}i_{\mathrm{id}} + u_{\mathrm{iq}} - u_{\mathrm{oq}}) \end{cases} \tag{5-49}$$

$$\begin{cases} \dfrac{\mathrm{d}u_{\mathrm{od}}}{\mathrm{d}t} = \dfrac{1}{C_{\mathrm{g}}}(\omega_{\mathrm{g}}C_{\mathrm{g}}u_{\mathrm{oq}} + i_{\mathrm{id}} - i_{\mathrm{od}}) \\[2mm] \dfrac{\mathrm{d}u_{\mathrm{oq}}}{\mathrm{d}t} = \dfrac{1}{C_{\mathrm{g}}}(-\omega_{\mathrm{g}}C_{\mathrm{g}}u_{\mathrm{od}} + i_{\mathrm{iq}} - i_{\mathrm{oq}}) \end{cases} \tag{5-50}$$

$$\begin{cases} \dfrac{\mathrm{d}i_{\mathrm{od}}}{\mathrm{d}t} = \dfrac{1}{L_{\mathrm{l}}}(\omega_{\mathrm{g}}L_{\mathrm{l}}i_{\mathrm{oq}} + u_{\mathrm{od}} - u_{\mathrm{gd}} - R_{\mathrm{l}}i_{\mathrm{od}}) \\[2mm] \dfrac{\mathrm{d}i_{\mathrm{oq}}}{\mathrm{d}t} = \dfrac{1}{L_{\mathrm{l}}}(-\omega_{\mathrm{g}}L_{\mathrm{l}}i_{\mathrm{od}} + u_{\mathrm{oq}} - u_{\mathrm{gq}} - R_{\mathrm{l}}i_{\mathrm{oq}}) \end{cases} \tag{5-51}$$

式中：u_{id}、u_{iq}、i_{id}、i_{iq} 分别为虚拟同步发电机输出电压和电流的 dq 轴分量；u_{od}、u_{oq} 分别为 PCC 点电压的 dq 轴分量；i_{od}、i_{oq} 分别为传输线路电流 dq 轴分量；u_{gd}、u_{gq} 分别为无穷大电网电压的 dq 轴分量。

电流与频率滤波环节所对应的状态方程如下：

$$\begin{cases} \dfrac{\mathrm{d}i_{\mathrm{id\_f}}}{\mathrm{d}t} = \omega_{\mathrm{c1}}(i_{\mathrm{id}} - i_{\mathrm{id\_f}}) \\[2mm] \dfrac{\mathrm{d}i_{\mathrm{iq\_f}}}{\mathrm{d}t} = \omega_{\mathrm{c1}}(i_{\mathrm{iq}} - i_{\mathrm{iq\_f}}) \end{cases} \tag{5-52}$$

$$\begin{cases} \dfrac{\mathrm{d}f_{\mathrm{pll\_f}}}{\mathrm{d}t} = \omega_{\mathrm{c2}}(f_{\mathrm{pll}} - f_{\mathrm{pll\_f}}) \\[2mm] \dfrac{\mathrm{d}(\mathrm{d}f_{\mathrm{pll\_f}} / \mathrm{d}t)}{\mathrm{d}t} = \omega_{\mathrm{c2}}(\mathrm{d}f_{\mathrm{pll}} / \mathrm{d}t - \mathrm{d}f_{\mathrm{pll\_f}} / \mathrm{d}t) \end{cases} \tag{5-53}$$

$$\begin{cases} f_{\mathrm{pll}} = \dfrac{1}{2\pi}(\omega_{\mathrm{g}} - (x_{\mathrm{pll}} - K_{\mathrm{Ppll}}u_{\mathrm{oq}})) \\[2mm] \dfrac{\mathrm{d}f_{\mathrm{pll}}}{\mathrm{d}t} = \dfrac{1}{2\pi}\left[0 - \left(\dfrac{\mathrm{d}x_{\mathrm{pll}}}{\mathrm{d}t} - K_{\mathrm{Ppll}}\dfrac{\mathrm{d}u_{\mathrm{oq}}}{\mathrm{d}t}\right)\right] \end{cases} \tag{5-54}$$

式中：$i_{\mathrm{id\_f}}$、$i_{\mathrm{iq\_f}}$ 分别为 i_{id}、i_{iq} 经过低通滤波后的分量；f_{pll}、$\mathrm{d}f_{\mathrm{pll}}/\mathrm{d}t$ 分别为锁相环锁得的系统频率和频率的微分；$f_{\mathrm{pll\_f}}$、$\mathrm{d}f_{\mathrm{pll\_f}}/\mathrm{d}t$ 分别为 f_{pll}、$\mathrm{d}f_{\mathrm{pll}}/\mathrm{d}t$ 经过低通滤波的分量；ω_{c1}、ω_{c2} 分别为两个低通滤波器的截止频率。

有功和无功控制环节中没有状态变量，因此在建立状态方程时可将三个环节一并考虑。有功/无功控制和电流内环控制环节对应的状态方程和输出方程如下：

$$\begin{cases} \dfrac{\mathrm{d}u_{\mathrm{vd}}}{\mathrm{d}t} = K_{\mathrm{I1}}(i_{\mathrm{idref}} - i_{\mathrm{id\_f}}) \\[2mm] \dfrac{\mathrm{d}u_{\mathrm{vq}}}{\mathrm{d}t} = K_{\mathrm{I2}}(i_{\mathrm{iqref}} - i_{\mathrm{iq\_f}}) \end{cases} \tag{5-55}$$

$$\begin{cases} i_{\mathrm{idref}} = P_{\mathrm{ref}} + \dfrac{P_{\mathrm{N}}K_{\mathrm{f}}}{U_{\mathrm{dc}}f_0}(f_0 - f_{\mathrm{pll\_f}}) + \dfrac{P_{\mathrm{N}}T_{\mathrm{J}}}{U_{\mathrm{dc}}f_0}\dfrac{\Delta f_{\mathrm{pll}}}{\Delta t} \\[2mm] i_{\mathrm{iqref}} = Q_{\mathrm{ref}} + K_{\mathrm{D}}(|u_{\mathrm{oref}}| - |u_{\mathrm{oabc}}|) \end{cases} \tag{5-56}$$

$$\begin{cases} u_{\mathrm{id}} = u_{\mathrm{vd}} + K_{\mathrm{P1}}(i_{\mathrm{idref}} - i_{\mathrm{id\_f}}) - \omega_{\mathrm{g}}L_{\mathrm{g}}i_{\mathrm{iq\_f}} \\[2mm] u_{\mathrm{iq}} = u_{\mathrm{vq}} + K_{\mathrm{P2}}(i_{\mathrm{iqref}} - i_{\mathrm{iq\_f}}) + \omega_{\mathrm{g}}L_{\mathrm{g}}i_{\mathrm{id\_f}} \end{cases} \tag{5-57}$$

式中：u_{vd}、u_{vq} 为电流内环控制积分器输出；i_{idref}、i_{iqref} 分别为 dq 轴电流参考值；P_{ref}、Q_{ref} 分别为虚拟同步发电机有功和无功参考值；K_f、K_D 分别为有功调频和无功调压系数；$|u_{oref}|$、$|u_{oabc}|$ 分别为 PCC 点电压参考值的幅值和实际 PCC 点电压的幅值；T_J 为惯性时间常数；P_N 为虚拟同步发电机额定有功功率；f_0 为额定频率；K_{P1}、K_{P2}、K_{I1}、K_{I2} 分别为有功控制和无功控制环节 PI 控制器的比例和积分系数。

联立上式，可求解系统稳态运行点。在稳态运行点进行线性化，可得系统的小信号模型：

$$\Delta\dot{x} = A\Delta x + B\Delta u \tag{5-58}$$

式 中：$\Delta x = [\Delta i_{id}, \Delta i_{iq}, \Delta u_{od}, \Delta u_{oq}, \Delta i_{od}, \Delta i_{oq}, \Delta x_{pll}, \Delta\theta_{pll}, \Delta i_{id\_f}, \Delta i_{iq\_f}, \Delta f_{pll\_f}, \Delta(\mathrm{d}f_{pll\_f}/\mathrm{d}t), \Delta u_{vd}, \Delta u_{vq}]^T$ 为系统状态量；$\Delta u = \Delta P_{ref}$ 为系统输入量；A 为系统状态矩阵；B 为系统输入矩阵。

利用电流源型虚拟同步发电机并网系统的小信号模型可得系统状态矩阵 A，通过求解 A 的特征根，可以分析系统在稳态运行点的小信号稳定性。

考虑虚拟同步发电机有功/无功分别为 500kW/0kvar 的工况，其他系统参数如表 5-7 所示。

表 5-7   虚拟同步发电机并网系统参数

参数	数值	参数	数值	参数	数值
P_{ref}（kW）	500	Q_{ref}（kvar）	0	U_{ref}（V）	315
C_g（μF）	300	K_{Ppll}	10	K_{P1} K_{P2}	0.64
L_g（μH）	150	K_{Ipll}	500	K_{I1} K_{I2}	100
T_J（s）	0.1	ω_{c1}	1000π	R_1（mΩ）	1.264
K_f	20	ω_{c2}	20π	L_1（mH）	0.0386

计算系统特征根，并根据参与因子判断影响特征根的主要状态变量，结果如表 5-8 所示。

表 5-8   系 统 特 征 根

特征根序号	实部（s^{-1}）	振荡频率（Hz）	阻尼比	主要相关状态变量
λ_{1-2}	−69.7	2873	1.7×10^{-4}	u_{od}，u_{oq}，i_{od}，i_{oq}
λ_{3-4}	−157.9	2862	3.2×10^{-4}	u_{od}，u_{oq}，i_{od}，i_{oq}
λ_{5-6}	−1711.6	400	0.56	i_{id}，i_{iq}，i_{id_f}，i_{iq_f}
λ_{7-8}	−1424.1	350	0.54	i_{id}，i_{iq}，i_{id_f}，i_{iq_f}
λ_{9-10}	−6.01	0.022	0.99	u_{vd}，u_{vq}
λ_{11-12}	−5.01	6.95	0.22	x_{pll}，θ_{pll}
λ_{13-14}	−62.83/−62.84	0	1	f_{pll_f}，$\mathrm{d}f_{pll\_f}/\mathrm{d}t$

如表 5-8 所示，该系统共有 14 个特征根，可以分为 8 组，分别对应 8 个振荡模态。根据电流源型虚拟同步发电机的建模过程可知，虚拟同步发电机并网系统与常规逆变器并

网系统的特征根个数相同，并没有引入新的特征根和振荡模态。分析各振荡模态可知，λ_{1-2} 的阻尼比最小，λ_{11-12} 最靠近右半平面，因此这两对特征根对应振荡模态出现失稳的可能性较大，后文着重分析虚拟同步发电机控制参数和电网参数对这两对特征根的影响。

为全面分析虚拟同步发电机控制参数对电流源型虚拟同步发电机并网稳定性的影响，本书将控制参数分为三类，分别为虚拟同步功能相关控制参数、锁相环控制参数、滤波器参数。下文依次介绍这三类参数对电流源型虚拟同步发电机并网稳定性的影响。

（一）虚拟同步功能相关控制参数

分析惯性时间常数 T_J 从 0.01 变化为 10 时，系统特征根轨迹如图 5-34 所示。如图 5-34（a）所示，随着 T_J 的增大，λ_{1-2} 两个特征根向右平移，λ_{3-4} 两个特征根向左平移，其他特征根基本不变。如图 5-34（b）所示，随着 T_J 的增大，λ_{1-2} 向右半平面移动的速度较快，对应模态的阻尼迅速减小，当 T_J 大于 0.27 后系统失稳。

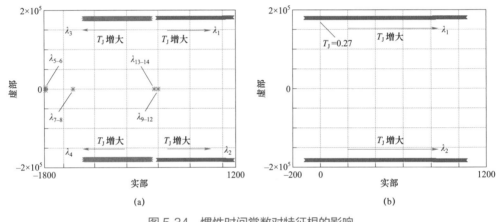

图 5-34　惯性时间常数对特征根的影响
（a）T_J 对特征根 λ_{1-14} 的影响；（b）T_J 对特征根 λ_{1-2} 的影响

当有功调频系数 K_f 从 5 变化为 20 时，系统特征根轨迹如图 5-35 所示。K_f 变化时，特征根基本不变，即 K_f 数值对系统稳定性的影响较小。

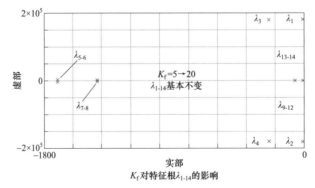

图 5-35　有功调频系数对特征根的影响

对比 T_J 和 K_f 对特征根的影响可以发现，T_J 对特征根的影响明显强于 K_f 的影响。这和电压源型虚拟同步发电机的结论相反。可以通过分析 T_J 和 K_f 在电流源型虚拟同步发电机系统中的作用来解释这一现象。由于小扰动情况下，系统频率变化率远大于频差，因此与频率变化率相关的 T_J 对虚拟同步发电机动态的影响远大于与频差相关的 K_f，进而可以得到 T_J 对系统稳定性的影响大于 K_f 的结论。

（二）锁相环控制参数

分析锁相环比例系数 K_{Ppll} 的影响，保持其他参数不变，K_{Ppll} 从 1 增至 100，系统特征根轨迹如图 5-36 所示。如图 5-36（a）所示，随着 K_{Ppll} 的增大，λ_{1-2} 两个特征根向右平移，λ_{3-4} 和 λ_{13-14} 两对特征根向左平移。如图 5-36（b）所示，随着 K_{Ppll} 的增大，λ_{1-2} 快速向右移动，对应模态的阻尼迅速减小，当 K_{Ppll} 大于 26 后系统失稳。

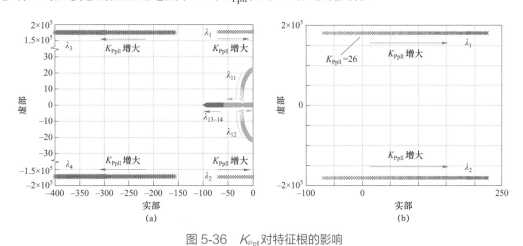

图 5-36　K_{Ppll} 对特征根的影响

（a）K_{Ppll} 对特征根 λ_{1-4} 和 λ_{11-14} 的影响；（b）K_{Ppll} 对特征根 λ_{1-2} 的影响

为分析 K_{Ppll} 对惯性时间常数取值范围的影响，分别研究 K_{Ppll} 取值不同的情况下，T_J 从 0.01 变化到 10 时的系统特征根轨迹，并得到 T_J 和 K_{Ppll} 的取值范围，如图 5-37 中的阴影所示。

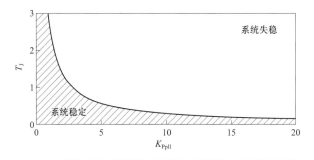

图 5-37　锁相环比例系数对惯性时间常数取值范围的影响

可以看出，K_{Ppll} 越小，T_J 的取值范围越宽。由图 5-37 可知，T_J 增大会削弱 λ_{1-2} 对应模态的阻尼，K_{Ppll} 减小可以增强系统 λ_{1-2} 对应模态的阻尼。因此，为保证系统具有充足的稳定裕度且虚拟同步发电机具有足够的惯性支撑能力，可适当减小 K_{Ppll} 的整定值。但 K_{Ppll}

会影响锁相环的动态性能，如果 K_{Ppll} 过小会导致锁相环的动态响应较慢，虚拟同步发电机无法正常工作。因此，在整定 K_{Ppll} 时要同时兼顾系统要求和锁相环的动态特性。

分析锁相环积分系数 K_{Ipll} 的影响，保持其他参数不变，K_{Ipll} 从 500 变化为 1 时，特征根轨迹如图 5-38 所示。如图 5-38（a）所示，随着 K_{Ipll} 的减小，λ_{11-12} 先逐渐向实轴靠近，当 K_{Ipll} 小于 25 之后，λ_{12} 逐渐向右半平面平移，但不会越过虚轴，即系统始终为稳定状态。如图 5-38（b）所示，随着 K_{Ipll} 的减小，除了 λ_{11-12} 以外的其他特征根基本不变。由此可见，K_{Ipll} 整定值对系统稳定性影响较小。

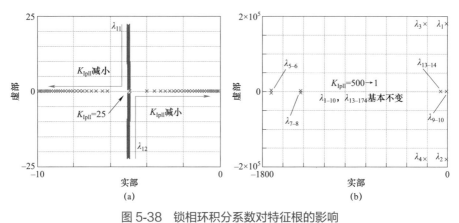

图 5-38 锁相环积分系数对特征根的影响

（a）K_{Ppll} 对特征根 λ_{11-12} 的影响；（b）K_f 对特征根的影响

（三）滤波器参数

电流低通滤波器对虚拟同步发电机输出电流的 dq 轴分量进行滤波，滤波的截止频率为 ω_{c1}，ω_{c1} 对所表征环节的阻尼特性有重要影响。ω_{c1} 从 2000πrad/s 变化为 0.2πrad/s 时，系统特征根轨迹如图 5-39 所示。如图 5-39（a）所示，随着 ω_{c1} 的减小，λ_{5-8} 两对特征根向右平移，其对应模态的阻尼减小，其他特征根基本不变。如图 5-39（b）所示，随着 ω_{c1} 的减小，λ_{7-8} 两个特征根快速向右半平面移动，当 ω_{c1} 小于 9πrad/s 后系统失稳。

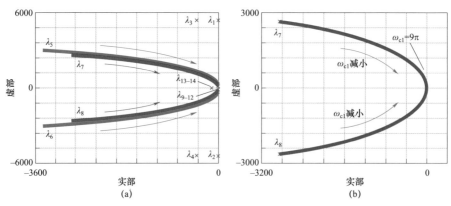

图 5-39 电流低通滤波器截止频率对特征根的影响

（a）ω_{c1} 对特征根的影响；（b）ω_{c1} 对特征根 λ_{7-8} 的影响

频率低通滤波器对锁相环锁得的频率 f_{pll} 和频率变化率 df_{pll}/dt 进行滤波，得到状态变量 f_{pll_f} 和 df_{pll_f}/dt。滤波截止频率为 ω_{c2}，ω_{c2} 对的阻尼特性有重要影响。ω_{c2} 从 $0.2\pi rad/s$ 变化为 $200\pi rad/s$ 时，系统特征根轨迹如图5-40所示。

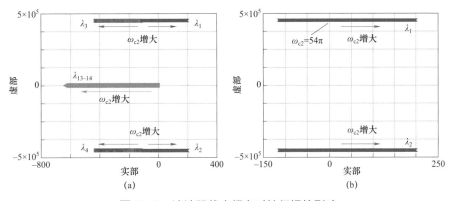

图5-40   滤波器截止频率对特征根的影响

（a）ω_{c2} 对特征根的影响；（b）ω_{c2} 对特征根 λ_{1-2} 的影响

如图5-40（a）所示，随着 ω_{c2} 的增大，λ_{1-2} 两个特征根向右半平面移动，λ_{3-4} 和 λ_{13-14} 两对特征根向左平移，其他特征根基本不变。如图5-40（b）所示，随着 ω_{c2} 的增大，λ_{1-2} 两个特征根快速向右平移，对应模态的阻尼迅速减小，当 ω_{c2} 大于 $54\pi rad/s$ 后系统失稳。这是因为，如果 ω_{c2} 增大，低通滤波器输出的频率和频率变化率会包含更多的高频分量，这些高频分量输入到虚拟同步发电机有功控制环节，会导致虚拟同步发电机的 d 轴电流参考值出现高频分量，该分量可能激发系统的高频振荡，导致系统失稳。

λ_{1-2} 和 λ_{7-8} 这两对特征根在虚拟同步发电机控制参数变化时可能移动到右半平面，导致系统失稳。为对比各控制参数对系统稳定性的影响效果，表5-9给出了各控制参数对 λ_{1-2} 和 λ_{7-8} 两对特征根的影响。参数变化前后系统特征根实部之差的绝对值，除以参数变化前特征根实部的绝对值，得到表中实部变化的百分比结果。

表5-9   虚拟同步发电机控制参数对系统稳定性的影响

系统参数	变化范围	λ_{1-2} 实部变化	λ_{7-8} 实部变化	是否导致失稳
T_J/s	$0.1 \rightarrow 0.4$	105%	<0.01%	导致失稳
K_f	$5 \rightarrow 20$	<0.01%	<0.01%	未失稳
K_{Ppll}	$10 \rightarrow 40$	101%	<0.01%	导致失稳
K_{Ipll}	$125 \rightarrow 500$	<0.01%	<0.01%	未失稳
ω_{c1}（rad/s）	$250\pi \rightarrow 1000\pi$	<0.01%	200%	未失稳
ω_{c2}（rad/s）	$20\pi \rightarrow 80\pi$	98%	<0.01%	导致失稳

根据表5-9可以看出，惯性时间常数 T_J、锁相环比例系数 K_{Ppll} 和频率低通滤波器截止频率 ω_{c2} 的上升会导致系统特征根 λ_{1-2} 实部大幅增加，导致系统失稳。电流低通滤波器截止频率 ω_{c1} 的下降会导致 λ_{7-8} 实部增加，但不至于导致系统失稳。有功调频系数 K_f 和锁

相环积分系数 K_{Ipll} 的变化对 λ_{1-2} 和 λ_{7-8} 的影响都很小。对比各控制参数对特征根的影响可知，T_J、K_{Ppll} 和 ω_{c2} 对稳定性的影响起相对主导作用。

对虚拟同步发电机控制参数对稳定性的影响总结如下：

a）虚拟同步发电机功能相关参数的影响。T_J 整定值对稳定性的影响较大，T_J 整定值过大会造成系统失稳。电流源型虚拟同步发电机与传统逆变器的最大区别在于其引入了 T_J，从稳定性分析的结果可知，T_J 的引入对稳定性产生了较大影响，这也是电流源型虚拟同步发电机并网稳定性与传统逆变器的重要区别之一。

b）锁相环参数的影响。锁相环比例系数 K_{Ppll} 越大，系统稳定裕度越小，K_{Ppll} 过大会导致系统失稳。由此可知，锁相环特性对虚拟同步发电机并网稳定性的影响比较明显。而且，对于影响锁相环特性的两个参数（K_{Ppll} 和 K_{Ipll}）来说，K_{Ppll} 起主导作用。

c）滤波器参数的影响。电流低通滤波器截止频率 ω_{c1} 过小或频率低通滤波器截止频率 ω_{c2} 过大时，系统会失稳。由此可见，滤波器及其参数对虚拟同步发电机并网稳定性的影响非常明显，对滤波器截止频率的整定十分关键。

下面着重分析电流源型虚拟同步发电机接入不同电压等级和电网强度系统时，各振荡模态的阻尼特性，并以此为基础研究虚拟同步发电机对不同条件电网的并网适应性。

网侧传输线路的阻感比参数 $r_{R/X}$ 如下式所示。

$$r_{R/X} = R_1 / (100\pi L_1) \tag{5-59}$$

式中：R_1、L_1 分别为网侧传输线路的电阻和电感。

$r_{R/X}$ 表征系统的电压等级，电网电压等级越高，$r_{R/X}$ 越小。$10\sim500\mathrm{kV}$ 不同电压等级线路的 $r_{R/X}$ 典型值在 $0.1\sim6$ 范围内，为覆盖各种电压等级情况，对 $r_{R/X}$ 由 0.1 变化到 6 时的特征根变化进行研究，结果如图 5-41 所示。

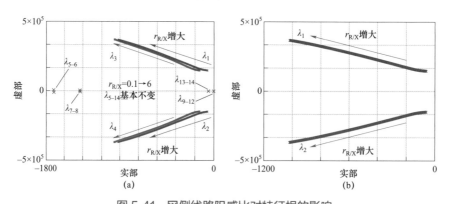

图 5-41　网侧线路阻感比对特征根的影响

（a）$r_{R/X}$ 对特征根 λ_{1-14} 的影响；（b）$r_{R/X}$ 对特征根 λ_{1-2} 的影响

可知，$r_{R/X}$ 越小，即电压等级越高时，λ_{1-4} 越靠近右半平面，对应模态阻尼越小，其他特征根基本不变。这是因为 λ_{1-4} 主要和网侧环节有关，$r_{R/X}$ 增大时，网侧环节中的电阻增大，阻尼增强。

可见，电流源型虚拟同步发电机在电压等级较高的电网中应用时，其阻尼较弱，但不会发生失稳现象。需要说明的是，一般新能源电站不会直接接入高电压等级电网，因此在新能源电站中应用电流源型虚拟同步发电机技术时，一般不会出现由于网侧线路阻感比过小而导致的系统稳定性问题。

短路阻抗 Z_L 的计算公式如式（5-60）所示，Z_L 表征了电网强度，电网强度越高的系统中 Z_L 越小。

$$Z_L = Z_{Lreal} / Z_b = Z_{lt} / (U_b^2 / S_b) \qquad (5\text{-}60)$$

式中：Z_{Lreal} 为短路阻抗的有名值；Z_b 为阻抗的基值；U_b 为电压基值（取虚拟同步发电机额定电压 315V）；S_b 为功率的基值（取虚拟同步发电机额定功率 500kVA）。

分析短路阻抗 Z_L 由 $0.01U_N$ 变为 $1U_N$ 时系统特征根的变化，如图 5-42 所示。

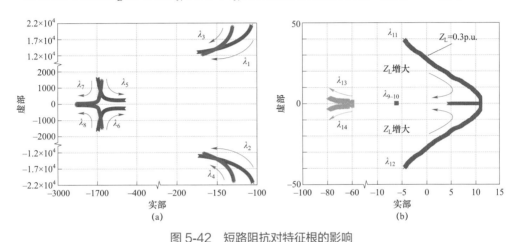

图 5-42　短路阻抗对特征根的影响

（a）Z_L 对特征根 λ_{1-8} 的影响；（b）Z_L 对特征根 λ_{9-14} 的影响

由图 5-42（a）可以看出，短路阻抗变化时，高频特征根全部位于虚轴左侧，系统不会出现高频振荡。由图 5-42（b）可以看出，当短路阻抗增加时，λ_{11-12} 向右移动，当 Z_L 大于 $0.3U_N$ 时系统失稳。这说明，在强度较弱的电网中应用电流源型虚拟同步发电机时，系统可能会出现次同步振荡而失稳。

本小节主要研究了电流源型虚拟同步发电机并网系统的小信号稳定问题。首先建立了电流源型虚拟同步发电机及并网系统的小信号模型，在此基础上计算了系统的振荡模态，分析了虚拟同步发电机控制参数对稳定性的影响，并对虚拟同步发电机的并网适应性进行了研究。主要结论如下：

a）电流源型虚拟同步发电机振荡模态分析。虚拟同步发电机功能的引入不会导入新的振荡模态，但会削弱系统中与滤波电感和电容相关的高频振荡模态阻尼，如果虚拟同步发电机参数不合理，会导致系统失稳。

b）电流源型虚拟同步发电机控制参数对稳定性的影响。惯性时间常数 T_J、锁相环控制参数（K_{Ppll}、K_{Ipll}）和滤波器截止频率（ω_{c1} 和 ω_{c2}）对系统高频振荡模态的影响较大，如果这些参数整定不合理，会导致系统出现高频振荡而失稳。

c）电流源型虚拟同步发电机并网适应性分析。电流源型虚拟同步发电机并入电网强度较弱的系统时，可能出现次同步振荡而失稳。

三、虚拟同步发电机阻尼支撑能力分析

电压源型虚拟同步发电机模拟了常规火电机组的转子运动方程，通过控制功角实现一次调频和惯性功能。电流源型虚拟同步发电机是在常规逆变器控制的基础上，通过在电流参考信号中附加指令值以实现调频和惯性功能。两种虚拟同步发电机的实现方式不同，其并网稳定性也有所区别。下面根据基于电压源型和电流源型虚拟同步发电机构建的两种并网系统小信号模型，分别计算其特征根，并根据参与因子判断影响特征根的主要状态变量和主导影响参数，结果如表 5-10 所示。

表 5-10　　　　　　　　　两种虚拟同步发电机并网系统特征根结果对比

电压源型虚拟同步发电机					电流源型虚拟同步发电机				
特征根	实部	频率(Hz)	阻尼比	主要相关状态变量	特征根	实部	频率(Hz)	阻尼比	主要相关状态变量
λ_{1-2}	-11.38	1222	0.0015	u_{od}, u_{oq}, i_{od}, i_{oq}	λ_{1-2}	-106	-3425	3.2×10^{-4}	u_{od}, u_{oq}, i_{od}, i_{oq}
λ_{3-4}	-24.78	1123	0.0035	u_{od}, u_{oq}, i_{od}, i_{oq}	λ_{3-4}	-130	-3325	0.0014	u_{od}, u_{oq}, i_{od}, i_{oq}
λ_{5-6}	-33333	0.48	1.00	i_{id}, i_{iq}	λ_{5-6}	-1664	-317	0.64	i_{id}, i_{iq}, i_{id_f}, i_{iq_f}
λ_{7-8}	-63.05	49.75	0.20	i_{vd}, i_{vq}	λ_{7-8}	-1465	-266	0.66	i_{id}, i_{iq}, i_{id_f}, i_{iq_f}
λ_{9-10}	-19.85	7.98	0.37	ω, θ, P_e	λ_9	-5.91	0	1	u_{vd}, u_{vq}
λ_{11-12}	-0.40, -0.40	0	1	u_{vd}, u_{vq}	λ_{10}	-6.29	0	1	u_{vd}, u_{vq}
λ_{13}	-218	0	1	ω, P_e	λ_{11-12}	-2.19	3.37	0.10	x_{pll}, θ_{pll}
λ_{14-15}	-50.73, -18.87	0	1	e_d, Q_e	λ_{13-14}	-6.17	0.02	1.00	f_{pll_f}, $\Delta f_{pll\_f}/\Delta t$

对比电压源型/电流源型虚拟同步发电机的特征根结果可知，电压源型虚拟同步发电机中，由于在传统逆变器的基础上引入了转子运动方程、调压方程和虚拟阻抗环节，系统中产生了 3 个传统逆变器系统中不存在的新模态，分别对应特征根 λ_{9-10}、λ_{7-8} 和 λ_{14-15}。电流源型虚拟同步发电机和传统逆变器的区别在于在电流参考信号中附加指令值，引入这种附加指令值后，系统中并没有产生新的模态，但引入的附加指令值会影响原有模态的阻尼。

调频系数 K_f 和惯性时间常数 T_J 是影响虚拟同步发电机频率支撑能力的两个重要参数，这两个参数对电压源型和电流源型虚拟同步发电机并网系统的影响不尽相同。

K_f 由 20 变为 5 时，λ_{3-4}、λ_{7-8} 和 λ_{9-10} 三对特征根的轨迹如图 5-43 所示。

可以看出，在电压源型虚拟同步发电机中，随着 K_f 的减小，λ_{9-10} 两个特征根向右半平面移动，对应模态的阻尼迅速减小，直至 K_f 减小至 6.75 之后系统失稳。在电流源型虚拟同步发电机中，K_f 的减小对系统特征根几乎没有影响。

T_J 由 0.01 变为 10 时，电压源型与电流源型虚拟同步发电机并网系统特征根的轨迹如图 5-44 所示。

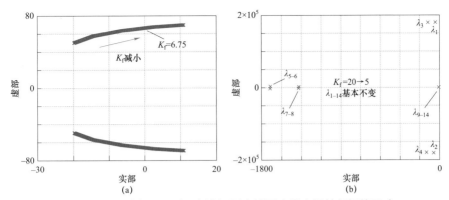

图 5-43　K_f对电压源型和电流源型虚拟同步发电机特征根的影响

（a）电压源型；（b）电流源型

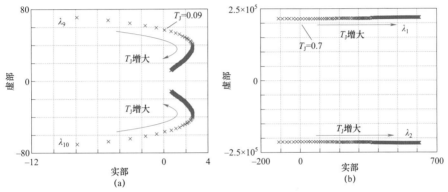

图 5-44　不同技术路线虚拟同步发电机中 T_J对系统特征根的影响

（a）电压源型；（b）电流源型

由图 5-44 可以看出，在电压源型虚拟同步发电机中，随着 T_J 的增大，λ_{9-10} 两个特征根向右半平面移动，对应模态的阻尼迅速减小，当 T_J 大于 0.09 后系统失稳。在电流源型虚拟同步发电机中，随着 T_J 的增大，λ_{1-2} 两个特征根向右半平面移动，对应模态的阻尼迅速减小，当 T_J 大于 0.7 后系统失稳。

强度越强的电网中短路阻抗 Z_L 越小，下面分析 Z_L 对电压源型和电流源型虚拟同步发电机并网系统特征根的影响。Z_L 由 $0.06\,U_N$ 变到 U_N 时，λ_{3-4} 的轨迹如图 5-45 所示。

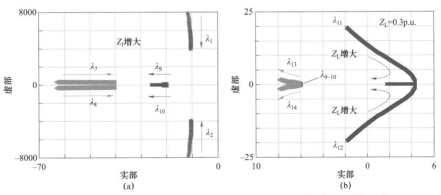

图 5-45　不同技术路线虚拟同步发电机中 Z_L对特征根λ_{3-4}的影响

（a）电压源型；（b）电流源型

可以看出，在电压源型虚拟同步发电机并网系统中，随着 Z_L 增大，λ_{1-2}、λ_{7-8} 和 λ_{9-10} 三对特征根虽然有所变化，但始终在左半平面。除上述三对特征根外，其他特征根在 Z_L 变化过程中也始终处于左半平面，因此系统始终保持稳定。在电流源型虚拟同步发电机并网系统中，随着 Z_L 的增大 λ_{11-12} 向右移动，当 Z_L 大于 $0.3\ U_N$ 时系统失稳。

对两种虚拟同步发电机的阻尼支撑能力总结如下：

a）当电网强度较弱时，电流源型虚拟同步发电机可能由于次同步振荡而失稳。对比两种技术路线的虚拟同步发电机在不同电网强度下的特征根分析结果可知，在并入弱电网的新能源发电中，采用电压源型虚拟同步发电机可以提供更强的阻尼支撑。

b）电流源型虚拟同步发电机需采用锁相环进行锁相，锁相环性能会影响电流源型虚拟同步发电机的并网稳定性。当锁相环参数整定不合理时，电流源型虚拟同步发电机并网系统会失稳。而电压源型虚拟同步发电机由于不需要锁相环锁相，因此不存在上述问题，可在弱电网中提供更强的阻尼支撑。

c）根据惯性时间常数对两种技术路线虚拟同步发电机特征根的影响结果可知，电流源型虚拟同步发电机高频振荡模态对惯性时间常数更加敏感。在需要惯性时间常数较大的应用场合，电流源型虚拟同步发电机相对于电压源型虚拟同步发电机来说更容易发生振荡失稳，因此建议在对于新能源发电所提供惯量响应要求比较高的应用场合采用电压源型虚拟同步发电机方式。

参 考 文 献

[1] 李武华，王金华，杨贺雅，等. 虚拟同步发电机的功率动态耦合机理及同步频率谐振抑制策略 [J]. 中国电机工程学报，2017，37（2）：381－390.

[2] LIU J, MIURA Y, BEVRANI H, et al. Enhanced virtual synchronous generator control for parallel inverters in microgrids [J]. IEEE Transactions on Smart Grid, 2016, 31(5), 3600－3611.

[3] HE J, LI Y. Analysis, design and implementation of virtual impedance for power electronics interfaced distributed generation. IEEE Transactions on Industry Applications, 2011, 47(6): 2525－2538.

[4] POGAKU N, PRODANOVIC M, GREEN T C. Modeling, analysis and testing of autonomous operation of an inverter-based microgrid. IEEE Transactions on Power Electronics, 2007, 22(2): 613－625.

[5] 周镇，孙近文，曾凡涛，等. 考虑风电机组接入的电力系统小信号稳定优化控制 [J]. 电工技术学报，2014，29（1）：424－430.

[6] 孙丽玲，胡兰青. 双馈风力发电机的调频策略及机组定子故障下的弱电网稳定性研究 [J]. 电网技术，2017，网络出版.

[7] DIAZ G, GONZALEZ-MORAN C, GOMEZ-ALEIXANDRE J, et al. Scheduling of droop coefficients for frequency and voltage regulation in isolated microgrids [J]. IEEE Transactions of Power Systems, 2010, 25(1): 489－496.

[8] WU X, SHEN C, ZHAO M, et al. Small signal security region of droop coefficients in autonomous

microgrids［C］. IEEE Power Energy Society General Meeting, Washington D.C., USA, 2014.1 – 5.

［9］ ALIPOOR J, MIURA Y, ISE T.Voltage sag ride-through performance of virtual synchronous generator ［C］//Proceeding of 2014 International Power Electronics Conference.Hiroshima, Japan: IEEE, 2014: 3298 – 3305.

［10］ 尚磊，胡家兵，袁小明，等. 电网对称故障下虚拟同步发电机建模与改进控制［J］. 中国电机工程学报，2017，37（2）：403 – 411.

［11］ 程雪坤，孙旭东，柴建云，等. 双馈风力发电机在电网对称故障下的虚拟同步控制策略［J］. 电力系统自动化，2017，41（27）：1.

第六章
虚拟同步发电机示范工程及多层级检测技术

相比于传统的新能源发电设备，虚拟同步发电机因其独有的运行特性和使用场景，无法简单套用传统新能源发电检测评价体系，导致已有测试内容和评价指标不适应技术开发需求。为此，本书针对性提出虚拟同步发电机多层级检测技术，覆盖现场单机测试、实验室硬件在环仿真、孤网多机测试、整站试验及长期运行监测，同时联合电网调度机构开发了新能源发电整站一次调频远程测试系统和配套测试方案。基于实验室与现场测试数据分析，总结出虚拟同步发电机的技术指标体系，本章多层级检测技术如图 6-1 所示。

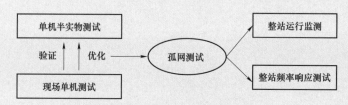

图 6-1　虚拟同步发电机层级检测技术

本章首先介绍张北虚拟同步发电机示范工程建设情况与技术方案，并以示范工程在建设与运行过程中的试验检测工作为基础，介绍虚拟同步发电机多层级测试技术。其次，依据设备开发流程，在虚拟同步发电机单机层面，介绍硬件在环仿真平台建设方案、单机现场测试方法与性能缺陷优化工作；在虚拟同步发电机多机层面，详细介绍孤网平台构建方法与多机联合运行测试方案；在虚拟同步发电机整站层面，详细介绍整站一次调频远程测试评价建设方案与调频效果。

第一节 虚拟同步发电机示范工程介绍

为了更好地促进新能源发电技术发展，国家电网公司在 2016 年决定在国家风光储输示范电站建设虚拟同步发电机重大示范工程。示范工程包括三项建设内容：① 对国家风光储输示范工程的 59 台 2MW 风电机组进行虚拟同步发电机技术改造，总容量 118MW；② 对 24 台 500kW 光伏逆变器进行虚拟同步发电机技术改造，总容量 12MW；③ 对暂不具备单机改造条件的 100MW 风电、光伏单元，按照装机容量 10% 的配比原则，建设 2 台 5MW 电站式虚拟同步发电机。

示范工程任务下达后，国网冀北电力有限公司组织成立技术攻关团队，攻克了风电/光伏/储能虚拟同步发电机系列实用化关键技术，开发了单机容量 2MW 风电、单机容量 500kW 光伏、单机容量 5MW 储能虚拟同步发电机系列装备，建成了世界首座百兆瓦级多类型虚拟同步发电机电站。工程涉及设备如表 6-1 所示，总容量达 140MW，该工程被评为全球能源互联网张家口创新示范区十大工程、国家电网公司 2016 年十大示范工程。

表 6-1 虚拟同步发电机示范工程设备情况

类别	设备	容量（MW）	占比	投产时间
光伏虚拟同步发电机	24 台光伏逆变器	12	12%	2017.10.12
风电虚拟同步发电机	24 台风电机组	48	10.8%	2017.10.18
	35 台风电机组	70	15.7%	2017.12.25
工程储能虚拟同步发电机	2 台储能机组	10	33%	2017.12.27

示范工程建成后，新能源通过虚拟同步控制方式接入电网，具备调频调压和阻尼提升能力，能够对系统频率稳定、电压稳定、功角稳定起到支撑作用，增强并网点电网强度，对促进新能源大规模发展具有重要意义。示范工程产出了一批实用化技术、检测手段、运行数据，为构网型新能源机组并网运行树立了样板示范，为构建新型电力系统提供了冀北方案。

一、风电虚拟同步发电机实用化技术方案

风电虚拟同步发电机改造涉及的功率控制单元主要有主控系统、变流器、变桨驱动器三部分。其中，主控系统主要负责最大功率跟踪，根据风况产生发电机转矩指令、变桨角度；变流器通过调节转子电流，执行主控系统下发的转矩指令，通过远程后台下发无功功率；变桨驱动器根据主控变桨指令调节叶片的角度。从风电机组控制特点来看，主控系统进行有功功率控制，变流器按照转矩指令执行而不能自行调节有功功率，以免引起机组失控，所以无法像同步发电机通过幅值—相角方式进行有功/无功控制。

根据目前的控制架构，对风电虚拟同步发电机实现过程进行以下功能划分：① 主控实现有功调频功能；② 变流器执行其下发的转矩指令；③ 变流器实现无功调压功能。主

控是实现风电虚拟同步机惯性、一次调频功能的主体，风电机组为了实现最大发电效率，在正常运行发电过程中采用最优功率跟踪的控制方式，风电机组的降功率运行调节比较容易实现，增大功率输出是一个比较大的挑战。所以，技术重点是风电机组在正常运行过程中，实现有功功率向上调节的能力。实现功率上调的方式包括转子惯性控制、转子超速控制、变桨留备用等控制方法，此部分在第四章已有详细描述，在此不再赘述。

为了保证风电机组在实现虚拟同步功能的同时正常控制流程，采用嵌入式方案，即将虚拟同步控制作为一个模块嵌入风电机组主控系统，通过实时检测电网频率波动的幅值及变化率，快速调节有功功率输出，转换为电磁转矩指令下发至变流器执行，最终实现机组输出有功功率的调节。

风电机组虚拟同步功能主要通过风电机组控制算法的改进实现，无需增加备用电源等外部功率器件，控制系统结构示意图如图 6-2 所示。由于调频技术对电网频率检测精度及速度要求较高，电网频率可通过外加高精度快速电网频率检测模块获取或者通过变流器电网检测模块中的锁相环测得。

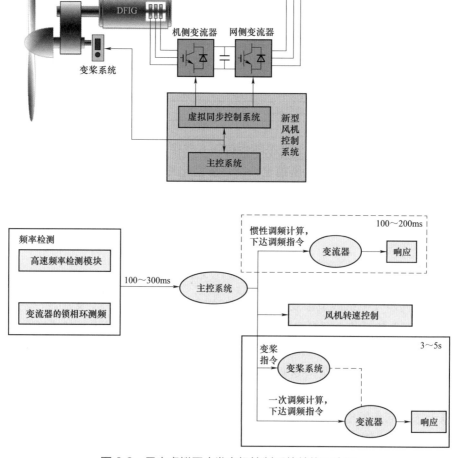

图 6-2　风电虚拟同步发电机控制系统结构示意图

VSG 控制器根据有功增量的变化，直接计算转矩和桨距角的变化量（独立于变桨、转矩控制器）。开启 VSG 功能后，主控系统对变桨、变流器的控制指令叠加了 VSG 控制器的控制增量。通过目标功率计算当前需增加的额外转矩，与正常控制下的转矩指令叠加作为变流器的转矩控制指令；同时以目标功率对应的转速作为参考指令调整变桨控制的目标转速。VSG 模式下风电机组的运行控制框图如图 6-3 所示。

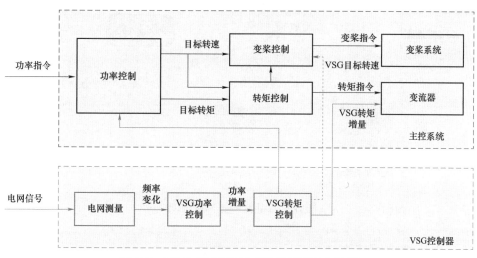

图 6-3 VSG 模式下风电机组的运行控制框图

虚拟同步发电机无功调压方案中的执行策略是在变流器内执行，主控系统负责接收外部指令及各种控制模式间的切换，共设计了四种控制模式：

a）恒无功功率控制模式。由主控系统控接收电站 AVC 的无功功率指令，将命令值发送给变流器执行无功功率输出。

b）恒功率因数控制模式。由主控系统接收电站 AVC 的功率因数指令，并将功率因数指令转换为无功功率指令后，下发至变流器执行。

c）恒电压控制模式。由主控系统接收电站 AVC 恒电压指令值，并下发至变流器，变流器采集实时电压并用闭环控制输出无功功率。

d）电压下垂控制模式。电站 AVC 直接接收调度指令，并将调度指令分解后发送给各单机，各风电机组执行电站 AVC 下发的无功指令且与机组下垂控制相互配合。机组设定机端电压死区范围，当机端电压在死区范围内时，下垂控制闭锁，仅响应 AVC 指令；当机端电压在死区范围外时，下垂控制使能，闭锁 AVC 指令。

风电场通信网络拓扑如图 6-4 所示，风电机组单机在虚拟同步发电机功能开发过程中，将虚拟同步发电机的使能位、工作时刻关键信息及状态通过通信网络上传至中央监控系统；风电虚拟同步发电机开启/关闭接受电网调度指令；当虚拟同步发电机功能开启后，其优先级高于 AGC、AVC 功能，当电网频率、电压出现扰动后优先启动虚拟同步发电机功能以参与电网调节。

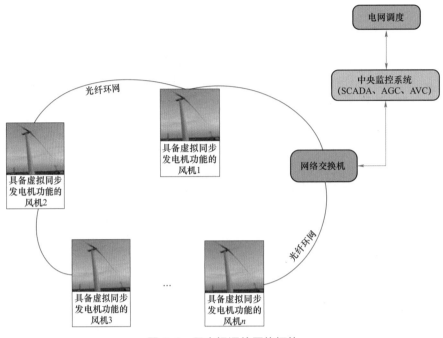

图 6-4　风电场通信网络拓扑

二、光伏虚拟同步发电机实用化技术方案

（一）应用机理

光伏虚拟同步发电机中，光伏逆变器直流母线并联双向隔离型 DC/DC 变换器，其中储能电池作为双向隔离型 DC/DC 变换器输入电源。当电网发生频率波动时，由储能电池通过双向隔离型 DC/DC 变换器向直流母线输出有功功率，从而辅助实现光伏虚拟同步发电机参与电网一次调频功能。其中，直流母线电压由光伏逆变器的 DC/AC 环节控制，即光伏虚拟同步发电机采用虚拟同步和 MPPT 最大功率跟踪协调控制技术。双向 DC/DC 变换器作为电流源，采用单电流环控制，根据系统频率的变化自适应调整输出功率，完成整个系统参与电网调频功能。系统结构框图如图 6-5 所示。

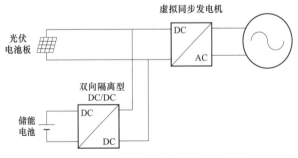

图 6-5　光伏虚拟同步发电机示意图

光伏虚拟同步发电机主电路拓扑结构如图 6-6 所示。其中，光伏虚拟同步发电机

DC/AC 部分的直流源为光伏阵列，Q1～Q6 组成三相逆变桥，逆变器侧电感 L1 和滤波电容 C 构成 LC 滤波器；双向 DC/DC 变换器由 Q12 和 Q11 组成的桥臂，输入滤波电感为 L，输入输出滤波电容由 C1、C2 构成。

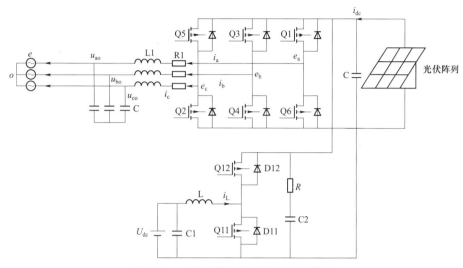

图 6-6　光伏虚拟同步发电机拓扑结构

从并网逆变器主电路与同步发电机电气部分等效的角度来看，可以认为并网逆变器三相桥臂中点电压的基波 e_a、e_b、e_c 模拟同步发电机的内电动势，逆变器侧电感 L1 模拟同步发电机的同步电抗，逆变器输出电压（电容电压）v_{ao}、v_{bo}、v_{co} 模拟同步发电机的端电压。双向 DC/DC 电路输入侧为超级电容，输出与光伏逆变器直流母线相连。

基于 MPPT 直流电压外环的光伏虚拟同步发电机 DC/AC 控制框图如图 6-7 所示。其中，u_{dc}、i_{dc} 分别为直流母线电压、直流母线电流，经过 MPPT 最大功率跟踪控制，得到直流母线电压参考值，再经过 PI 调节器，得到电流内环有功电流参考值。

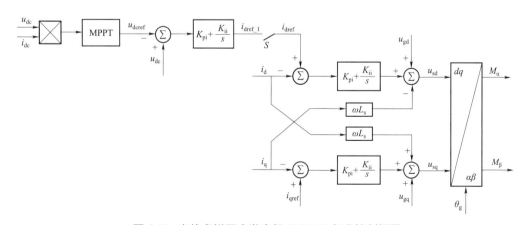

图 6-7　光伏虚拟同步发电机 DC/AC 部分控制框图

电流内环控制电感电流，将采样的电感电流经过 abc/dq 变换，得到旋转坐标系下的

221

有功和无功电流分量 i_d、i_q；与电流参考值进行比较，经过内环 PI 调节器，并通过电流解耦控制及电网电压前馈控制，得到两相旋转坐标系下的电压控制矢量 u_{sd}、u_{sq}；然后对其进行 iPark 变换，可以得到两相静止坐标系下的电压控制信号 M_α、M_β；经过 SVPWM 调制，输出逆变器的驱动控制信号。

当电网频率上升时，需要双向 DC/DC 变换器吸收功率，但考虑到电池的充电速率比较慢，此时改由光伏虚拟同步发电机 DC/AC 部分发挥作用，光伏虚拟同步发电机不再采用 MPPT 控制，切换进入限功率运行模式。光伏虚拟同步发电机的控制方式详见本书第四章第二节。

（二）硬件改造

常规光伏系统的惯性能量由直流侧母线电容提供，不足以提供虚拟同步发电机必要的转动惯量和调频容量，因此，将光伏系统改造为虚拟同步发电机需要配置储能系统。

每 1MW 光伏发电单元新增配置的储能系统组成如图 6-8 所示，包括 2 面 50kW×0.5h 储能电池柜和 1 面 50kW×2 DC/DC 柜，其中 DC/DC 柜集成两个 50kW 双向 DC/DC 变换器模块。

DC/DC 柜具备 2 路正负直流输入，分别与 2 面储能电池柜连接；具备 2 路正负直流输出，分别与 2 个 500kW 光伏逆变器的直流配电柜连接。储能系统外部供电电源为一路交流 220V/3000W，通过 DC/DC 柜接入，供电电源引自箱变辅助变压器二次侧低压母线。

DC/DC 柜通过 2 路 RS485 通信接口分别与 2 个逆变器通信，目前逆变器通信接口剩余一路 RS232（接有网关，但网关未使用），因此需增加转接器。

DC/DC 柜具备电网电压采样接口，经屏蔽电缆引入变压器低压侧三相电压信号。

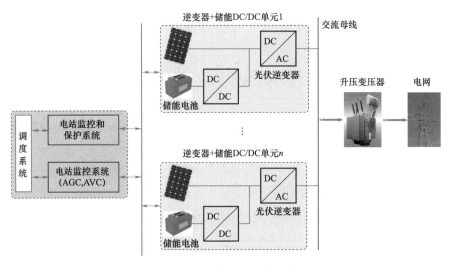

图 6-8　光伏硬件系统改造

光伏虚拟同步发电机设备参数如表 6-2 所示。

表 6-2　　　　　　　　　　　　　　　光伏虚拟同步发电机参数列

DC/AC 设备参数			
直流侧参数		系统特性参数	
直流母线启动电压（U_{dc}）	450V	整机最高效率（%）	98.8%
最低直流母线电压（U_{dc}）	450V	运行自耗电（kW）	<2.5kW（额定功率）
最高直流母线电压（U_{dc}）	880V	待机自耗电（W）	<100W
满载 MPPT 电压范围（U_{dc}）	450～850V	运行环境温度范围（℃）	−25～＋55℃
最佳 MPPT 工作点电压（U_{dc}）	600V	运行环境相对湿度（%）	0～95%，无冷凝
最大输入电流（A）	1200A	满载工作最高海拔（m）	≤3000m
DC/AC 交流侧参数			
额定输出功率（kW）	500kW	允许电网频率范围（Hz）	47～52Hz
最大输出功率（kW）	550kW	交流额定输出电流（A）	1070A
额定网侧电压（U_{ac}）	270V	总电流谐波畸变率（%）	<3%（额定功率）
允许网侧电压范围（U_{ac}）	230～310V	功率因数（超前～滞后）	0.9（超前）～0.9（滞后）
额定电网频率（Hz）	50Hz	功率器件开关频率（kHz）	3.2kHz
DC/DC 设备参数			
低压侧参数		系统特性参数	
直流母线电压范围（U_{dc}）	0～500V	整机最高效率（%）	98.8%
工作电压（U_{dc}）	200～480V	运行自耗电（kW）	<0.5 kW（额定功率）
最高直流母线电压（U_{dc}）	500V	待机自耗电（W）	<100 W
满载功率	50kW		
满载电流	250A		
最大输入电流（A）	275A		
直流母线电容（μF）	900μF		
DC/DC 高压侧参数			
额定输出功率（kW）	50kW	最佳直流电压（V）	600
最大输出功率（kW）	55kW	输出电流（A）	85
直流母线启动电压（U_{dc}）	450V	纹波电流	<3%（额定功率）
最低直流母线电压（U_{dc}）	450V	功率因数（超前～滞后）	0.9（超前）～0.9（滞后）
最高直流母线电压（U_{dc}）	880V		

（三）软件改造方案

光伏逆变器常规矢量控制策略与虚拟同步发电机技术存在本质上的不同，需要对逆变器主控制软件进行改造。光伏逆变器采用虚拟同步发电机控制后，其控制目标为交流电压，直流电压的控制由储能系统实现，即由储能系统实现 MPPT 功能。受储能容量限制，光伏阵列功率需要送入电网，因此，光伏逆变器虚拟同步发电机模型的有功指令由储能系统

MPPT 实时计算得到。阵列工作在最大功率点时，不具备额外的调频支撑能力，因此，逆变器需将频率偏差量传递给储能系统，由储能系统提供一次调频的能量支撑。

接入储能系统后，储能系统需要与逆变器进行通信交互，同时需要通过逆变器与后台进行通信交互；另外，虚拟同步发电机与光伏逆变器设定参数不同，通信规约都需要更改。因此，与通信相关的软件，如逆变器通信管理机程序、逆变器人机界面程序、后台程序等，需要进行改造。通信软件具体改造内容按后续升级的通信规约确定。

（四）保护参数调整

单元式光伏系统改造为虚拟同步发电机后，不改变电站容量和电网特性等，光伏电站内保护整定和相关保护定值不需要进行调整。应用方案未涉及逆变器主回路硬件设备，因此逆变器过流、过压、过载保护参数不需要调整。

Q/GDW 11825—2018《单元式光伏虚拟同步发电机技术要求和试验方法》中，对于虚拟同步发电机电网适应性技术要求与 NB/T 32004—2018《光伏发电并网逆变器技术规范》的要求基本一致，仅频率适应性要求频率运行范围上下限根据虚拟同步发电机允许运行的频率而定，因此逆变器电网保护相关参数不需要改变，过/欠频值可根据电站需要进行调整。

第二节　虚拟同步发电机技术指标

为支撑虚拟同步发电机多层级检测与评价，本节从机组并网稳定分析、标准总结等角度给出虚拟同步发电机并网控制参数取值范围和主动支撑性能指标。

一、新能源单机主动调频/调压技术指标

影响新能源机组主动调频/调压性能的核心技术参数主要有惯量时间常数、有功频率下垂系数和无功电压下垂系数等。

（一）有功调频特性技术指标

基于以下考虑，对风电/光伏虚拟同步发电机一次调频提出技术指标：

a）对于采用双馈式拓扑结构的虚拟同步发电机，当其有功功率低于 $20\%P_N$ 时，电机运行转速较低、滑差较大，此时电机转速再向下调节可能会导致机侧变流器不受控，虚拟同步发电机运行不稳定。因此，风电虚拟同步发电机有功功率低于 $20\%P_N$ 时，虚拟同步发电机可不再参与电网一次调频。对于光伏虚拟同步发电机，若输出功率过低，则存在运行不稳定的情况。因此，光伏虚拟同步发电机有功功率低于 $10\%P_N$ 时，虚拟同步发电机可不再参与电网一次调频。

b）参考 GB/T 30370—2013《火力发电机组一次调频试验及性能验收导则》，火电机组参与电网运行的一次调频功能，一次调频死区为 2r/min，即 $2/3000 \times 50 = 0.033$Hz。兼

顾到风电/光伏虚拟同步发电机频率检测的精度以及频繁启动的问题，宜设置一次调频死区为±（0.033～0.1Hz）。

c）风电/光伏虚拟同步发电机属于电力电子装置，其调频功能需要考虑其当时的运行状态以及该装置可承受的最大稳态电流，有功功率调节范围为±10%P_N。

d）参考 GB/T 30370—2013《火力发电机组一次调频试验及性能验收导则》，机组参与一次调频的响应之后时间应小于3s，参与一次调频的稳定时间小于1min，机组一次调频的负荷响应速度应满足：燃煤机组达到75%目标负荷的时间应不大于15s，达到90%目标负荷的时间应不大于30s，燃气机组达到90%目标负荷的时间应不大于15s。考虑到新能源发电的功率调节速度较快，虚拟同步发电机的一次调频时间可低于传统同步发电机，因此规定：风电虚拟同步机一次调频启动时间不大于 500ms，一次调频响应时间不大于5s，一次调频调节时间不大于 10s；光伏和储能虚拟同步机一次调频启动时间不大于100ms，一次调频的响应时间不大于 500ms，一次调频调节时间不应大于1s；有功功率调节控制误差不应超过±2%P_N。

e）参考 GB/T 30370—2013《火力发电机组一次调频试验及性能验收导则》，火电机组的有功调频系数 K_f 为20。参考同步发电机和新能源机组自身特性，风电/光伏虚拟同步发电机惯性时间常数 T_J 应为3～12s，有功调频系数建议为20～50。一次调频曲线如图6-9所示，图中 P_0 为虚拟同步发电机调频前稳态运行功率。

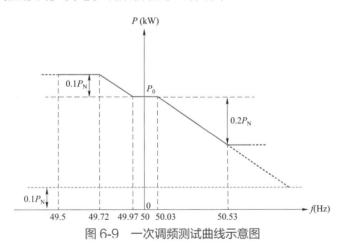

图 6-9　一次调频测试曲线示意图

（二）无功调压特性技术指标

GB/T 38983.1—2020《虚拟同步机　第1部分：总则》中，提出了虚拟同步发电机无功调压系数 K_v 定义及相关要求，其定义为：虚拟同步发电机并网点的电压幅值出现偏差时，虚拟同步发电机的无功功率变化量标幺值（以虚拟同步发电机额定容量为基准）与并网点电压幅值变化量标幺值（以并网点电压额定电压为基准）的比值。

K_v 的计算方法如下：

$$K_v = -\frac{\Delta Q / S_N}{\Delta U / U_N} \qquad (6-1)$$

式中：ΔQ 为虚拟同步发电机输出无功功率的变化量，kvar；S_N 为虚拟同步发电机额定容量（视在功率），kVA；ΔU 为并网点电压幅值变化量，V；U_N 为并网点所在电压等级的额定电压，V。

标准规定虚拟同步发电机无功调压系数 K_v 宜为 12.5～33.3。考虑到风电/光伏虚拟同步发电机需具备低电压穿越、高电压穿越等功能，因此，规定虚拟同步发电机在电网电压为（0.9～1.1）U_N 时，具备同步发电机无功调压下垂外特性。无功控制要求如下：

a）虚拟同步发电机无功功率范围满足图 6-10 的要求。

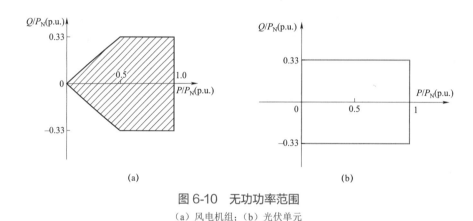

图 6-10　无功功率范围

(a) 风电机组；(b) 光伏单元

b）虚拟同步发电机应有多种无功控制模式，包括恒电压控制、电压下垂控制、恒功率因数控制和恒无功功率控制等，具备快速响应场站无功控制指令，完成在线切换运行模式的能力。

c）无功功率控制误差应不大于 2%P_N，响应时间应不大于 50ms。

综合以上分析，可以得到新能源发电主动调频/调压技术性能指标体系，如表 6-3 所示。

表 6-3　　　　　　　　　　新能源发电主动调频/调压技术性能指标汇总

特性分类	建议指标	
惯量特性	① P_N 死区范围为±（0.03～0.1Hz）； ② 响应时间应不大于 500ms； ③ 惯性时间常数 T_J 宜在 3～12s 范围内	① 当 $P \geqslant 20\%P_N$（风电）或 $P \geqslant 10\%P_N$（光伏）时，可参与频率调节； ② 最大有功功率增量≥10%P_N； ③ 有功功率调节控制误差±2%P_N
有功调频特性（一次调频）	① 死区范围为±（0.0033～0.1Hz）； ② 风电：启动时间不大于 500ms，响应时间不大于 5 s，调节时间不大于 10s； ③ 光伏、储能：启动时间不大于 100ms，响应时间不大于 500ms，调节时间不大于 1s； ④ 有功调频系数 K_f 为 20～50	
无功调压特性	① 参与无功调压的电压范围为（0.9～1.1）U_N； ② 无功功率响应时间≤50ms； ③ 无功调压系数 K_v 宜在 12.5～33.3 范围内； ④ 无功功率控制误差为±2%P_N； ⑤ 无功功率调节最大值不小于 30%P_N	

二、新能源电站一次调频技术指标

新能源场站站一次调频参照的技术标准如下：

GB/T 40595—2021《并网电源一次调频技术规定及试验导则》；

GB/T 19963.1—2021《风电场接入电力系统技术规定　第 1 部分：陆上风电》；

DL/T 1870—2018《电力系统网源协调技术规范》；

《华北区域风电场并网运行管理实施细则》；

《华北区域光伏发电站并网运行管理实施细则》。

上述标准中有关新能源场站一次调频的功能要求如表 6-4 所示。

表 6-4　　　　　　　　新能源场站一次调频的功能要求

华北区域风电场/光伏发电站并网运行管理实施细则（2019 年修订版）	DL/T 1870—2018 电力系统网源协调技术规范	GB/T 40595—2021 并网电源一次调频技术规定及试验导则	GB/T 19963.1—2021 风电场接入电力系统技术规定 第 1 部分　陆上风电
1. 接入 35kV 及以上电压等级的并网风电机组/光伏发电站应具备一次调频功能，新投产风电机组/光伏场站不具备一次调频功能不允许并网运行。 2. 现有风电机组/光伏发电站应按照要求进行一次调频功能改造。 3. 风电机组/光伏发电站应按照电网要求进行机组大扰动性能实验考核，参加大扰动性能考核的机组试验期间不参与电网实际一次调频考核	1. 风电场、光伏发电站应具备一次调频功能，并网运行时一次调频功能始终投入并确保正常运行。 2. 新能源发电（风电场、光伏发电站）通过保留有功备用或配置储能设备，并利用相应的有功控制系统或加装独立控制装置来实现一次调频功能，电网高频扰动情况下，有功功率降至额定出力的 10%时可不再向下调节	1. 并网电源一次调频功能应自动投入，在核定的出力范围内响应系统频率变化，且满足本书件规定的一次调频性能。 2. 并网电源其他功率或频率控制系统（如自动发电控制（AGC）、有功功率闭环调节等）应与一次调频相协调，不应限制一次调频功能	1. 风电场应具备快速控制自身有功功率、提供惯量响应和一次调频的功能，可根据电力系统运行实际需要启用与停用惯量响应和一次调频功能，启用与停用功能可远程或本地切换。 2. 风电场的惯量响应和一次调频功能应配合使用，风电场参与电力系统惯量响应和一次调频时应能实现有功功率的连续平滑调节。 3. 风电场应设置惯量响应和一次调频启用状态信号、动作状态信号，并将信号上传至调度监控系统。 4. 风电场有功功率控制系统及 AGC 指令应与风电场一次调频相协调

上述标准中有关新能源场站一次调频的指标要求如表 6-5 所示。

表 6-5　　　　　　　　新能源场站一次调频的技术指标要求

项目参数	DL/T 1870—2018	GB/T 40595—2021	GB/T 19963.1—2021
一次调频死区	应控制在±0.05Hz 以内	风电场应设置在±0.03～±0.1Hz 范围内；光伏电站应设置在±0.02～±0.06Hz 范围内	宜设定为±0.03～±0.1Hz
一次调频最大负荷限幅	应不小于额定负荷10%	频率下扰：应不小于 6%运行功率；频率上扰：应不小于 10%运行功率	频率上扰：宜不小于 6%运行功率；频率下扰：宜不小于 10%运行功率
调差率	建议值 2%～3%（根据电网实际情况而定）	应为 2%～10%（根据电网需求确定）	有功调频系数一般设置为 10～50（根据电力系统实际情况确定）
与 AGC 协调控制	有功控制目标为 AGC 有功指令值与一次调频响应调节量的代数和；当频率超出（50±0.1）Hz 时应闭锁 AGC 反向调节指令	并网电源其他功能或频率控制系统（AGC）应与一次调频相协调，不应限制一次调频功能	风电场有功功率控制系统及 AGC 指令应与风电场一次调频相协调

项目参数	DL/T 1870—2018	GB/T 40595—2021	GB/T 19963.1—2021
调频装置测频精度	频率测量分辨率不大于 0.003Hz	未规定	未规定
频率采样周期	频率采样周期不大于 100ms	未规定	未规定
响应滞后时间	不大于 3s	风电：不大于 2s 光伏：不大于 1s	风电：不大于 2s
响应时间	风电：不大于 12s； 光伏：不大于 5s	风电：不大于 9s； 光伏：不大于 5s	风电：不大于 9s
调节时间	均不大于 15	均不大于 15	风电：不大于 15s
调频控制偏差指标	±1%额定功率	±1%额定功率	±1%额定功率
惯量响应	未规定	未规定	惯量响应死区宜为±0.03~±0.1Hz； 等效惯性时间常数为 8~12s； 频率变化率计算时间窗口宜不大于 200ms，不小于 100ms； 上升时间不大于 1s，偏差不大于±1%

第三节　虚拟同步发电机单机性能测试与优化

　　整机现场测试是验证虚拟同步发电机功能的有效手段，但由于受现场试验条件的限制，整机现场测试仅能完成部分标准工况测试，依托示范工程建设在实验室构建风电/光伏虚拟同步发电机控制器硬件在环仿真平台可有效弥补整机现场测试的局限性。一方面，硬件在环仿真结果与现场试验结果可以进行双向验证；另一方面，硬件在环仿真可以针对现场难以开展的复杂工况开展测试，与现场试验结果互为补充。此外，联合半实物仿真和整机现场测试可充分发现风电虚拟同步发电机控制策略中存在的问题，并完成闭环整改和性能提升，为示范工程安全运行和技术推广应用提供有力保障。虚拟同步发电机整机现场测试与硬件在环测试双向验证与相互补充的关系如图 6-11 所示。

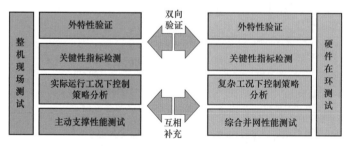

图 6-11　虚拟同步发电机整机现场测试与硬件在
环测试双向验证与相互补充的关系

一、虚拟同步发电机单机硬件在环仿真

硬件在环仿真是实时仿真中的一种，被控对象采用仿真模型模拟，外部控制器通过仿真计算机的 I/O 板卡接入仿真回路中，经过信号转换，实现实物控制器控制虚拟的仿真对象，其架构如图 6-12 所示。硬件在环仿真将控制器接入了系统，仿真系统按照实际控制器的响应运行，可更加真实地反应控制器的运行性能，对控制器功能的验证开发、接入电网的控制效果具有很高的置信度。

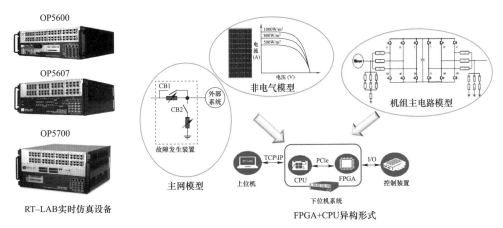

图 6-12　控制器硬件在环仿真平台

硬件在环仿真平台主要包括：

a）上位机——离线建模及分析；

b）仿真机——CPU 仿真及与 FPGA 接口；

c）控制器——实际待测控制装置。

仿真模型基于 RT－LAB 仿真平台搭建，控制器采用虚拟同步发电机单机控制器，通过 I/O 板卡直接与控制器相连，实时运行状态通过上位机来监测。实时仿真机通过 I/O 端口实时发送模拟量信号（如电网电压、直流电流）、数字量信号（开关状态反馈信号）到控制器，控制器将数字量控制信号（脉冲、旁路开关控制、解锁信号）实时传输到仿真机中，通过在仿真过程中的数据互传来保证系统正常运行。

（一）风电硬件在环仿真平台及测试数据

风电虚拟同步发电机测试系统的整体结构如图 6-13 所示，RT－Lab 数字模型包括代表大电网的无穷大电压源，所研究电网的输电线路、变压器等设备的数字仿真模型，风电机组电机、变流器主电路、保护电路、滤波支路等的数字模型。对模型实时化后编译成 C 语言代码，并下载到 RT－Lab 仿真机中。

风电机组主控制器和变流器控制器实物应与现场运行的风电机组中安装的控制器一致。风电机组本体和轴系在主控器程序中进行模拟，控制器实物与数字模型通过 RT－Lab 仿真机上的 I/O 接口连接。

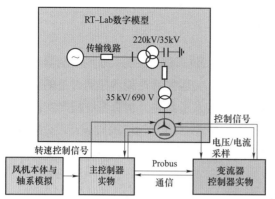

图 6-13　风电虚拟同步发电机硬件在环仿真测试系统与实物

RT－Lab 输出的模拟量主要包括电网电压、电网电流、定子电压、定子电流、网侧电压、网侧模块电流、机侧电压、机侧模块电流、直流母线电压、Crowbar 电压等。

RT－Lab 输入的模拟量主要包括风电机组转速等，由风电机组本体与轴系模型给出。

RT－Lab 输出的数字量主要包括网侧接触器合闸信号、励磁接触器合闸信号等。

RT－Lab 输入的数字量主要包括网侧变流器 IGBT 脉冲信号、机侧变流器 IGBT 脉冲信号、网侧接触器合闸信号、励磁接触器合闸信号、预充电接触器合闸信号等。

采用硬件在环仿真平台对风电虚拟同步发电机进行测试时，主要有以下步骤：

a）平台搭建与调试。利用上文中的测试平台，将待测风电虚拟同步发电机控制器接入硬件在环仿真平台，配置风电机组数字仿真模型参数与通信通道，完成风电虚拟同步发电机在硬件在环仿真平台中正常运行的调试。

b）主动支撑性能测试。通过设置特定的运行工况或控制器参数等，观察风电虚拟同步发电机的调频/调压性能。通常采用的方法为：设置电网频率和电压为额定值，并且设置一定的风速，让风电虚拟同步发电机启动并进入稳态；改变电网的频率或电压，通过上位机示波器和录波软件观察并记录风电虚拟同步发电机的响应情况。

c）控制参数对于支撑性能的影响。改变控制器参数，包括主控制器参数（惯量调频系数、一次调频系数、支撑时间等）和变流器控制器参数（频率滤波系数、PI 控制器比例/积分系数等），观察并记录电网频率或电压变化时风电虚拟同步发电机的响应。

d）数据存储。利用上位机的录波软件提取电磁功率、并网点电压、并网总电流等电气量和风电机组转速、桨距角、机械功率等机械量并进行绘制，具体分析风电虚拟同步发电机的性能（包括响应时间、调节时间、支撑幅值、支撑时间、功率误差、功率波动等），与相关标准中的指标进行比对。

下面分别对预留备用容量控制方式和转子惯性控制方式两种技术路线的风电虚拟同步发电机进行测试。

a）预留备用控制方式。模拟电网频率由 50Hz 阶跃降至 49Hz，被试机组预留备用容量 $10\%P_N$，风速为 10m/s，测试曲线如图 6-14 所示。可见，当电网频率阶跃下降时，桨距角迅速从 4.3°开桨到 2.7°，释放预留的备用容量，风电机组捕获机械功率增加，转速开始回升，经过 3s 左右提供持续了约 $10\%P_N$ 的有功功率支撑。结果表明，风电机组能为电网提供持续的有功功率支撑。

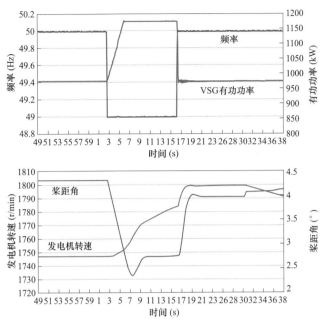

图 6-14　风电虚拟同步发电机预留备用容量控制方式半实物仿真曲线

　　b）转子惯性控制方式。模拟电网频率由 50Hz 阶跃降至 49.8Hz，风速为 7.5m/s，风电机组初始运行于 MPPT 区；发电机转速下限设为 1250r/min，低于此限值退出调频过程。测试曲线如图 6-15 所示。可见，风电虚拟同步发电机在频率下降时能够提供 $6\%P_N$ 的有

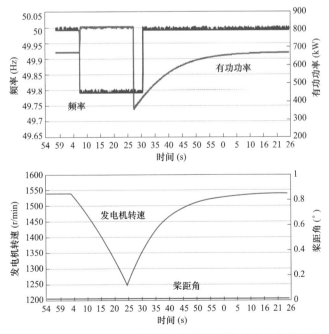

图 6-15　风电虚拟同步发电机转子惯性控制方式半实物仿真曲线

功功率支撑，响应时间约为 300ms，整个支撑过程中桨距角保持 0°不变。当机组转速下降到转速下限时，风电虚拟同步发电机退出调频，随后转速逐渐恢复到初始状态。自风电虚拟同步发电机退出调频瞬间，机组输出电磁功率突然大幅跌落，容易造成系统频率的二次跌落。

c）虚拟惯量响应仿真结果。模拟电网频率由 50Hz 斜率降至 48Hz、由 50Hz 斜率升至 51.5Hz，频率斜率 0.5Hz/s，风电机组分别处于限功率、不限功率状态，机组惯量支撑性能如图 6-16 所示。通过数据测量，惯量支撑响应时间为 0.48s，有功功率支撑 11%P_N。

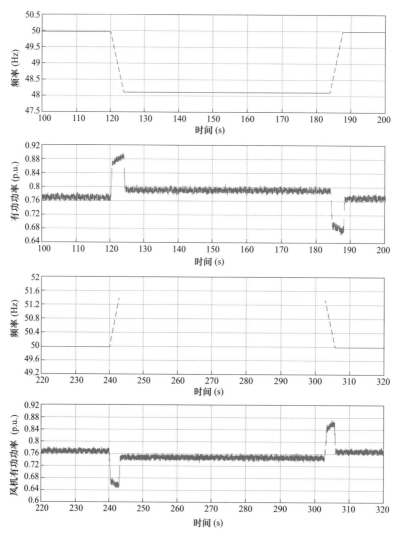

图 6-16　风电虚拟同步发电机转子惯性控制方式半实物仿真曲线

实验室半实物仿真累计开展 138 次，机组响应调频各项指标基本满足标准要求，频率响应指标如表 6-6 所示。

表 6-6 风电虚拟同步发电机机调频测试结果

指标	惯量/一次调频标准要求	惯量/一次调频测试结果
启动时间	3s	<1s
响应时间	惯量：500ms 一次调频：12s	惯量：≤500ms 一次调频：<8s
调节时间	30s	<12s
有功功率误差	2%P_N	≤2%P_N
有功功率偏差	5%ΔP	≥5%ΔP

（二）光伏硬件在环仿真平台及测试数据

将两类（配置锂电池、配置超级电容）光伏虚拟同步发电机 DC/DC 控制器和 DC/AC 控制器作为测试控制器，直流侧光伏电源和储能单元、开关器件、滤波电路和虚拟同步发电机所接入的电网一次设备采用 RT-LAB 实时仿真平台进行数字建模。数字仿真部分实时将 RT-LAB 仿真输出的直流/交流电压、电流信号转换为模拟量输出，并通过控制器采样电路将信号放大后作为光伏虚拟同步发电机并网系统的并网电压，从而实现实际光伏控制器和数字电力系统对遥测量的控制和反馈，结构示意如图 6-17 所示。通过观测实验系统中机侧电压、电流等参数的变化可以分析光伏虚拟同步发电机在系统频率事件过程中的动态和稳态特性，以及两者之间的交互影响和交互作用。

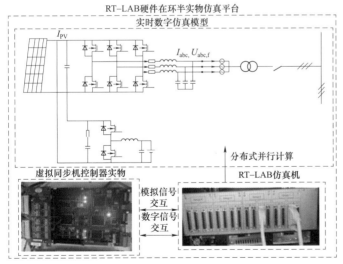

图 6-17 光伏虚拟同步发电机硬件在环仿真交互架构与实物

1. 虚拟惯量响应仿真结果

图 6-18 为在光伏输出功率 80%P_N、$T_J = 5$、$K_f = 0$，光伏 VSG 在电网频率以 0.5Hz/s

变化时的惯量响应曲线，通过惯量计算公式得到储能支撑功率 25kW。电网频率恢复的过程中，光伏降功率 25kW；电网频率上升时惯量响应计算方法类似。

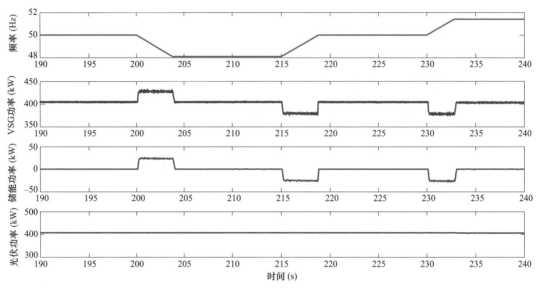

图 6-18 光伏虚拟同步机惯性支撑曲线

2. 一次调频响应仿真结果

设定电网频率由 50Hz 降低到 49.5Hz，持续 30s，考核两种储能设备调频响应曲线如图 6-19（a）所示，调频性能参数如表 6-7 所示。由于光伏直流母线配置的两种储能系统

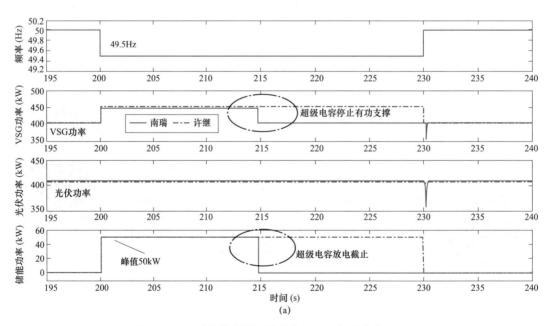

图 6-19 两种光伏虚拟同步发电机一次调频曲线（一）

（a）频率跌落工况

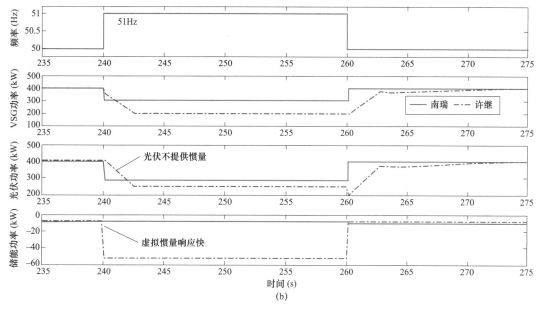

图 6-19　两种光伏虚拟同步发电机一次调频曲线（二）

（b）频率骤升工况

自身属性差异，两者一次调频响应时间、支撑时间、循环寿命等有较大差异，调频未体现超级电容的快速响应和高倍率放电特性。

设定电网频率由 50Hz 升高到 51.0Hz，持续 20s，考核两种光伏虚拟同步发电机调频响应曲线如图 6-19（b）所示，调频性能参数如表 6-8 所示。

表 6-7　　　　　　　　　　　两种储能调频支撑参数

项目	超级电容	锂电池
支撑幅值	50kW	50kW
一次调频响应时间	93ms	65ms
支撑时间	15s	30min
充放电倍率	＞300C	＜30C
储能循环寿命	＞10 万次	3000 次

表 6-8　　　　　　　　两种光伏虚拟同步发发电机调频性能

项目	配置锂电池	配置超级电容
启动时间	13ms	91ms
响应时间	2297ms	129ms
调节时间	2412ms	171ms
有功支撑幅值/额定功率	0.4	0.19
有功偏差/额定功率	0	0.01

3. 光伏协同调频仿真结果

设定电网频率由 50Hz 降低到 49.5Hz，持续 10s，然后电网频率由 50Hz 升高到 50.5Hz，持续 20s，考核两种光伏虚拟同步发电机设备 MPPT 功能与虚拟同步策略协调控制方式。可见，图 6-20（a）响应调频时储能仅支撑功率，光伏仅降低功率；图 6-20（b）响应调频时优先储能充放电，若储能吸收功率最大值不足以支撑调频，则光伏降低功率。

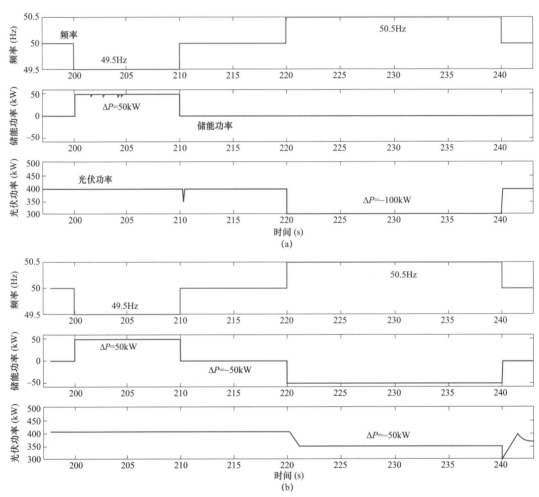

图 6-20 光伏逆变器 MPPT 与虚拟同步策略协调控制方式

（a）配置锂电池光伏虚拟同步机；（b）配置超级电容光伏虚拟同步机

4. 两种储能充电策略仿真结果

配置锂电池的光伏虚拟同步发电机配备 80Ah 锂离子电池系统作为 DC/DC 侧储能单元，额定电压为 435.2V，充电截止电压为 490V，放电截止电压为 410V，其充放电控制策略如下：SOC 低于 30%或高于 90%，维护标志有效，电网频率在频率死区范围内时，以 0.3C（24A）自动充放电将电量维持至 60%～70%；SOC 低于 15%或电池组电压低于放电截止电压，禁止放电运行；SOC 高于 95%或电池组电压高于充电截止电压，禁止充电运行。

图 6-21 为配置锂电池光伏虚拟同步发电机调频过程中储能放电至截止电压时的运行曲线，在 150~200s 区间内，频率由 50Hz 阶跃至 49.5Hz，储能响应一次调频支撑 50kW；180s 时人为将放电截止电压改为 435V，此时储能电压 430V 低于截止电压，停止放电；200s 时电网频率恢复，储能自动进入充电模式，以 24A 恒流充电。

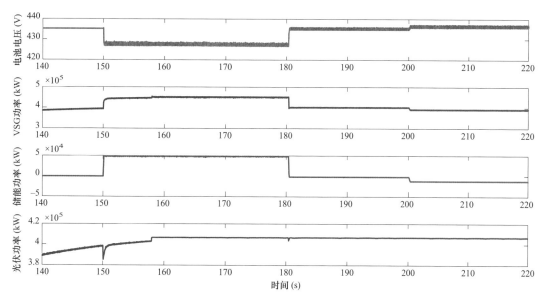

图 6-21　配置锂电池光伏虚拟同步发电机调频过程中曲线

配置超级电容的光伏虚拟同步发电机配备容量为 50kW×15s 的超级电容作为 DC/DC 储能部分，充放电截止电压分别为 360V、220V。电网电低于 50Hz 时，由储能支撑功率，当超级电容电压小于 220V 时，储能不支撑功率；待电网频率恢复到死区范围内，储能开始自动充电，恒流充电电流为 5A；当电池电压高于 360V 时，充电结束，进入调频预备状态。若电池充电过程中发生频率跌落事件，储能不响应调频。若在一次调频事件中，储能并没有发电到截止电压，如图 6-22 所示，则频率恢复到死区范围内时，储能并不立即充电，而是等待 1min；若 1min 内又有调频事件，储能正常参与调频；若 1min 内没有调频事件，则在 1min 结束后储能进入充电状态。

5. 电压支撑能力仿真结果

并网点电压幅值出现偏差时，虚拟同步发电机将进行无功电压调节，应支撑的无功理论值如式（6-2）所示：

$$\Delta Q = K_{\mathrm{v}} \cdot S_{\mathrm{N}} \cdot \frac{\Delta U}{U_{\mathrm{N}}} \tag{6-2}$$

式中：ΔQ 为 VSG 无功输出理论值，kW；S_{N} 为 VSG 额定容量（视在功率），kW；ΔU 为并网点电压幅值变化量，V；U_{N} 并网点的额定电压，V。

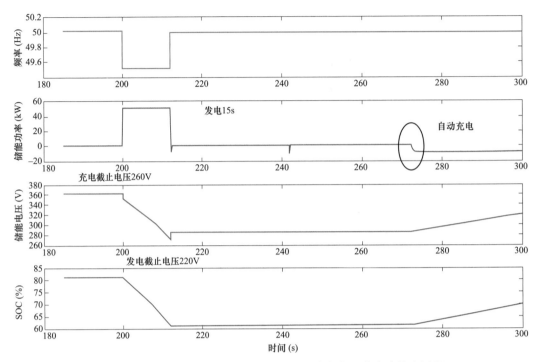

图 6-22 配置超级电容光伏虚拟同步发发电机超级电容充放电过程

图 6-23 中所述工况为 $K_v = 12.5$，电网额定电压为 270V，VSG 额定容量为 550kVA，

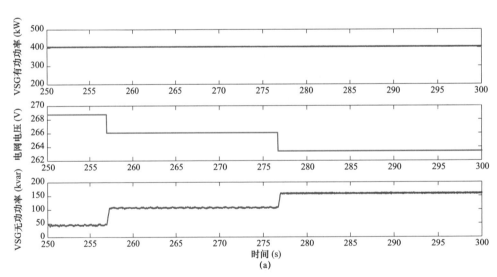

图 6-23 光伏 VSG 容性无功支撑曲线（一）

（a）电压跌落工况

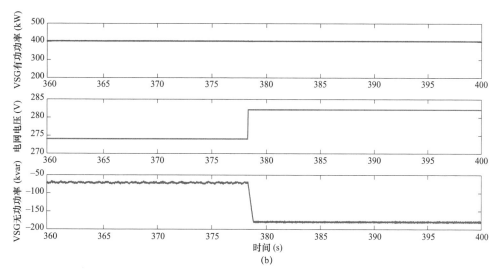

图 6-23　光伏 VSG 容性无功支撑曲线（二）

（b）电压骤升工况

电网电压降低到 $0.995U_N$、$0.99U_N$、$0.98U_N$，随后电压升高到 $1.02U_N$、$1.05U_N$，逆变器可发最大无功功率为 150kvar。图 6-23 为电压降低、电压升高时 VSG 无功功率支撑曲线。

调压过程中各参数具体数据见表 6-9。标准要求 VSG 无功调压工况下无功功率误差不应大于 VSG 额定有功功率的 ±2%，响应时间不应大于 1s，由表 6-9 可知该 VSG 无功功率误差，响应时间均满足要求。

表 6-9　　　　　　　　　　　　　光伏 VSG 电压支撑结果

电压变化	启动时间（ms）	响应时间（ms）	调节时间（ms）	理论支撑功率（kvar）	实际支撑功率（kvar）	有功误差 P_N	标准要求 P_N
$0.995U_N$	80	230	250	35	42	+1.04%	±2%
$0.98U_N$	—	—	—	103	108	+1%	±2%
$1.02U_N$	60	315	330	−175	−175	0	±2%

6. 故障穿越能力仿真结果

为验证两种型号光伏虚拟同步发电机低电压穿越功能，对两种控制器进行硬件在环仿真。

a）零电压穿越。设置电压从额定电压跌落到 0，持续 150ms，两种型号光伏虚拟同步发电机零电压穿越期间均不脱网，配置超级电容光伏虚拟同步发电机有功功率以 $561\%P_N/s$ 速率恢复，配置锂电池光伏虚拟同步发电机以 $48\%P_N/s$ 为恢复，均大于 $30\%P_N/s$ 的标准要求。穿越曲线见图 6-24，具体参数见表 6-10。

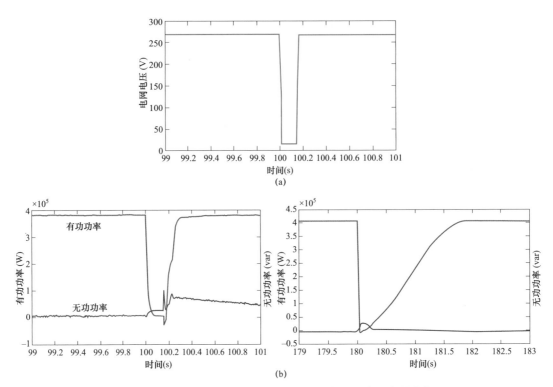

图 6-24　配置锂电池的光伏虚拟同步发电机零电压穿越曲线

（a）电压跌落曲线；（b）两种光伏虚拟同步发电机零电压穿越曲线

表 6-10　　　　　　　　零电压穿越工况下光伏虚拟同步发电机性能

类型	有功功率	测试值及标准	无功电流	测试值及标准
配置超级电容	恢复速率	$561\%P_N/s$，$30\%P_N/s$	响应时间	39ms，60ms
			调节时间	51ms，150ms
配置锂电池	恢复速率	$48\%P_N/s$，$30\%P_N/s$	响应时间	57ms，60ms
			调节时间	63ms，150ms

　　b）低电压穿越。设置电压从额定电压跌落到 $20\%P_N$，持续 625ms，两种型号光伏虚拟同步发电机低电压穿越期间均不脱网，配置超级电容虚拟同步发电机有功功率以 $516\%P_N/s$ 速率恢复，配置锂电池光伏虚拟同步发电机以 $47\%P_N/s$ 恢复，均大于 $30\%P_N/s$ 的标准要求。穿越曲线见图 6-25，具体参数见表 6-11，恢复速率、调节时间、响应时间均满足标准要求。

表 6-11　　　　　　两种型号光伏虚拟同步发电机低电压穿越参数

类型	有功功率	测试值及标准	无功电流	测试值及标准
配置超级电容	恢复速率	$516\%P_N/s$，$30\%P_N/s$	响应时间	15ms，60ms
			调节时间	56ms，150ms
配置锂电池	恢复速率	$47\%P_N/s$，$30\%P_N/s$	响应时间	55ms，60ms
			调节时间	80ms，150ms

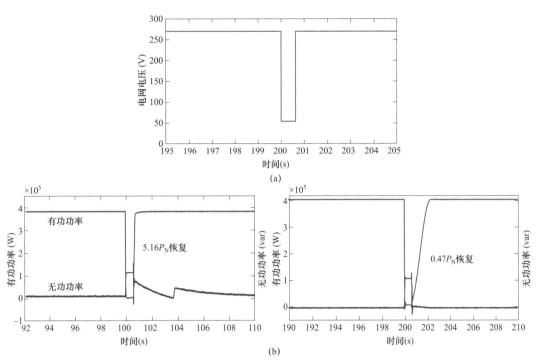

图 6-25　两种型号光伏虚拟同步发电机低电压穿越曲线

（a）低电压穿越电压曲线；（b）低电压穿越功率曲线

二、虚拟同步发电机整机现场试验

（一）二次侧施加信号模拟单机性能试验方法

依据风电、光伏虚拟同步发电机技术原理，在试验检测及效果评估过程中，主要验证机组的频率—有功功率特性和电压—无功功率特性是否满足设计标准要求。

进行虚拟同步发电机功能试验时，主要是对电压频率、幅值波动的模拟，模拟电网波动有两种方法：一种是通过模拟扰动信号发生装置产生三相交流电压信号或直流电压信号接入虚拟同步发电机的二次侧，模拟电网频率和电压扰动；另一种则是通过在电网与风电机组间增加电网模拟装置，实现对机侧电网扰动的模拟。

方法一：模拟扰动信号发生装置。电网信号模拟装置一般采用数字发生器将产生的信号接至机组的控制系统，需要风电机组预留备用的采集信号接口，并修改软件。在进行测试时，采用模拟信号发生器产生的信号参与风电机组的有功、无功调节控制，风电机组正常并网运行算法依然采用实际电网信息，以免影响风电机组的正常并网运行发电。基于模拟扰动信号发生装置的测试系统图如图 6-26 所示。

方法二：电网模拟装置方式。在被试机组与电网之间加入大功率的频率扰动设备，该设备主要由变流器组成的电压发生装置构成，额定容量一般要求至少为风电机组额定容量的两倍以上。在进行测试时，通过该电网模拟装置强制改变输出到风电机组侧的电压频率或幅值来模拟实际的电网波动。基于电网模拟装置的测试系统图如图 6-27 所示。

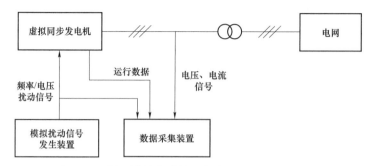

图 6-26　基于模拟扰动信号发生装置的测试系统图

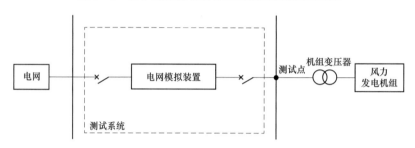

图 6-27　基于电网模拟装置的测试系统图

　　方法一对试验设备要求较为简单，但是需要机组控制系统根据测试工况修改软件控制，以便接收模拟信号；试验接线简单，成本低，测试效率高，且试验过程中试验人员和被试设备的安全性更易得到保证。方法二中的电网模拟装置在进行电网扰动模拟时，机组不需要进行软件的修改，更接近于电网实际波动时风电机组的响应情况；常用的装置是电网扰动装置一般由 2～4 个标准集装箱组成，运输、测试成本大，较为适合生产业务。下面重点介绍基于模拟扰动信号发生装置的测试方案。

　　1. 试验设备

　　试验中主要使用高精度功率分析仪和继电保护测试仪。以风电机组为例，高精度功率分析仪共接入 15 路信号，包括：风电机组出口三相电压、电流信号（6 路信号）；风电机组 PLC 输出的测风仪风速、叶轮转速、发电机转速、3 个叶片桨距角、变流器采集送给主控的电网频率、电磁转矩信号（8 路信号）；继电保护测试仪输出的电压信号。对于光伏虚拟同步发电机测试，需要采集交流电压、交流电流、直流母线电压、直流母线电流、继电保护测试仪输出的电压信号。

　　继电保护测试仪作为可编程的信号发生器，产生三相电压正弦波信号或一路直流电压信号，接入被试设备，模拟电网频率和电压扰动。

　　2. 试验接线

　　将继电保护测试仪电压信号接入风电机组主控系统或光伏逆变器，为机组提供模拟的频率信号，需要将采集电气信号接入录波仪。风电、光伏虚拟同步发电机整机现场试验接线示意图如图 6-28 所示。

　　针对风电虚拟同步发电机的功能，即惯性、一次调频和无功调压，在不同工况下分别开展测试,以验证每项测试性能指标。

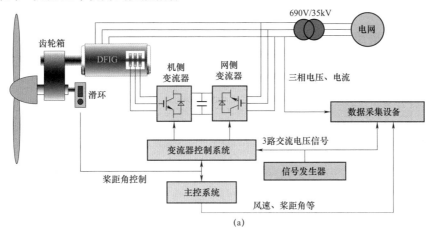

(a)

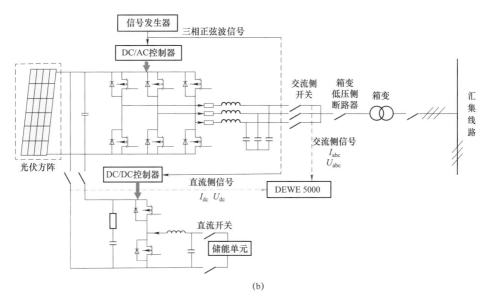

(b)

图 6-28 风电、光伏虚拟同步发电机整机现场试验接线示意图
(a) 风机现场测试试验接线;(b) 光伏现场测试试验接线

(二) 风电虚拟同步发电机试验数据

被测风电虚拟同步发电机采用预留备用容量和转子惯性控制两种技术路线,对风电虚拟同步发电机进行性能测试及结果分析。

1. 风电机组频率采样偏差

通过模拟电网电压频率由 50Hz 以阶跃方式变化至 48.5Hz,图 6-29 为两台风电虚拟同步发电机锁相环频率测量结果。可见,锁相环频率采样时间为 90~200ms,频率采样值与实际值偏差最大为 0.08Hz,超出 ±0.03Hz 死区,导致频繁调频动作。

2. 预留备用方式一次调频测试

设定 $K_f=20$、$T_J=5$,模拟电网频率由 50Hz 阶跃降至 49.8Hz,被试机组预留备用容量 10%P_N，测试曲线如图 6-30 所示。

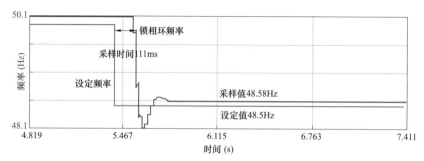

图 6-29　两台风电虚拟同步发电机锁相环测频结果

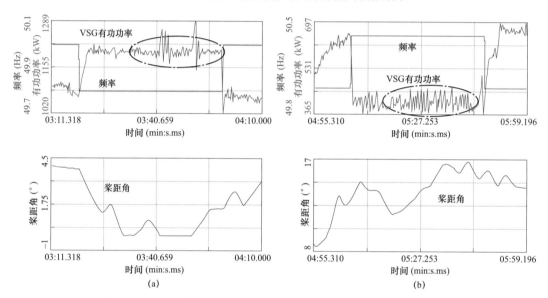

(a)　　　　　　　　　　　(b)

图 6-30　风电虚拟同步发电机预留备用容量控制方式现场试验曲线
（a）频率跌落工况；（b）频率骤升工况

由图 6-30 可见，当电网频率阶跃下降时，由于惯性作用发电机转速开始下降，但桨距角迅速从 4°开桨到 0°，释放预留的备用容量，风电机组捕获机械功率增加，转速开始回升，风电机组经过约 4s 提供持续 6.2%P_N 左右的有功功率支撑。风电机组能为电网提供持续的有功功率支撑。有功支撑幅值、启动时间、响应时间均满足标准要求，从图 6-30 中还可见，由于调频期间风速的波动，桨距角和转速发生了一定程度的波动，导致有功功率支撑精度不高，大于标准要求的±2%P_N 误差精度。

3. 预留备用方式虚拟惯量测试

设定 $K_f=0$、$T_J=5$，电网频率以 -0.5Hz/s 斜率由 50Hz 变化到 48.5Hz、然后再以 $+0.5$Hz/s 斜率回复到 50Hz，惯量响应时间 415～451ms，惯量响应曲线如图 6-31 所示。有功功率控制误差为（0.3%～1%）P_N，满足±2%P_N 的标准要求。

4. 预留备用方式一次调频＋惯量测试

设定 $K_f=20$、$T_J=5$，电网频率以 -0.5Hz/s 斜率由 50Hz 变化到 48.5Hz，然后再

以 +0.5Hz/s 斜率回复到 50Hz，风电机组 VSG 频率响应曲线如图 6-32 所示。针对频率斜率方式变化，本次测试一次调频的响应时间约为 21.6s，大于现有标准要求 10s，可能是因为调频期间风速发生了较大变化而导致备用容量不足。

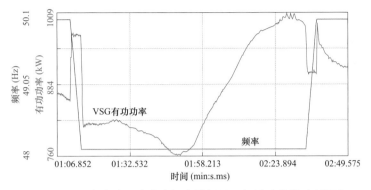

图 6-31　风电虚拟同步发电机虚拟惯量现场试验曲线（低频）

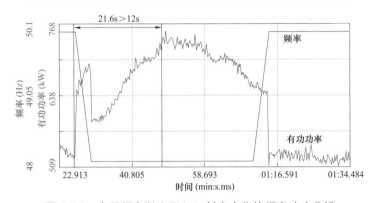

图 6-32　电网频率以 0.5Hz/s 斜率变化的频率响应曲线

设定 K_f=20、T_J=5，电网频率由 50Hz 阶跃变化到 49.5、51Hz，风电机组 VSG 频率响应曲线如图 6-33 所示。针对频率阶跃方式变化，虚拟惯量作用不明显，调频支撑效果较好，能够提供稳定的功率支撑。

（三）转子惯性控制方式测试

1. 风电机组 MPPT 运行区间一次调频测试

风电机组 MPPT 运行区间调频过程如图 6-34 所示，设定 K_f=20、T_J=5，模拟电网频率由 50Hz 以 –0.5Hz/s 斜率下降至 48.1Hz，风电机组初始运行于 MPPT 区，发电机转速下限设为 1250r/min，低于此限值退出调频过程。

风电虚拟同步发电机在频率下降时能够提供的支撑功率幅值为 0.106p.u.，响应时间为 481ms，支撑时间为 13.41s，能量比为 1.3（此处能量比为转速恢复吸收的能量与调频支撑能量的比值），整个支撑过程中桨距角保持 0° 不变。当风电机组转速下降到转速下限时，风电虚拟同步发电机退出调频，随后转速逐渐恢复到初始状态。自风电虚拟同步发电机退出调频的瞬间，风电机组输出电磁功率突然大幅跌落，容易造成系统频率的二次跌落。

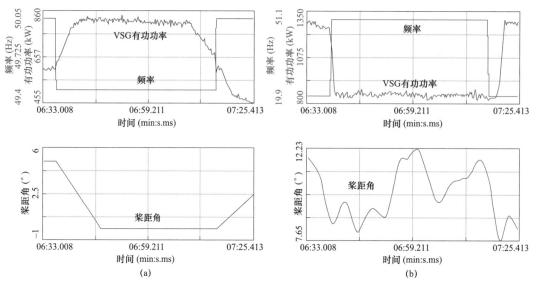

图 6-33　电网频率阶跃方式变化频率响应曲线

（a）频率下扰测试；（b）频率上扰测试

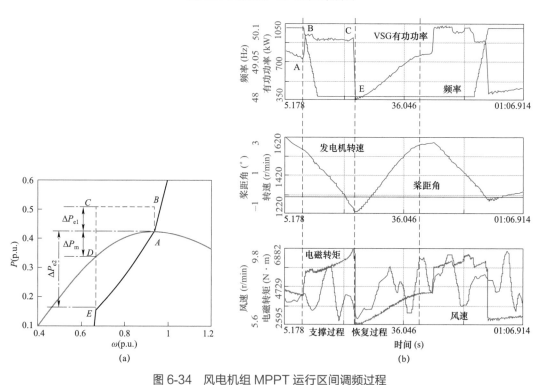

图 6-34　风电机组 MPPT 运行区间调频过程

（a）风电机组转速-功率曲线；（b）风电机组频率下扰调频试验

　　不同负荷运行工况下风电虚拟同步发电机的调频曲线如图 6-35 所示，由于调频初始转速不同、调频过程中风速有变化，无法准确估计支撑时间范围，初步估计风电虚拟同步发电机支撑时间为 6~21s。

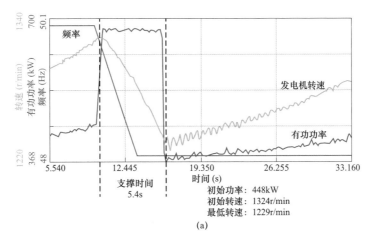

(a)

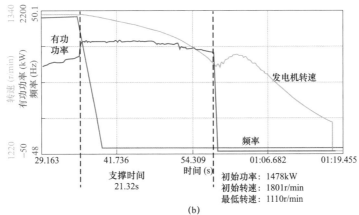

(b)

图 6-35 风电虚拟同步发电机不留备用调频曲线

（a）小负荷工况；（b）大负荷工况

2. 风电机组恒转速区间运行区间一次调频测试

风电机组恒转速运行区间调频过程如图 6-36 所示，调频过程中桨距角基本不变，完全靠转子动能释放支撑功率。支撑幅值为 0.114p.u.，响应时间为 511ms，支撑时间为 16.81s，能量比为 3.79。

3. 风电机组恒功率区间运行区间一次调频测试

风电机组恒功率运行区间调频过程如图 6-37 所示，调频过程中桨距角开桨，且转子动能释放，但由于风速降低，开桨未能及时抑制转速下降。转速恢复过程中，桨距角不应该收桨以减少机械功率捕获，分析原因可能由转速控制和桨距角控制间的协调控制缺陷造成。

以示范工程风电虚拟同步发电机为试验对象，按前文所述现场试验方法共开展试验292 次，持续 52 天，表 6-12 给出了风电虚拟同步发电机的主要性能指标，均能满足国家电网公司相关企业标准的要求。

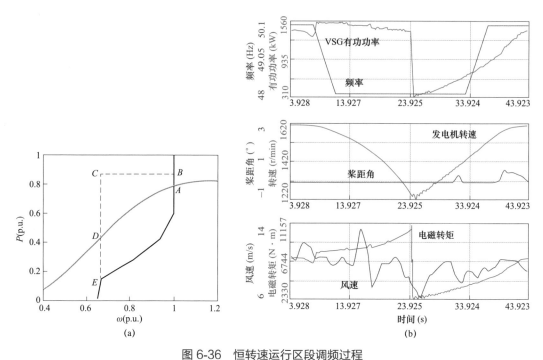

图 6-36　恒转速运行区段调频过程

（a）风电机组转速－功率曲线；（b）风电机组频率下扰调频试验

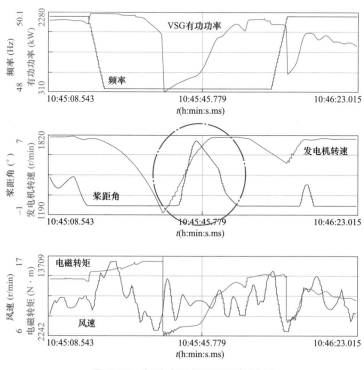

图 6-37　恒功率运行区段调频过程

表 6-12   风电虚拟同步发电机主要性能指标

指标	启动时间（s）	响应时间（s）	调节时间（s）	有功功率误差（%）	最大支撑幅值（%）
惯量调频	—	0.47	—	<2	10.8
一次调频	<1	<8	<10	<2	11.5

（四）光伏虚拟同步发电机性能测试

1. 配置锂电池的光伏虚拟同步发电机性能测试

图 6-38 为配置锂电池光伏虚拟同步发电机现场调频测试曲线,其中图(a)设定 $K_f=20$、$T_J=5$,此时虚拟同步发电机具备一次调频和惯量功能;图（b）为设定 $K_f=0$、$T_J=5$,此时 VGS 仅具有虚拟惯量的功能。测试过程中,当电网频率由 50Hz 以 −0.5Hz/s 斜率降到 48.1Hz,储能单元支撑 50kW 直到电网频率恢复;当电网频率升高到 51.4Hz 时,由下垂控制公式计算出虚拟同步发电机应支撑功率 280kW,VSG 采用光伏协同调频方式,由图 6-38 可见,储能单元吸收 50kW,光伏侧降低功率 238kW。

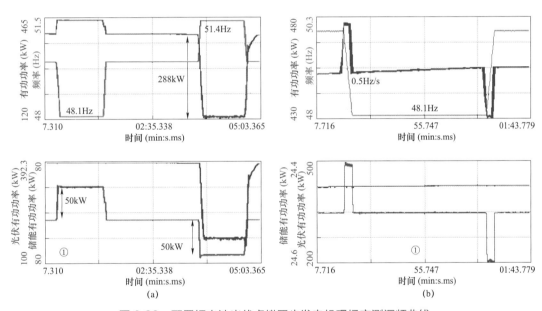

图 6-38 配置锂电池光伏虚拟同步发电机现场实测调频曲线
（a）频率变化值；（b）频率变化率

配置锂电池光伏虚拟同步发电机调频和虚拟惯量具体参数见表 6-13 和表 6-14,各项参数均满足标准要求。

表 6-13   配置锂电池光伏虚拟同步发电机调频参数表

频率变化	阶段	动作主体	启动时间（ms）	响应时间（ms）	调节时间（ms）	理论支撑功率（kW）	实际支撑功率（kW）	有功误差（P_N%）	标准要求（P_N%）
50~48.1	下降	储能	185	415	446	50	50	0	±2%
	恢复		80	645	650	−50	−50	0	±2%

频率变化	阶段	动作主体	启动时间（ms）	响应时间（ms）	调节时间（ms）	理论支撑功率（kW）	实际支撑功率（kW）	有功误差（P_N%）	标准要求（P_N%）
50~51.4	上升	储能	140	350	380	−50	−51	+2%	±2%
		光伏	660	3410	3580	−230	−225	−1%	±2%
51.4~50	恢复	储能	115	2635	2660	50	50	0	±2%
		光伏	790	3920	4020	230	220	−2%	±2%

表 6-14　　　　　　　　　　配置锂电池光伏虚拟同步发电机惯量参数表

阶段	启动时间（ms）	响应时间（ms）	调节时间（ms）	理论支撑功率（kW）	实际支撑功率（kW）	有功误差（P_N%）	标准要求（P_N%）
频率下降	142	300	322	25	25	0	±2%
频率上升	100	235	244	−25	−25	0	±2%

2. 配置锂电池的光伏虚拟同步发电机性能测试

当电网频率由 50Hz 降到 48.1Hz，如图 6-39 所示，光伏虚拟同步发电机仅由储能支撑功率 50kW。由于采用超级电容，最长支撑 15s，当电网频率恢复后，超级电容自动进入充电状态，充电电流为 5A；当电网频率升高到 51.4Hz 时，由一次调频计算公式计算应支撑功率−280kW，虚拟同步发电机仅由光伏侧降低功率 280kW，储能不动作。

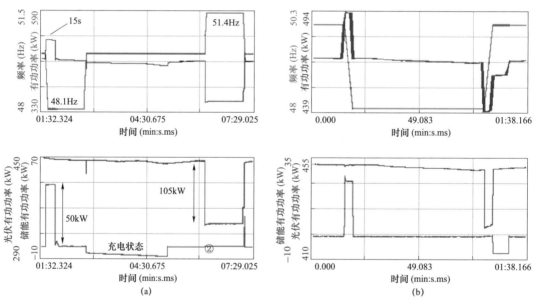

图 6-39　配置超级电容光伏虚拟同步发电机现场实测调频曲线
（a）频率连续扰动测试工况；（b）频率下扰测试工况

光伏虚拟同步发电机主动调频过程中的各控制参数见表 6-15 和表 6-16，均满足单元式光伏虚拟同步发电机标准要求。

表 6-15　　　　　　　　　光伏虚拟同步发电机调频参数表

工况		启动时间（ms）	响应时间（ms）	调节时间（ms）	标准值（kW）	实际支撑功率（kW）
虚拟惯量 $T_J=5$	斜率 0.5Hz/s	225	263	273	25	23
一次调频 $K_f=20$	阶跃	95	127	140	−100	−105
主动调频 $K_f=20$、$T_J=5$	斜率 0.5Hz/s	215	765	790	−100	−102
	阶跃	80	127	135	−100	−106

表 6-16　　　　　　　　　　虚 拟 惯 量 动 作 时 间

试验工况	分析对象	启动时间（ms）	响应时间（ms）	调节时间（ms）	有功支撑幅值（p.u.）	有功功率误差（p.u.）
50～48.1Hz	VSG	197	340	394	0.052	0
48.1～50Hz	VSG	280	437	470	0.054	0.002
50～51.4Hz	VSG	292	454	495	0.054	0.004
51.4～50Hz	VSG	136	286	327	0.048	0.002

图 6-40 为两种光伏 VSG 夜间频率响应曲线,配置超级电容的光伏 VSG 的 DC/AC 和 DC/DC 控制器采用主从控制方式,DC/DC 控制器的调频控制使能由 DC/AC 控制器根据其自身状态决定。在夜间 DC/AC 控制闭锁时,DC/DC 控制器无调频响应,光伏 VSG 不具备夜间调频功能;配置锂电池储能的光伏 VSG 由于储能容量大,可持续响应调频时间,且夜间光伏逆变器不拖网、处于实时热备用模式,所以具备夜间调频功能。

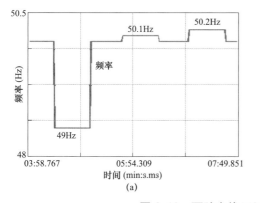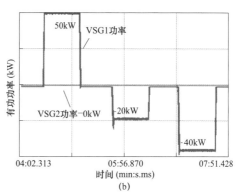

图 6-40　两种光伏 VSG 夜间频率响应曲线
（a）频率变化曲线；（b）功率变化曲线

三、虚拟同步发电机性能优化

（一）风电虚拟同步发电机性能优化

通过对风电虚拟同步发电机进行性能优化,发现风电虚拟同步发电机有 3 大类共计 15 个技术问题,其中:频率二次跌落、备用容量预留不准确 2 个关键技术问题在第四章中已经详细说明，其余技术问题通过策略优化、参数调整等已完成闭环优化，如图 6-41 所示。

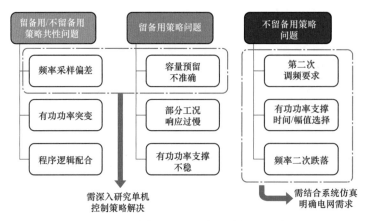

图 6-41　风电虚拟同步发电机性能优化结果

下面列举重点问题进行说明，对部分问题将阐述详细的优化过程。

a）控制策略协调不当导致调频过程中有功功率波动。转子惯性控制方式、恒转速区间、频率向上变化试验工况，该问题的工程实测曲线如图 6-42 所示。由图 6-42 可知，系统频率上升时，风电机组减少功率输出以响应系统频率变化。调频初期有功功率波动，

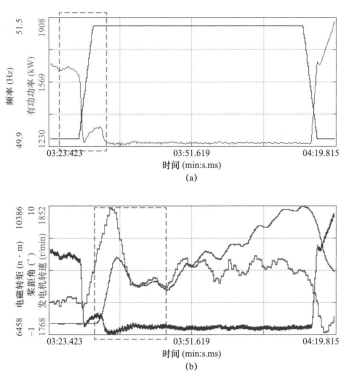

图 6-42　控制策略协调不当问题实测曲线

（a）频率变化曲线；（b）机组参数响应曲线

而后逐渐进入稳定支撑状态，如图中绿色虚线框内所示。经分析可知，调频开始阶段，风电机组电磁转矩迅速降低以减小有功功率。由于电磁转矩小于机械转矩，导致发电机转速上升，此时桨距角仍维持 0° 不变。发电机转速由初始 1800r/min 上升至最高 1850r/min，并引起有功功率持续增大。变桨机构在发电机转速上升 2.5s 后开始动作，桨距角逐渐增大，减少风电机组吸收的机械功率，发电机转速逐渐回落至 1800r/min，有功功率随之恢复平稳。风电机组运行时，为保证发电机转速不超过上限值，采用双 PI 控制结构，即通过控制电磁转矩和桨距角，达到控制转速上限的目的。经工程实测发现，电磁转矩和桨距角的协调控制不当会引起调频过程中有功功率波动和发电机转速超限，因此需合理协调二者的控制逻辑和参数配置，保证风电机组调频时安全稳定运行。

b）控制策略缺陷导致调频结束时有功功率跃变。转子惯性控制方式、MPPT 区间、频率向上变化试验工况，该问题的工程实测曲线如图 6-43 所示。由图 6-43 分析可知，系统频率上升时，风电机组发电机转速上升，储存转动惯量减小有功功率以响应系统频率变化。当发电机转速升至最大转速时，变桨机构增大桨距角以减少风轮吸收的机械功率，从而保持调频过程中有功功率不变。系统频率恢复至 50Hz 后，风电机组退出调频过程，此时有功功率发生"跃变"现象，即 2.5s 内由 510kW（$0.26P_\mathrm{N}$）增大至 1696kW（$0.85P_\mathrm{N}$），而后回落至正常运行状态，如图 6-43 中绿色虚线框内所示。导致上述现象的原因是风电机组调频结束转为正常运行控制状态时，需根据发电机转速确定有功功率目标值。但机组

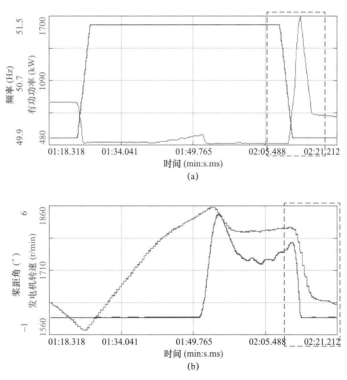

图 6-43 控制策略缺陷问题实测曲线

（a）频率变化曲线；（b）机组参数响应曲线

有功功率大于50%P_N时，发电机转速均为1800r/min，导致目标值较难选取。图中有功功率设定值偏高，电磁功率大于机械功率，导致发电机转速下降和有功功率向上跃变。同理可知，若有功功率设定值偏低，会引起发电机转速上升和有功功率向下跃变。因此，调频结束发电机转速在最大转速附近时，应完善控制策略，避免发生功率跃变。

c）风电机组保护参数设置不当引起调频过程中有功功率波动。转子惯性控制方式、MPPT区间、频率向下变化试验工况，该问题的工程实测曲线如图6-44所示。由图6-44分析可知，系统频率下降时，风电机组发电机转速下降，释放转动惯量，增加有功功率以响应系统频率变化。调频过程后半段有功功率支撑幅度低于前半段，如图中绿色虚线框内所示。根据风电机组设置的发电机转速保护策略可知，当发电机转速变化过快时，为了抑制转速的快速变化，风电机组的支撑功率采取限幅措施，即在有功功率增量ΔP的基础上，乘以一定倍率的限幅系数。通过以上措施减小，电磁功率和机械功率的差值，使转速下降速度变慢。工程实测中，发电机转速的变化率限值为20（r/min）/s，有功功率增量限幅系数为0.8。综上所述，工程应用时应综合评估发电机转速保护与有功功率稳定支撑两方面的需求，以保证风电机组调频时安全稳定运行。

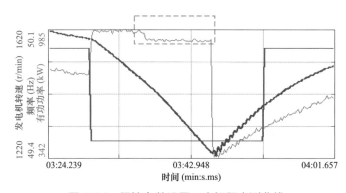

图6-44 保护参数设置不当问题实测曲线

d）风电机组备用容量预留不准确。预留备用容量控制方式、MPPT区间、频率向下变化试验工况，该问题的工程实测曲线如图6-45所示。由图6-45分析可知，系统频率下降时，风电机组桨距角减小，释放10%P_N备用容量以响应系统频率变化。如果备用容量预留准确，提供10%P_N有功功率支撑后，桨距角应减小至0°。但调频过程中桨距角始终大于0°，说明风电机组预留的备用容量大于10%P_N，即备用容量预留不准确。风电机组实时准确预留备用容量需要在主控系统中精确设置减载曲线。减载曲线的准确度依赖于风电机组气动模型的准确性，但气动模型仿真结果与现场实际运行情况差别较大。由于实际减载曲线难以获取，导致备用容量无法准确预留，所以工程应用中，备用容量预留偏多则造成风电场的发电量损失，预留偏少则导致风电机组调频能力不足。

e）频率越上限，调频过程中有功功率支撑不稳。如图6-46所示，调频过程中转速突然由1400r/min上升至1800r/min，用时约2.5s桨距角才开始动作，因此导致转速继续升高至1882r/min，导致VSG有功功率回调；分析原因为转速、转矩和桨距角的协调控制存在问题。

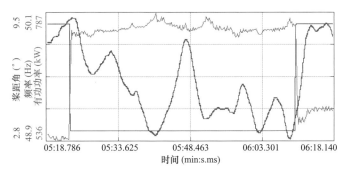

图 6-45 备用容量预留不准确问题实测曲线

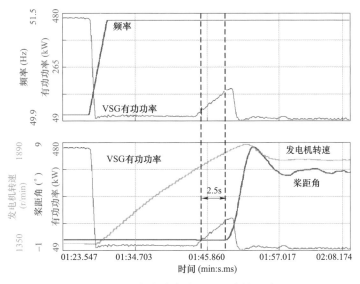

图 6-46 有功功率出现回调支撑不稳

f）限功率工况下，调频功能退出时，有功功率出现向下的凹坑。调频支撑过程中，桨距角突然收桨，有功功率向下突变；调频退出时，电磁转矩突增，有功功率出现尖峰后迅速向下跌落，出现凹坑，存在二次扰动，如图 6-47 所示。分析原因为转速控制和桨距角控制存在协调问题。

g）频率变化率计算不稳定造成惯量响应波动。半实物仿真与现场测试均发现在电网频率恢复的过程中，风电机组虚拟同步发电机惯量支撑功率出现波动，如图 6-48（a）所示，经分析发现频率变化率测量结果与惯量支撑有直接关系。适当增大 df/dt 环节的滤波系数可以有效抑制功率波动，优化后惯量支撑曲线如图 6-48（b）所示。

（二）光伏虚拟同步发电机性能优化

对光伏虚拟同步发电机进行现场试验发现调频控制逻辑、光储协调控制、调频支撑、控制参数整定 4 大类共 12 个技术问题；半实物仿真新发现 3 个技术问题，如图 6-49 所示，发现的技术问题均已通过优化解决，完成闭环优化。下面列举重点问题进行说明，对部分问题将阐述详细的优化过程。

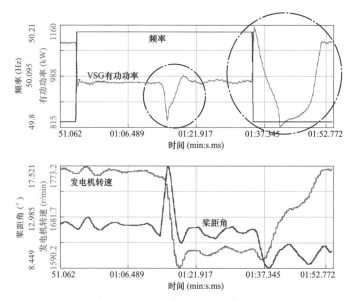

图 6-47　有功功率出现回调支撑不稳

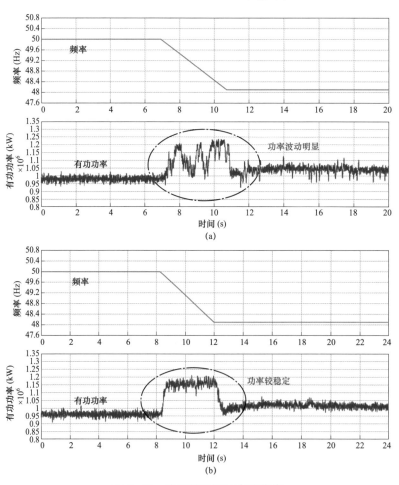

(a)

(b)

图 6-48　优化前后惯量支撑曲线

（a）优化滤波系数前；（b）优化滤波系数后

共性问题	配置超级电容光伏VSG策略问题	配置锂电池光伏VSG策略问题
■ 直流电压控制参数不合理	■ 惯量响应死区设置不当	■ 光伏无法提供惯量支撑
■ 光伏限功率时不参与调频	■ 频率恢复仍有惯量支撑	■ 小负荷调频储能功率振荡
■ 工况突变功率支撑不稳	■ 工况突变不参与调频	■ 光伏调频功率响应错误
	■ 调频功率区间设置不当	

图 6-49　光伏虚拟同步发电机性能优化结果

1. 光伏备用容量充分利用

常规光伏逆变器通常采用 MPPT 运行方式以获得最大出力，系统功率过剩时，光伏电站接收 AGC 指令进入限功率状态。此时功率与 MPPT 点功率之间的差值为调频可支撑功率，本书介绍的两种调频控制策略对这一容量的利用考虑不足。

限功率工况下光伏虚拟同步发电机调频曲线如图 6-50 所示，MPPT 点功率为 467kW，限功率到 245kW 后电网频率下跌，光伏虚拟同步发电机仅由储能单元响应调频支撑功率 50kW，持续 15s，未利用光伏可支撑功率。

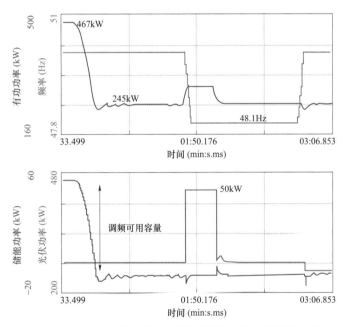

图 6-50　限功率器工况下光伏虚拟同步发电机调频曲线

本书对上述策略缺陷进行优化，控制原理控如图 6-51 所示。

首先判断运行状态。当电网频率下跌时，逆变器存在限功率状态和 MPPT 运行状态两种运行状态，虚拟同步发电机需对逆变器所处运行状态进行判断。由光伏阵列 PV 输出特性曲线可知，限功率状态下直流母线电压 U_{dc} 大于 MPPT 点电压 $U_{dc\text{-mppt}}$。当电网频率下跌时，逆变器控制直流母线电压向电压减小的方向扰动，若输出功率增大，则此时逆变器处于限功率状态；其他情况下，判定逆变器处于 MPPT 运行状态。

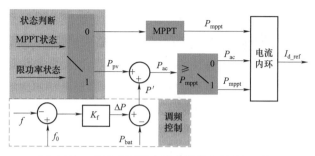

图 6-51 光伏虚拟同步发电机优化控制原理图

然后整定虚拟同步发电机调频功率。电网频率向下扰动时（见图 6-50），虚拟同步发电机响应调频应支撑功率 ΔP，其中储能单元优先支撑功率 P_{bat}，功率缺额 $P' = \Delta P - P_{bat}$

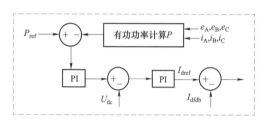

图 6-52 逆变器控制优化策略框图

由光伏提供。若 $P_{pv} + P' \geqslant P_{mppt}$，光伏输出功率为 P_{mppt}；若 $P_{pv} + P' < P_{mppt}$，光伏输出功率为 $P_{pv} + P'$。

优化策略是采用功率电流双环控制策略来实现上述控制原理，控制框图如图 6-52 所示。当电网频率偏差超出频率死区后，储能系统会迅速输出调频功率 P_{bat}。逆变器采用功率外环与电流内环的双环控制，P_{ref} 与交流侧实际输出功率 P 的偏差经转换后输出 I_{dref} 并进入电流内环，经变换后输出 PWM 波驱动逆变器输出调整后的功率 P_{out}，会出现以下两种情况：

a）若 $I_{dfdb} = I_{dref}$，则逆变器输出功率值为 $P_{out} = P_{ref}$，可得 $P_{ref} \leqslant P_{mppt}$；

b）若始终 $I_{dfdb} < I_{dref}$，经 PI 环节后调制比逐渐开到最大，逆变器输出功率逐渐趋于稳定，功率值为 P_{out}，该功率值为逆变器此刻的 MPPT 功率。

将优化后策略在 RT–LAB 硬件在环仿真平台进行验证，虚拟同步发电机调频功率曲线如图 6-53 所示。设置光伏电源 MPPT 点功率为 410kW，调频前限功率到 200kW，$T_J = 5$，$K_f = 20$。在 150s 时，系统频率以 0.5Hz/s 斜率降低至 49.5Hz，光伏功率 P_{pv} 与一次调频功率 100kW 之和小于 P_{mppt}。

储能单元基于模拟转子运动方程控制策略，响应系统频率变化，支撑功率 50kW，光伏功率输出 250kW，光伏虚拟同步发电机总输出功率为 300kW，与理论应支撑幅值一致。在 168s 时，储能单元闭锁，光伏单元立即增加调频功率，补充由于储能单元闭锁造成的功率损失，光伏虚拟同步发电机输出总功率维持不变。这说明本书所采用的控制策略能够有效利用光伏可用容量，且光储协调顺利。

2. 光储协调调频控制

采用模拟转子运动方程控制策略的光伏虚拟同步发电机的 DC/DC 与 DC/AC 为对等控制，两者各自拥有独立的控制器。当电网频率偏差超过死区时，两控制器通过各自锁相环检测到频率变化，模拟转子运动方程控制策略跟随电网角速度的变化计算应支撑的功率值，DC/DC 迅速响应频率输出有功 P_{bat}，如图 6-54 中储能功率曲线所示。

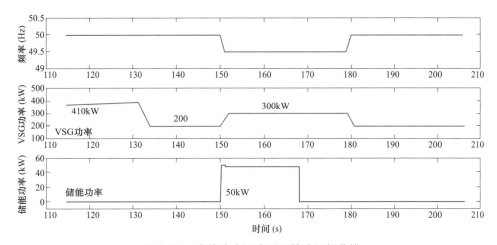

图 6-53 光伏功率深度利用策略调频曲线

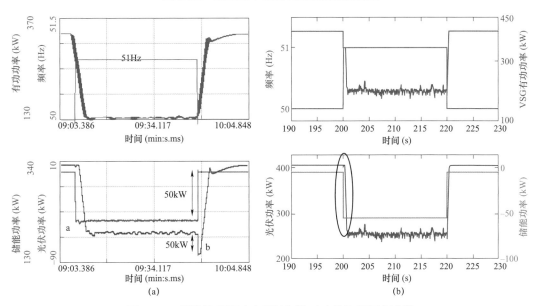

图 6-54 模拟转子运动方程控制策略光储协同调频曲线
（a）光伏响应曲线；（b）储能响应曲线

采用功率电流双环控制的 DC/AC 锁相环节需计算几个周波的频率均值，造成调频启动时间滞后，如图 6-54（a）所示，导致光储调频不协调。

当锁相环检测到电网频率恢复后，DC/DC 立刻响应频率变化，储能功率恢复至 0，由于 DC/AC 调频响应启动时间较长，此时 DC/AC 对频率变化做出反应；由于 DC/AC 采用功率外环控制，当检测到交流出口侧功率升高 P_{bat} 时，为保证交流出口侧功率不变，光伏出力降低 P_{bat}。

由上述分析可知，图 6-54（a）中 a、b 两个虚拟同步发电机出力异常现象分别是由 DC/DC 及 DC/AC 启动时间不同、DC/AC 控制交流出口侧功率引起的。

优化方案可有：① 在 DC/DC 调频响应启动前加 30ms 延时，促使其与 DC/AC 的频率响应同步；② DC/AC 由原来控交流出口侧功率改为控光伏直流侧功率，引入直流功率前馈环节，加快调频功率控制响应速度。控制框图如图 6-55 所示。

在 RT－LAB 硬件在环仿真平台进行效果验证，测试结果显示：DC/AC 功率响应滞后现象大为改善；电网频率恢复阶段，光伏已没有支撑反向功率现象。优化后光储协同调频仿真曲线如图 6-54 右图所示。

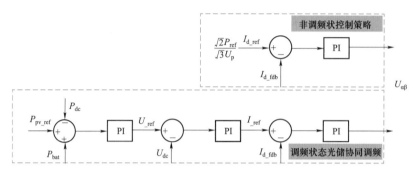

图 6-55　基于直流功率前馈的光伏虚拟同步发电机光储协调控制策略

3. 光伏 AGC 功率输出优先策略优化

如图 6-56 所示，光伏虚拟同步发电机由 468kW 限功率至 249kW，在频率降低的过程中，VSG 输出有功功率维持 249kW 不变，没有正确响应频率的降低；详细分析储能与光伏直流侧输出功率，当频率下降时，DC/DC 响应频率变化发出支撑功率，但 DC/AC 出现反调使得 VSG 总输出功率不变，体现出光伏虚拟同步发电机在限功率状态下 VSG 优先响应 AGC 控制指令的特性。在半实物仿真平台上对该问题进行了复现。

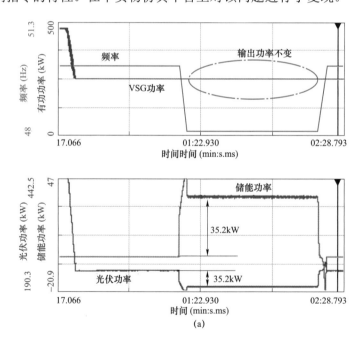

图 6-56　基于直流功率前馈的光伏虚拟同步发电机光储协调控制策略（一）

（a）现场试验结果

260

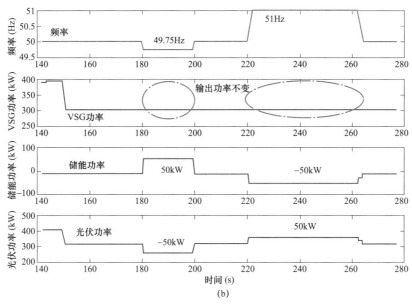

图 6-56　基于直流功率前馈的光伏虚拟同步发电机光储协调控制策略（二）

（b）平台仿真结果

4. 限功率情况下光伏不参与调频，未充分利用光伏备用容量

如图 6-57 所示，在现场实验过程中，先将光伏单元（额定功率 500kW）功率由 440kW 限功率降低到 240kW。功率稳定后，设定电网频率由 50Hz 降低到 48.5Hz，随着电网频率超过频率死区，光伏虚拟同步发电机储能单元支撑 50kW 以响应调频，光伏单元输出功率保持 240kW 不变。由于储能单元容量有限，支撑 15s 后达到电压下限停止输出功率，而光伏此时有可用容量 200kW 但不去响应调频，因此可认为未充分利用光伏备用容量。图 6-57 右图是硬件在环仿真平台上对现场曲线的复现。

如图 6-58 所示，优化光伏—储能协同调频策略后，调频功率考核点由单独的储能、光伏功率出口改为虚拟同步发电机出口。可以看到，当储能停止支撑功率后，光伏增发功率补偿因储能退出造成的功率缺额，保持光伏虚拟同步发电机出口调频功率稳定。

5. 惯量和一次调频响应的协调配合问题

光伏虚拟同步发电机控制策略中，频率变化时若计算功率指令值为正，超级电容放电；若计算功率指令值为负，光伏降功率运行。因此，在频率由 51.4Hz 恢复到 50Hz 过程中，由于频率变化率的作用而出现一个阶跃台阶，光伏有功反向支撑减小；当频率降至 50.125Hz 时，计算功率指令值为正，有功功率出现正尖峰。这两种情况均可能导致电网频率二次波动；VSG 功率支撑慢于系统频率恢复速度。图 6-59 为惯量和一次调频响应的协调曲线。

图 6-60（a）为基于半实物仿真平台对现场数据的复现，通过优化 VSG 和 MPPT 模式切换参数定值，改进 DC/AC 变流器的锁相环滤波参数，引入直流电流前馈控制，加快 DC/AC 变流器在调频模式有功功率响应，使得频率恢复过程中避免了功率波动，功率与频率回复速率相当，如图 6-60（b）所示。

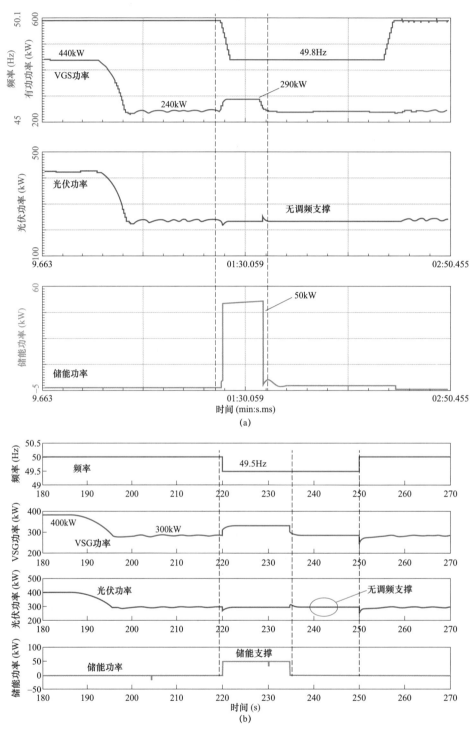

图 6-57　光伏限功率工况下未参与调频现场测试曲线及半实物平台验证

（a）现场试验结果；（b）平台仿真结果

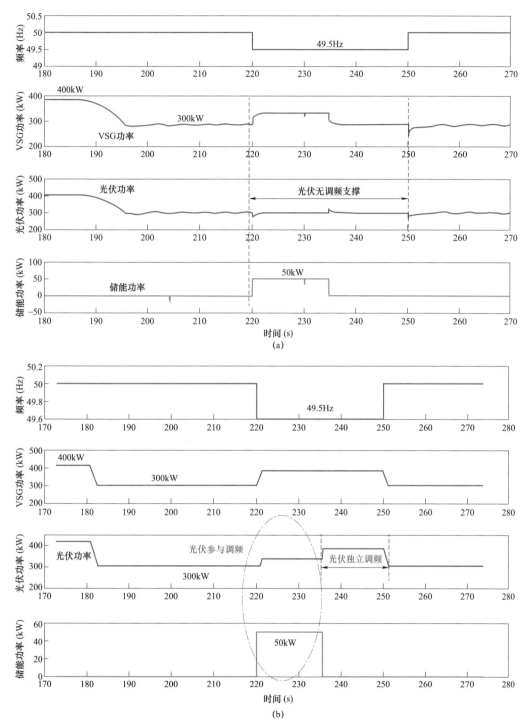

图 6-58 光伏限功率工况下与储能协同调频

（a）优化前响应曲线；（b）优化后响应曲线

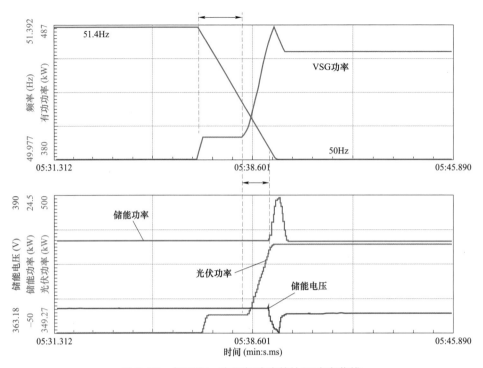

图 6-59　惯量和一次调频响应的协调响应曲线

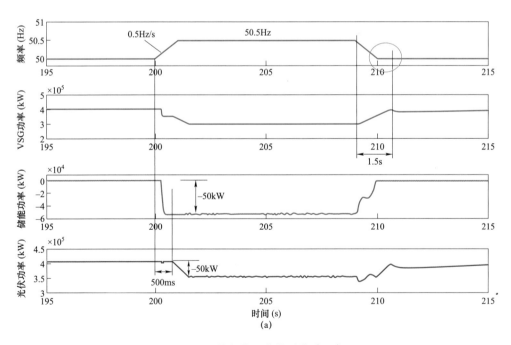

图 6-60　优化前后曲线对比（一）

（a）优化前响应曲线

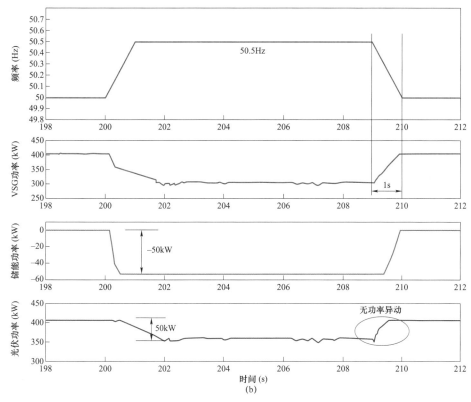

图 6-60 优化前后曲线对比（二）

（b）优化后响应曲线

6. 惯量响应死区设置不当

光伏虚拟同步发电机设置±0.3Hz/s 频率变化率死区，在实际电网频率事件中，频率变化率均小于 0.1Hz/s，导致调频过程无惯量支撑，无法实现电网调频的快速支撑；取消虚拟惯量动作死区，惯量和一次调频仅设置频差死区，仿照火电物理惯量不再设定频率变化率死区，优化前后对比如图 6-61 所示。

7. MPPT 和调频响应协调配合问题

图 6-62 为光伏虚拟同步发电机现场实测曲线，由图可知光伏处于 MPPT 过程时（直流母线电压波动），VSG 未响应惯量和一次调频。当 MPPT 寻优完成时才开始响应一次调频，延迟约 32s。经核查光伏逆变器直流母线电压波动步长为 2V/s，将该参数增加到 5V/s 后该问题解决。

8. 调频功率计算偏差问题

如图 6-63 所示，电网频率变化之前光伏单元输出功率 80kW，储能单元 0kW，设定电网频率由 50Hz 降低到 49.5Hz，储能响应调频支撑 50kW。调频期间，人为将辐照度由 300W/m^2 提高到 1000W/m^2，伴随着辐照度的改变，光伏输出功率由 80kW 快速升高到 378kW，此动作不利于系统调频，同时不满足 GB/T 19964—2012《光伏发电站接入电力系统技术规定》中对光伏功率变化率的要求；在电网频率由 49.5Hz 恢复到 50Hz 的过程中，光伏输出功率突然降低到 50kW，这是由于策略中仍按调频前功率 80kW 计算功率给定值计算惯量响应，未考虑调频期间辐照度已发生变化。

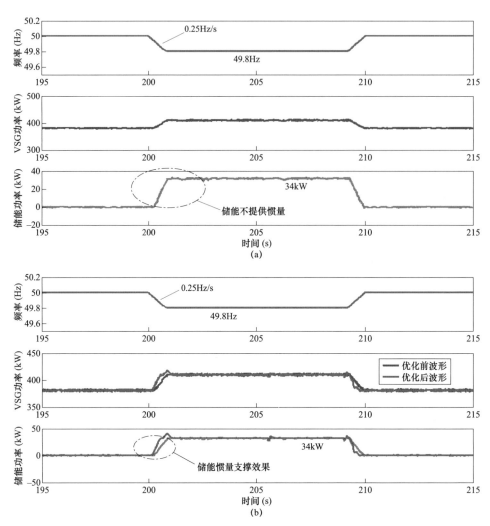

图 6-61　虚拟惯量死区优化前后调频曲线对比

（a）优化前响应曲线；（b）优化后响应曲线

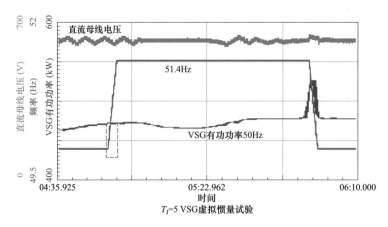

图 6-62　光伏逆变器 MPPT 寻优过程中调频曲线（一）

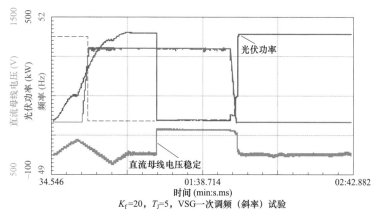

$K_f=20$，$T_J=5$，VSG一次调频（斜率）试验

图 6-62　光伏逆变器 MPPT 寻优过程中调频曲线（二）

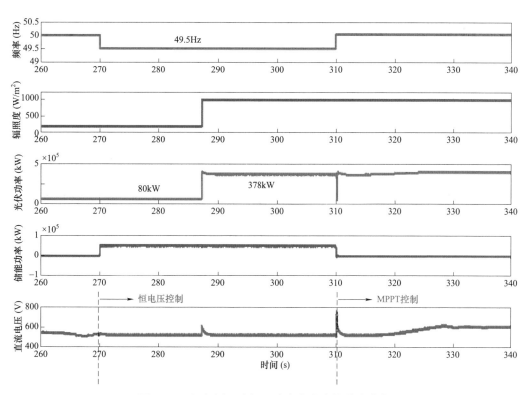

图 6-63　调频过程中辐照度变化半实物仿真曲线

第四节　虚拟同步发电机孤网测试

相比于单机硬件在环仿真、单机现场测试，孤网测试更能模拟电网真实频率事件的动态特性。本节主要介绍虚拟同步发电机示范工程 100%新能源孤网构建方案与现场测试结果。

一、场站级孤网构建方案

虚拟同步发电机孤网试验涉及的设备及连接关系如图 6-64 所示，试验电压等级为 35kV，涉及站内 35kV 6、7 号母线。试验所用到的 C014 储能虚拟同步发电机、光伏虚拟同步发电机、风电虚拟同步发电机、电锅炉、200kW 柴油发电机均连接于 6 号母线，100kW 柴油发电机连接于 7 号母线。储能系统控制电和照明用电由 200kW 柴油发电机提供，另一个 100kW 柴油发电机用于并离网切换。具体设备与编号见表 6-17。

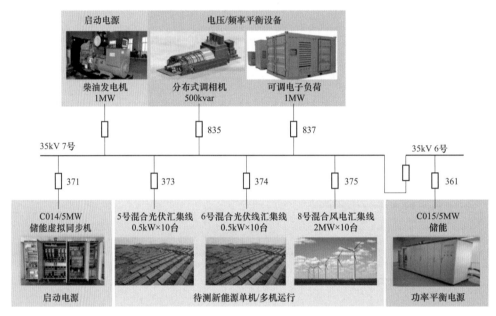

图 6-64　孤网试验涉及的设备及孤网架构

以 5MW 电压源型储能作为启动电源，该储能具备虚拟同步控制与 VF 控制两种模式。首先零起升压，逐步投入负载、光伏发电单元与风电机组，构建孤网运行环境；然后通过调节该孤网频率及输出电压，测试接入该孤网的虚拟同步发电机的调频、调压特性。需要说明的是，启动电源可以是采用 VF 控制的逆变器，也可以是具有同步发电机输出特性的发电机设备。若启动电源为 VF 控制，试验过程中通过启动电源改变输出频率与电压以达到虚拟同步发电机调频、调压性能测试的目的；若启动电源为同步发电机或虚拟同步发电机，则通过投切负载来引起频率和电压的波动。

表 6-17　　　　　　　　　　　孤网试验中涉及的设备名称及编号

序号	设备名称及编号
1	35kV 6 号母线
2	35kV 7 号母线
3	35kV 6、7 号母线分段开关 347
4	5 号储能线 371 开关
5	5 号储能线 371 开关所带 C014 储能单元

序号	设备名称及编号
6	8 号风机线 375 开关
7	8 号风机线 375 开关所带 F060、F061、F062 风电机组
8	3 号生活变压器 837 开关
9	3 号生活变压器 837 开关所带电锅炉
10	6 号光伏线 374 开关
11	6 号光伏线 374 开关所带 G070、G071 单元
12	35kV 6 号母线储能站用变压器及 841 开关
13	100kW 柴油发电机及并网柜
14	200kW 柴油发电机

孤网试验主要两个目的：① 验证集中式储能系统作为试验检测平台所具备的主要功能；② 验证虚拟同步发电机示范工程多机并联运行时的主动支撑性能。具备孤网试验条件后开展以下测试：

第一阶段试验：储能虚拟同步发电机零起升压，逐步投入风电机组、光伏等设备，完成电站启动。

第二阶段试验：由 C014 储能系统采用 VF 控制，建立不同频率/电压环境，对并网的风电机组、光伏单机和多台并联运行场景下的虚拟同步发电机运行性能进行测试，具体见下文中虚拟同步发电机的测试工况。

第三阶段试验：由电站式储能系统零起升压，在额定电压基础上叠加不同的低频电压扰动，对风电机组、光伏开展扫频试验，检测设备在低频振荡工况下的响应情况。

第四阶段试验：由储能虚拟同步发电机零起升压，系统稳定后投入另一台电压型储能系统或柴油发电机，验证多类型电压源并联运行性能。

孤网调频测试曲线与第六章第二节中测试工况保持一致。

二、孤网电源实测数据分析

作为孤网环境的启动电源，储能虚拟同步发电机应能实现零起升压、频率/电压调整、附加谐波扰动等多种工况，具体测试项目如表 6-18 所示。

表 6-18 孤 网 电 源 测 试 工 况

测试项目	试验对象	测试参数
零起升压	储能 C014	升压速
频率/电压调节	储能 C014	变化率
电网事故复现	储能 C014	功能
附加谐波扰动	储能 C014	谐波附加功能
储能、柴油机并联	储能 C014、柴油机	并联功能、柴油机调节功能

（一）零起升压

储能 C014 带 35kV 7 号母线，6 号光伏线 G070、G071 箱变，8 号风电机组线 F060 风电机组箱变以及电锅炉负荷进行零起升压，升压曲线如图 6-65 和图 6-66 所示。达到额定电压时，储能 C014 发出感性无功 231kW。

母线电压由零升到额定电压需要 1.15s，该数值可通过整定控制参数进一步缩短。

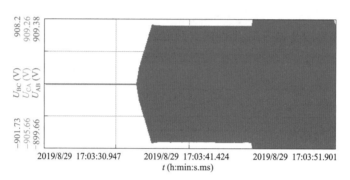

图 6-65　储能系统分两步零起升压过程

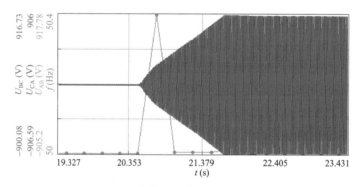

图 6-66　储能系统直接零起升压过程

（二）频率/电压调节

1. 频率调节

储能虚拟同步发电机可按照需求，准确输出按照某一频率变化率变化的机端电压，图 6-67 为以 0.1Hz/s、0.2Hz/s、0.3Hz/s、0.5Hz/s 升频和降频曲线。

试验中将频率以 5Hz/s 进行升频和降频曲线，图 6-68 为频率由 50Hz 阶跃到 51Hz，用时 519ms。

2. 电压调节

孤网条件下，储能虚拟同步发电机可按照需求调节输出电压幅值。首先基于储能零起升压，投入电锅炉与光伏 G070 构建孤网环境，然后依次进行了电压跌落 $1\%U_N$、$2\%U_N$、$5\%U_N$、$9\%U_N$，电压上升 $1\%U_N$、$2\%U_N$、$6\%U_N$ 等工况，电压曲线如图 6-69 所示。

对电压跌落时间进行考察，图 6-70 中电压幅值分别跌落 $5\%U_N$ 和 $9\%U_N$，其电压跌落和恢复时间如表 6-19 所示。

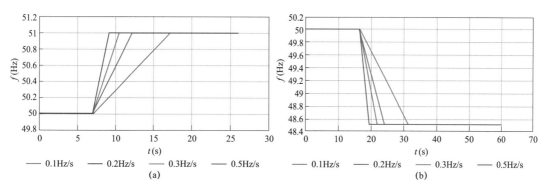

图 6-67　孤网电源频率按照不同斜率调节曲线

（a）孤网电源频率上升调节；（b）C014 频率下降调节

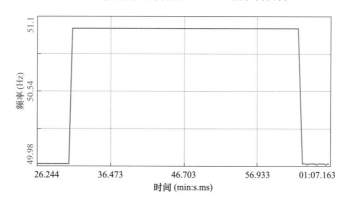

图 6-68　频率由 50Hz 阶跃到 51Hz

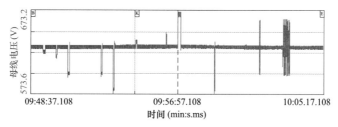

图 6-69　储能进行电压调节图

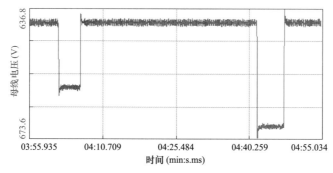

图 6-70　电压下降 5% 和 9% 电压曲线

表 6-19 电压降低和升高参数统计

电压变化	阶跃时间（ms）	恢复时间（ms）
跌落 $5\%U_N$	99.4	79.9
跌落 $9\%U_N$	127.1	87.9
升高 $6\%U_N$	131.2	130.3

3. 多类型电源并联

采用 100kW 柴油发电机与电压型储能系统运行方式，以验证多类型电源并联运行特性。

首先由储能系统与电锅炉建立孤网环境，运行平稳后并入柴油发电机，并网时刻电流与电压波形如图 6-71 所示。可以看到并网瞬间仅出现了 5A 冲击电流，经过 0.5s 电流振荡后，柴油发电机稳定输出功率，电流逐渐增大。

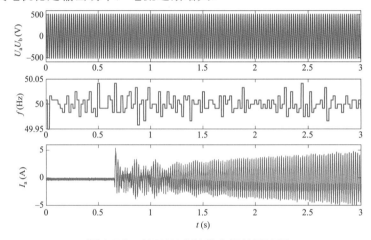

图 6-71 100kW 柴油发电机并网过程

柴油发电机与储能系统并联运行过程中，储能改变孤网电网频率，如图 6-72（a）图所示系统频率降低到 49.95Hz，持续 1min；如图 6-72（b）图所示系统频率降低到 49.9Hz，持续 25s。在系统频率降低的过程中，柴油发电机输出电流增加了 1A；在系统频率恢复的过程中，柴油发电机输出电流降低了大约 1A，10s 后电流恢复到初始数值。

4. 电网事故重现

示范工程的 10MW×20min 储能系统运行于 VF 控制模式，通过设置电网故障过程中标准性的状态变量，基本复现电网运行过程中出现的频率、电压故障，以测试虚拟同步发电机在真实电网故障情况下的响应性能。孤网试验对英国"8·9"大停电事故和我国华东"9·19"事故频率曲线进行了复现。

（1）英国"8·9"大停电事故

2019 年 8 月 9 日，由于装机容量 660MW 的小巴福电站发生跳闸，导致了频率的急速下跌，28s 后被调度中心预先部署的一次频率响应服务所牵制，暂时稳定在 49.1Hz，而 47s 后霍恩熙风电场再次跳闸，导致了频率的第二次下跌，随即又下降至 48.8Hz（48.8Hz是英格兰及威尔士 6 大配电网公司启动自动低频减载的阈值），引起配电网约 5%的负荷被自动切除后，系统用电和发电趋于平衡，频率开始回升，4min45s 后频率首次恢复至额定值 50Hz。英国"8·9"大停电事故频率变化曲线如图 6-73 所示。

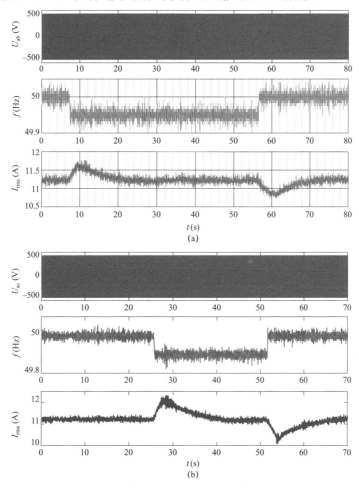

图 6-72 柴油发电机并联运行后频率降低到 49.95Hz、49.9Hz

（a）49.95Hz 响应曲线；（b）49.9Hz 响应曲线

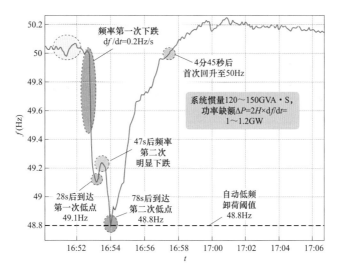

图 6-73 英国"8·9"大停电事故频率变化曲线

试验中，以 C014 储能系统作为启动电源，通过设置频率给定值模拟了英国"8·9"大停电事故的频率曲线，如图 6-74 所示。

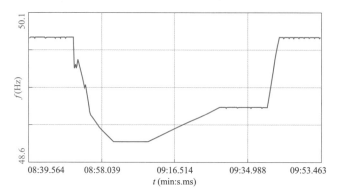

图 6-74　储能虚拟同步发电机模拟英国"8·9"大停电事故频率模拟曲线

（2）我国华东"9·19"事故

2015 年 9 月 19 日 21:58:02，锦苏特高压直流发生双极闭锁。故障前，华东电网的直流输电功率总量约为 25.7GW，其中锦苏直流落地功率约为 4.9GW，系统频率为 49.97Hz，华东电网负荷为 138GW，开机 168GW，旋转备用约为 52GW。故障发生后，华东电网出现功率缺额，12s 后全网频率最低跌至 49.56Hz，经电网动态区域控制偏差（ACE）动作以及华东网调的紧急调度，约 240s 后频率恢复至 50Hz，此时电网频率如图 6-75 所示。

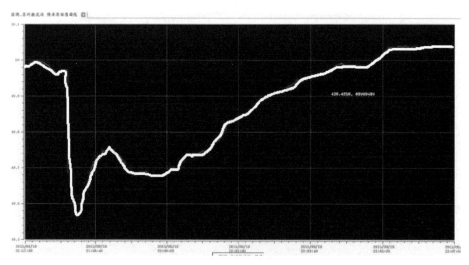

图 6-75　锦苏直流闭锁系统频率曲线

以 C014 储能虚拟同步发电机作为试验电源，通过设定典型频率点模拟出"9·19"事故频率曲线，如图 6-76 所示。

三、光伏虚拟同步发电机调频效果

为验证不同场景下光伏虚拟同步发电机调频/调压响应性能，测试工况如表 6-20 所示。

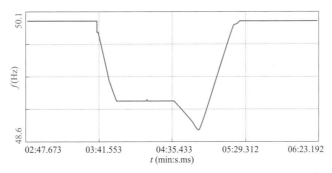

图 6-76　锦苏直流闭锁系统频率模拟曲线

表 6-20　　　　　　　　　　　　　　光伏虚拟同步发电机测试工况

工况分类	对象	测试项目	试验参数	试验工况
单机性能试验	光伏 G070	仅惯量	$K_f=0$，$T_J=5$	电网频率以 0.1Hz/s、0.2Hz/s、0.5Hz/s 斜率下降至 48.5Hz，然后上升至 51Hz
		仅一次调频	$K_f=20$，$T_J=0$	频率阶跃范围 48.5~51Hz
多机并联	光伏 G070、G071	多机并联调频	$K_f=20$，$T_J=10$ $K_f=30$，$T_J=10$ $K_f=20$，$T_J=5$ $K_f=30$，$T_J=5$	（1）电网频率以 0.2Hz/s、0.3Hz/s、0.5Hz/s 斜率上升至 51Hz，然后降低到 48.5Hz； （2）限功率情况
电压扰动	光伏 G070、G071	设备稳定性	$K_f=20$，$T_J=5$	0.3Hz、4%U_N、5Hz、4%U_N 电压波动
模拟真实故障频率曲线	光伏 G070、G071	真实电网频率曲线下机组响应情况	$K_f=20$，$T_J=5$ $K_f=5$，$T_J=5$	（1）英国断电事故频率曲线； （2）锦苏直流闭锁后频率曲线

（一）光伏虚拟同步发电机并联运行调频性能

本次孤网试验将 G070、G071 两台虚拟同步发电机联合起来进行调频测试，主要的试验工况如表 6-21 所示。

表 6-21　　　　　　　　　　　光伏虚拟同步发电机并联调频试验工况

序号	G070 参数	G071 参数
1	$K_f=20$，$T_J=5$，死区 0.05Hz	$K_f=20$，$T_J=5$，死区 0.05Hz
2	$K_f=20$，$T_J=5$，死区 0.05Hz	$K_f=30$，$T_J=5$，死区 0.05Hz
3	$K_f=20$，$T_J=5$，死区 0.05Hz	$K_f=30$，$T_J=10$，死区 0.05Hz
4	$K_f=20$，$T_J=5$，死区 0.05Hz	$K_f=20$，$T_J=10$，死区 0.05Hz
5	$K_f=20$，$T_J=5$，死区 0.05Hz	$K_f=20$，$T_J=5$，死区 0.05Hz，限功率到 150kW

现场试验曲线如下：

a）将 G070、G071 均设置为 $K_f=20$、$T_J=5$，频率以 0.5Hz/s 斜率下降至 48.5Hz，维持 30s 后，上升至 51Hz。两个光伏方阵调频曲线如图 6-77 所示，调频参数见表 6-22。从图中可见，当频率上升到 51Hz 时，4 台逆变器均降功率到 40kW 左右。

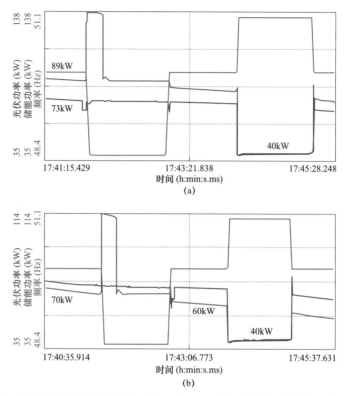

图 6-77　光伏虚拟同步发电机 G070、G071 一次调频性能测试曲线（参数 1）

（a）G070 响应曲线；（b）G071 响应曲线

表 6-22　　　　　　　　　　　调 频 性 能 列 表

频率（Hz）	逆变器编号	启动时间（ms）	调频响应时间（ms）	实际支撑功率/理论支撑功率（kW）	调节控制误差
48.5	070-1	81	546	47/50	0.6%
	070-2	41	368	5/50	9%
	071-1			0/50	
	071-2	119	524	47/50	0.6%
51	070-1	30	190	45/30	3%
	070-2	30	194	36/30	1.2%
	071-1	33	217	31/20	2.2%
	071-2	33	217	24/13	2.2%

注　G070-2 和 G071-1 在频率变为 48.5Hz 时处于充电状态，其中 G070-2 实际支撑功率为 5kW，G071-1 未能提供功率支撑。

b）将 G070 设置为 $K_f=20$、$T_J=5$，将 G071 设置为 $K_f=30$、$T_J=5$，频率以 0.5Hz/s 斜率下降至 48.5Hz，维持 30s 后，上升至 51Hz，调频曲线如图 6-78 所示，调频参数见表 6-23。由于试验当天光伏发电功率较小，且实验给定频率差值范围较大，在电网低频时，4 台逆变器均由电容支撑 50kW；当电网频率高频时，4 台逆变器均降低功率到 40%，并未区分参数不同。

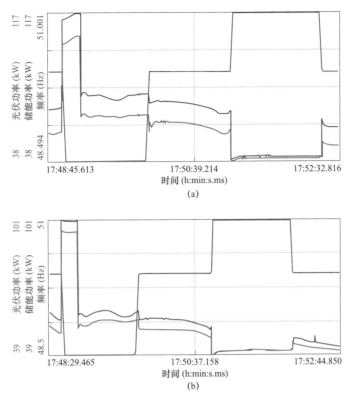

图 6-78　光伏虚拟同步发电机 G070、G071 一次调频性能测试曲线（参数 2）

（a）G070 响应曲线；（b）G071 响应曲线

表 6-23　　　　　　　　　　　虚 拟 惯 量 调 频 参 数

频率	逆变器编号	启动时间（ms）	调频响应时间（ms）	实际支撑功率/理论支撑功率（kW）	调节控制误差
48.5	070 – 1	43	361	51/50	– 0.2%
	070 – 2	43	361	51/50	– 0.2%
	071 – 1	176	539	46/50	0.8%
	071 – 2	172	483	47/50	0.6%
51	070 – 1	47	373	20/10	– 2%
	070 – 2	41	339	18/10	– 1.6%
	071 – 1	32	343	13/10	– 0.6%
	071 – 2	56	390	18/10	– 1.6%

　　c）将 G070 设置为 $K_f = 20$、$T_J = 5$，将 G071 设置为 $K_f = 20$、$T_J = 10$，频率以 0.5Hz/s 斜率下降至 48.5Hz，维持 30s 后上升至 51Hz，调频曲线如图 6-79 和图 6-80 所示，调频参数见表 6-24。

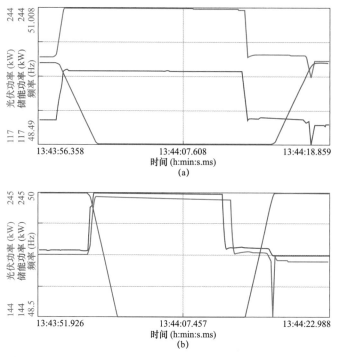

图 6-79 光伏虚拟同步发电机 G070、G071 一次调频性能测试曲线（48.5Hz）

（a）G070 响应曲线；（b）G071 响应曲线

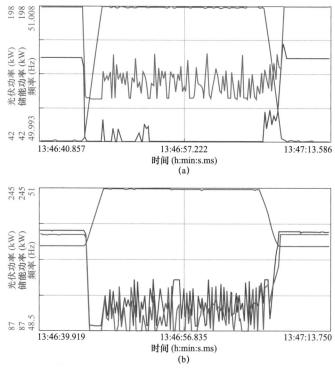

图 6-80 光伏虚拟同步发电机 G070、G071 一次调频性能测试曲线（51Hz）

（a）G070 响应曲线；（b）G071 响应曲线

表 6-24 虚 拟 惯 量 调 频 参 数

频率	逆变器编号	启动时间（ms）	调频响应时间（ms）	实际支撑功率/理论支撑功率（kW）	调节控制误差
48.5	070－1	84	564	46/50	0.8%
	070－2	84	564	46/50	0.8%
	071－1	27	548	47/50	0.6%
	071－2	86	579	46/50	0.8%
51	070－1	196	378	96/100	0.8%
	070－2	98	374	105/100	－1%
	071－1	222	550	105/100	－1%
	071－2	219	532	106/100	－1.2%

d）将 G070 设置为 $K_f = 20$、$T_J = 5$，将 G071 设置为 $K_f = 30$，$T_J = 10$，频率斜率 0.5Hz/s，频率下降至 48.5Hz，维持 30s 后，上升至 51Hz，调频曲线如图 6-81 和图 6-82 所示，调频参数见表 6-25。

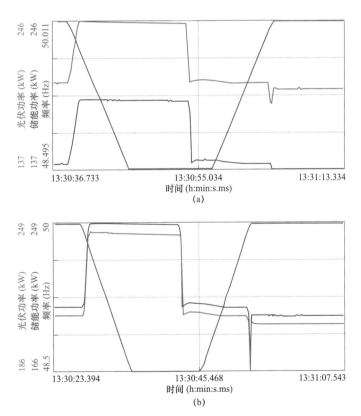

图 6-81 光伏虚拟同步发电机 G070、G071 一次调频性能测试曲线（48.5Hz）

（a）G070 响应曲线；（b）G071 响应曲线

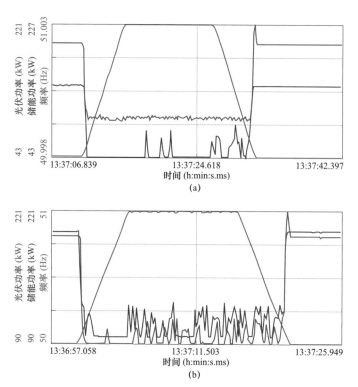

图 6-82　光伏虚拟同步发电机 G070、G071 一次调频性能测试曲线（51Hz）

（a）G070 响应曲线；（b）G071 响应曲线

表 6-25　　　　　　　　　虚 拟 惯 量 调 频 参 数

频率（Hz）	逆变器编号	启动时间（ms）	调频响应时间（ms）	实际支撑功率/理论支撑功率（kW）	调节控制误差
48.5	070－1	144	1244	47/50	0.6%
	070－2	141	1236	45/50	1%
	071－1	238	941	47/50	0.6%
	071－2	238	938	47/50	0.6%
51	070－1	74	378	98/100	0.4%
	070－2	193	610	104/100	－0.8%
	071－1	69	723	104/100	－0.8%
	071－2	211	596	106/100	－1.2%

（二）模拟真实电网频率跌落

1. 光伏虚拟同步发电机应对英国停电事件复现

试验过程为基于 C014 储能系统零起升压，稳定后投入 G070 两台光伏虚拟同步发电机，设定光伏调频参数为 $K_f=20$、$T_J=5$，死区 0.05Hz，两台光伏虚拟同步发电机的响应情况如图 6-83 所示。当频率跌落到 49.897Hz 时，两台光伏虚拟同步发电机各支撑 14kW（理论支撑 10.6kW），然后频率回升到 49.910Hz 时，两台光伏虚拟同步发电机各支撑 8kW

（理论支撑 8kW）。

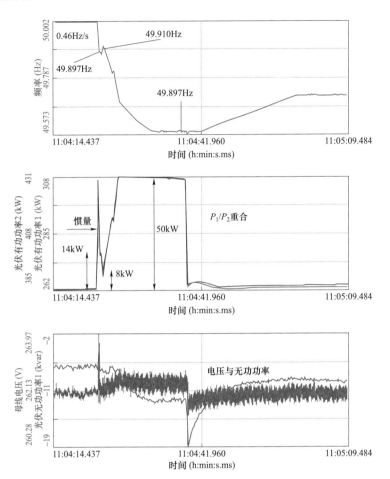

图 6-83　G070 两台光伏虚拟同步发电机响应电网频率变化

　　为了看到整个响应过程，将 F070－1 光伏虚拟同步发电机控制参数改为 $K_f = 5$、$T_J = 5$、死区 0.05Hz，超级电容惯量＋一次调频均打开，其调频过程如图 6-84 所示。光伏虚拟同步发电机出力快速响应频率变化，且支撑精度满足标准要求。

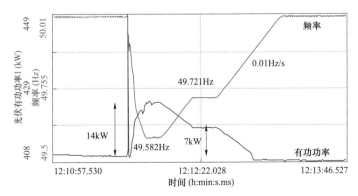

图 6-84　G070－1 逆变器正常响应频率下降曲线

281

2. 光伏虚拟同步发电机应对锦苏直流闭锁事件复现

基于储能系统对于"9·19"锦苏直流闭锁的输出频率曲线如图 6-85 所示，频率首先降低到 49.1Hz，然后稍微回升到 49.2Hz，再跌落到 48.816Hz，最后以 0.1Hz/s 的速率恢复到频率初始值。

试验设备设定 $K_f = 10$、$T_J = 5$，死区 0.05Hz。频率降低到 49.1Hz 时，光伏虚拟同步发电机中的超级电容支撑45kW（理论支撑50kW），频率恢复到49.2Hz时超级电容支撑45kW不变，直到系统频率升高到49.45Hz以上，超级电容支撑功率逐步线性减小，直到电量放完。此外，由电压和无功功率曲线可知，系统频率变化引起了电压的变化，进而引起逆变器输出无功功率变化。

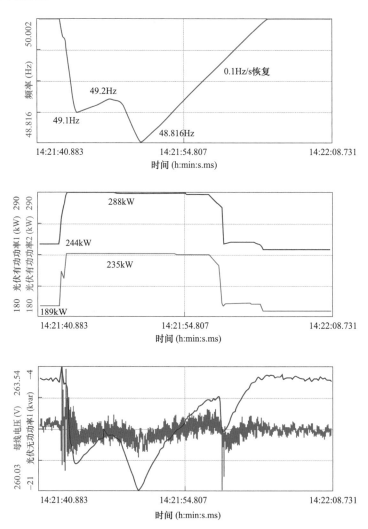

图 6-85　惯量＋一次调频，$K_f = 20$，$T_J = 5$，死区 0.05Hz

四、风电虚拟同步发电机调频效果

对风电虚拟同步发电机开展频率阶跃试验（风电机组限功率为 600kW），试验过程中参数设置为：$K_f = 20$，$T_J = 5$，一次调频死区为 0.05Hz。图 6-86 和图 6-87 分别给出了其中 2 次典型调频试验波形。

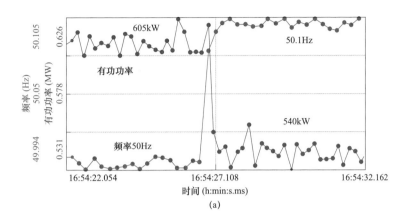

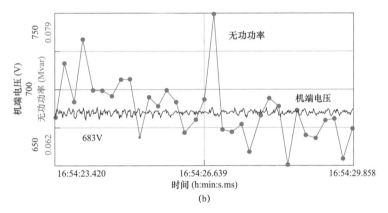

图 6-86　频率 50～50.1Hz 时风电虚拟同步发电机调频曲线

（a）有功响应曲线；（b）无功响应曲线

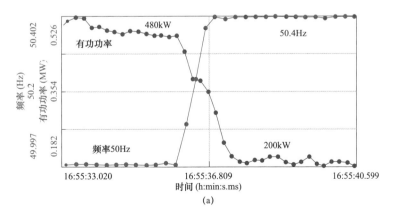

图 6-87　频率 50～50.4Hz 时风电虚拟同步发电机调频曲线（一）

（a）有功响应曲线

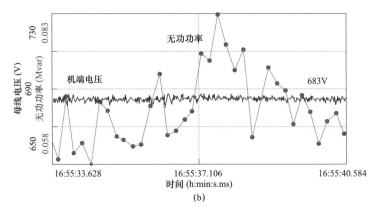

图 6-87　频率 50～50.4Hz 时风电虚拟同步发电机调频曲线（二）

（b）无功响应曲线

调频动作主要性能指标如表 6-26 所示。

表 6-26　　　　　　　　　　　风电虚拟同步发电机调频性能指标

频率阶跃（Hz）	启动时间（s）	响应时间（s）	调节时间（s）	有功功率支撑理论值（kW）	有功功率支撑实际值（kW）	稳态误差
50～50.1	0.08	0.42	1.11	−40	−65	1.1%
50～50.4	0.21	1.31	2.04	−280	−280	0%

第五节　虚拟同步发电机整站调频性能测试

国家能源局《华北区域风电场并网运行管理实施细则（2022 年修订版）》《华北区域光伏电站并网运行管理实施细则（2022 年修订版）》规定：并网新能源场站必须具备一次调频功能（含一次调频远程在线测试功能），其一次调频投/退信号、一次调频远程测试允许/禁止信号等应接入所属电力调度机构。首次并网前 5 个工作日，新能源场站应与电力调度机构的一次调频性能在线监测与评估系统进行静态联调，满足电网对风电场/光伏电站一次调频性能在线监视与远程测试要求。在并网后 3 个月内完成一次调频试验（含远程在线测试功能动态联调），并向电力调度机构提交试验报告。风电场/光伏电站一次调频死区、限幅、调差率和动态性能等应满足 GB/T 40595—2021《并网电源一次调频技术规定及试验导则》和华北电网一次调频技术管理要求。

GB/T 40595—2021《并网电源一次调频技术规定及实验导则》、GB/T 40594—2021《电力系统网源协调技术导则》等标准对新能源场站一次调频性能和试验方案做出了明确规定。

基于上述标准对新能源场站进行一次调频现场测试与评价。

一、新能源场站调频性能测试

（一）整站测试方案

1. 试验设备及测量点

（1）功率测量

新能源场站功率测量设备包括电压传感器、电流传感器和数据采集系统等，功率测量设备的精度要求见表 6-27。

数据采集系统用于测试数据的记录、计算及保存。数据采集系统的每个通道采样频率应不小于 5kHz，分辨率至少为 12bit，频率计算周期不大于 100ms。

表 6-27 　　　　　　　　　　　　测量设备的精度要求

设备	精度要求
电压传感器	0.2 级
电流传感器	0.5 级
电压电流数据采集系统	0.2 级

（2）频率信号发生装置

要求频率信号发生装置为三相四线式输出；电压输出范围宽于 0～130V，输出电压误差不超过 ±0.1%；频率输出范围宽于 1～100Hz，频率误差不高于 0.002Hz；相位输出范围为 0°～360°，相位输出误差不超过 ±0.1°；信号发生周期不超过 100ms，能够进行电压和频率曲线编辑。

（3）测量点

频率响应测试时需要记录整站有功功率及频率变化，现场测试至少包含表 6-28 中的测量点。

表 6-28 　　　　　　　　　　　　场站调频方案测量点

序号	采集点	采集数据内容
1	并网点	新能源场站并网点的二次侧电压（TV）、电流（TA）信号，计算场站的实际有功功率
2	频率信号发生装置	输出电压

2. 现场测试接线

一次调频测试之前，经调度同意后有功功率控制系统（AGC）使能到本地运行模式；测试期间，断开电站并网点 TV 与一次调频控制装置的连接（视实际调频设备具体情况而定），频率信号发生装置输出电压信号替代并网点电压二次信号（TV）注入电站快速频率响应装置以模拟电网频率变化，快速频率响应装置实时判断接收到的频率是否越限，若越限则进行调频功率计算，并将调频功率指令下发给风电机组。

为取得各试验项目所需数据，需将并网点三相电流、电压二次信号、频率信号发生装置输出的交流电压接入数据采集系统，现场测试接线示意图如图 6-88 所示。

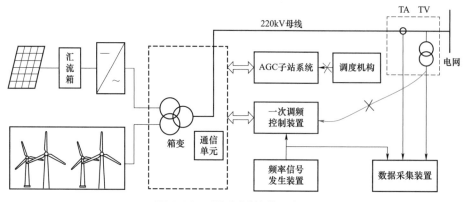

图 6-88　现场测试接线示意图

3. 试验项目、方法及内容

（1）试验参数设置

当系统频率偏差大于死区范围，电站应具备参与电网一次调频能力，并且新能源场站有功功率的变化量 ΔP 应满足：

$$\Delta P = -\frac{\Delta f}{f_N} \cdot P_N \cdot \frac{1}{\delta\%} \tag{6-3}$$

式中：ΔP 为新能源场站调频有功功率的变化量，MW；$\delta\%$ 为新能源场站一次调频调差率；Δf 为系统频率的变化量净值，Hz；f_N 为系统额定频率，50Hz；P_N 为新能源场站额定功率，MW。

按照标准要求，一次调频控制参数设置如下：

a）一次调频调差率 δ：风电场设置为 2%，光伏电站设置为 2%。

b）一次调频限幅：新能源场站变化幅度限制设置应不小于一次调频控制对象额定容量的 10%，且不得因一次调频导致风电机组、逆变器脱网或停机。

c）一次调频死区：风电场、光伏电站设置为 ±0.05Hz。

d）一次调频性能：风电场一次调频滞后时间应不大于 2s，有功功率上升时间应不大于 9s，有功功率调节时间应不大于 15s，一次调频达到稳定时的有功功率调节偏差不超过 ±1%P_N；光伏电站一次调频启动时间应不大于 2s，有功功率上升时间应不大于 5s，有功功率调节时间应不大于 15s，一次调频达到稳定时的有功功率调节偏差不超过 ±1%P_N。

e）新能源场站一次调频装置的频率测量分辨率不大于 0.003Hz，频率采样周期不大于 100ms，一次调频控制周期不大于 1s。

f）新能源场站一次调频功能应能躲过单一短路故障引起的瞬时频率突变。

g）一次调频功率考核点为电站并网点。

h）新能源场站一次调频功能应与 AGC 控制相协调，有功功率的控制目标应为一次调频控制对象有功功率初值与一次调频响应调节量的代数和。其中，当电网频率超出新能源场站一次调频死区时，新能源一次调频功能应闭锁 AGC 反向调节指令。

i) 电网高频扰动情况下，新能源场站有功功率降至 10%额定负荷时可不再向下调节；电网低频扰动情况下，新能源场站根据实际情况参与电网一次调频响应，不提前预留有功备用。

（2）试验项目及内容

新能源场站一次调频响应测试项目及对应考核项如表 6-29 所示。

表 6-29　　　　　　　　　　　测 试 项 目 列 表

测试项目		验证指标
调频控制装置参数试验 （测试结果不出现在报告）	频率测量精度	校准证书或现场试验
	频率采样周期	第三方检测证书或现场试验
一次调频死区测试		有功功率开始规律性调节
一次调频动态性能测试		滞后时间、上升时间、调节时间、响应精度
一次调频限幅测试		测试低负荷和高负荷下的一次调频限幅值
AGC 协调功能测试		场站调频与 AGC 的协调控制
模拟实际电网频率扰动试验		一次调频响应合格率

所有的测试项目应分别在与表 6-30 对应的新能源场站大小出力工况下完成现场试验。

表 6-30　　　　　　　　　新能源发电电站大小出力定义

功率区间	工况划分
（20%～50%）P_N	工况 1
（65%～100%）P_N	工况 2

注　1. P_N 为电站额定容量。
　　2. 限功率时，电站在征得所属区域电网调度同意后，应退出 AGC 远程控制，采用 AGC 就地限功率模式运行。

（二）整站一次调频测试结果

1. 被测风电场概况

内蒙古某风电场额定装机容量 300MW，安装 102 台单机额定功率为 2.0MW 的双馈型风电机组，安装 30 台单机额定功率为 3.2MW 的双馈型风电机组。每台风电机组均通过一台 0.69kV/35kV 升压变压器接入风电场内的 35kV 线路，经 3 台额定容量为 100MVA 的主变压器升压并入 220kV 送出线路。

2. 一次调频控制系统

被测风电场一次调频装置与 AGC 子站采用并联结构，两者均与风电机组能量管理平台双向通信，但相互之间未通信。风电机组能量管理平台实时接收风电场 AGC 子站功率指令与一次调频功率 ΔP_1、调频使能位。一次调频控制系统根据系统频率计算电站调频支撑有功功率值 ΔP。当电网频率未超出频率死区时，$\Delta P = 0$ 且调频使能位为 0；当电网频率超出频率死区时，ΔP 为计算值且调频使能位为 1。一次调频有功指令与原 AGC 有功指令在电站能量管理平台内实现叠加（闭锁 AGC 反向调节指令），由能量管理平台分解下发到单台机组，实现调频响应。

电站一次调频控制系统拓扑结构如图 6-89 所示。

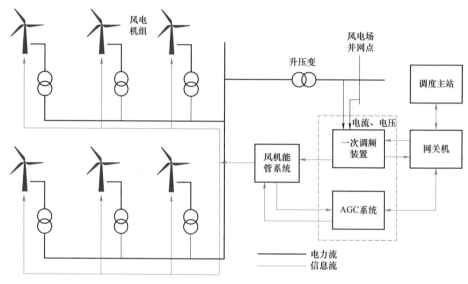

图 6-89　一次调频控制系统拓扑结构

3．一次调频装置参数测试

风电场一次调频装置频率测试数据如表 6-31 所示。

表 6-31　　　　　　　　　　　　风电场一次调频装置调频测试数据

序号	频率设定值（Hz）	一次调频装置频率测试值（Hz）
1	49.750	49.750
2	49.850	49.849
3	49.950	49.951
4	50.000	50.000
5	50.150	50.150
6	50.250	50.249
7	50.350	50.350

风电场一次调频装置频率采样周期测试数据如表 6-32 所示。

表 6-32　　　　　　　　　　　　频率采样周期测试记录表

序号	频率设定值（Hz）	频率维持时间	一次调频装置上位机显示频率读数（Hz）
1	50.100	100ms	50.100
2	50.150	100ms	50.149
3	50.200	100ms	50.199
4	50.250	100ms	50.250
5	49.950	100ms	49.951

序号	频率设定值（Hz）	频率维持时间	一次调频装置上位机显示频率读数（Hz）
6	49.900	100ms	49.900
7	49.850	100ms	49.848
8	49.750	100ms	49.749

4. 一次调频性能测试

频率阶跃扰动测试分为频率阶跃上扰测试和频率阶跃下扰测试。按照表 6-33 的内容测试新能源场站在频率阶跃扰动情况下的响应特性，测试曲线如图 6-90 所示。

表 6-33　　　　　　　　　　　　　频率阶跃扰动测试情况

序号	频率设定值（Hz）	工况	响应滞后时间（s）	上升时间（s）	调节时间（s）	阶跃前有功功率（MW）	阶跃后有功功率（MW）	调频功率误差（P_N）
1	49.75	工况 1	1.17	1.72	3.32	116.5	146.3	0.07%
2		工况 2	0.91	1.21	2.51	151.8	182.3	0.17%
3	49.80	工况 1	1.00	1.43	3.68	117.5	147.4	0.03%
4		工况 2	1.04	1.45	3.07	151.2	181.2	0.00%
5	49.85	工况 1	1.10	1.71	2.78	116.8	145.8	0.33%
6		工况 2	0.95	1.33	2.89	151.5	181.2	0.10%
7	50.10	工况 1	1.52	3.93	9.92	118.2	104.9	0.57%
8		工况 2	1.13	3.78	5.48	151.1	135.5	0.20%
9	50.15	工况 1	1.00	4.58	8.19	116.6	88.7	0.70%
10		工况 2	1.05	4.84	7.10	151.8	122.8	0.33%
11	50.20	工况 1	1.20	4.94	6.93	116.9	88.8	0.63%
12		工况 2	1.24	4.60	7.85	152.2	123.6	0.47%
13	50.25	工况 1	1.25	4.86	8.00	116.9	87.8	0.30%
14		工况 2	1.33	5.31	8.43	150.7	121.0	0.10%

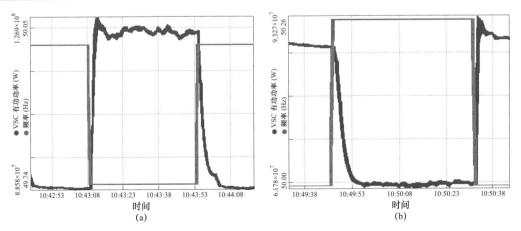

图 6-90　低负荷下频率阶跃值 49.75Hz、50.25Hz 有功功率响应波形

（a）频率跌落响应曲线；（b）频率骤升响应曲线

5. 模拟实际频率扰动测试

按照表 6-34 的内容测试新能源场站在模拟电网实际频率扰动情况下的响应特性，测试曲线如图 6-91 所示。

表 6-34   模拟实际频率扰动试验测试情况

序号	频率扰动类型	工况	出力响应指数	电量贡献指数
1	波动上扰	工况 1	77%	97%
2		工况 2	74%	76%
3	波动下扰	工况 1	105%	94%
4		工况 2	104%	95%

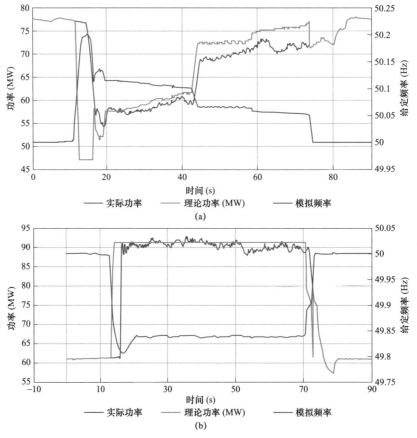

图 6-91　低负荷下模拟实际上扰、下扰有功功率响应波形
（a）频率上扰响应曲线；（b）频率下扰响应曲线

6. AGC 协调测试

一次调频与 AGC 协调测试工况与测试结果如表 6-35 所示，测试曲线如图 6-92 所示。

表 6-35 AGC 协调控制测试情况

序号	指令	是否合格
1	50.0→50.10Hz + AGC 增 10%P_N	☑ 是　　□ 否
2	50.0→50.10Hz + AGC 减 10%P_N	☑ 是　　□ 否
3	50.0→49.90Hz + AGC 增 10%P_N	☑ 是　　□ 否
4	50.0→49.90Hz + AGC 减 10%P_N	☑ 是　　□ 否
5	AGC 增 10%P_N + 50.0→50.10Hz	☑ 是　　□ 否
6	AGC 减 10%P_N + 50.0→50.10Hz	☑ 是　　□ 否
7	AGC 增 10%P_N + 50.0→49.90Hz	☑ 是　　□ 否
8	AGC 减 10%P_N + 50.0→49.90Hz	☑ 是　　□ 否

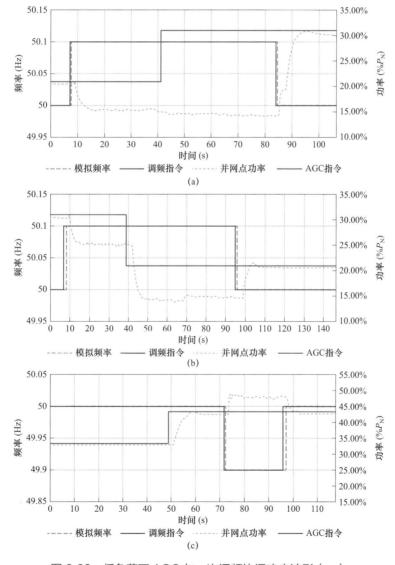

图 6-92　低负荷下 AGC 与一次调频协调响应波形（一）

（a）50.0→50.10Hz + AGC 增 10%P_N；（b）50.0→50.10Hz + AGC 减 10%P_N；（c）AGC 增 10%P_N + 50.0→49.90Hz

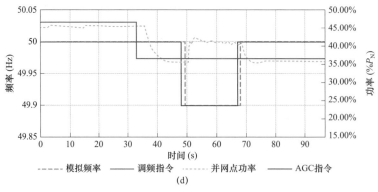

图 6-92　低负荷下 AGC 与一次调频协调响应波形（二）

（d）AGC 减 $10\%P_N + 50.0 \rightarrow 49.90Hz$

二、新能源场站远程调频性能测试

（一）新能源场站一次调频在线监测系统建设

1. 系统架构

在电网调度支持系统的基础上，充分结合现有 PMU 和 RTU 装置及其技术优势，采用 PMU 进行同步采集，采用 RTU 进行控制；在调度侧采取一次调频性能分析评估模式，对新能源场站一次调频性能进行在线监视与评估、远程测试与评估，以全面提高电网一次调频裕度。

新能源场站一次调频性能在线监视与评估包括一次调频性能监视与分析、一次调频历史查询与统计。

新能源场站一次调频性能远程测试与评估包括一次调频死区测试、限幅测试、动态性能测试、仿真演练。

2. 新能源场站一次调频性能在线监视与评估技术路线

基于新能源场站 PMU 采集的动态数据，在线监视电网频率和新能源场站功率的动态变化过程，分析评估新能源场站一次调频性能。新能源场站一次调频性能在线监视交互数据如图 6-93 所示。

新能源场站一次调频性能在线监视与评估包括以下内容：

（1）新能源场站运行状态监视

基于新能源场站 PMU 采集的动态数据，在线监视新能源场站功率的动态变化过程，分析计算一次调频上/下可调空间，并显示新能源场站的运行状态、一次调频投入/退出状态，以及当前使用的量测源。

（2）新能源场站一次调频性能分析

如图 6-93 所示，基于智能电网调度技术支持系统的统一平台，实时获取广域量测系统（WAMS）采集的枢纽电站频率、新能源场站功率等 PMU 动态数据，对 PMU 数据进行预处理与整合，在线监视电网频率动态变化的过程。分析频率波动不同时段内的一次调频特性参数，并结合频率波动不同时段的调节特性，从调节速度、调节幅度等角度量化评价不同时段内新能源场站的一次调频性能，从而实现新能源场站一次调频性能的在线监视与评估。

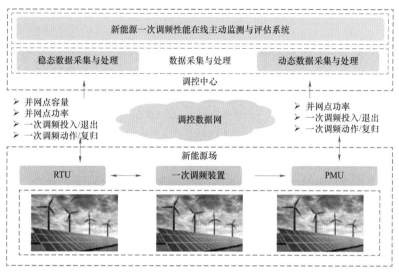

图 6-93　新能源场站一次调频性能在线监视与评估交互数据

（3）新能源场站一次调频性能评价

新能源场站一次调频响应性能可根据出力响应指数、电量贡献指数等多个指标独立设置参数，综合指数由各指标权重计算所得。系统默认取出力响应指数、电量贡献指数进行计算，并将两项指标取相同的权重计算综合指数。各指标默认分为优秀、良好、中等、合格、不合格、反调节六类。

新能源场站一次调测试分析及输出指标包括出力响应指数与电量贡献指数。

a）出力响应指数。从频率偏差超出死区开始，9s 内风电场实际最大出力调整量占理论最大出力调整量的百分比。若频率事件从开始到结束小于 9s，则计算频率事件过程中风电场实际最大出力调整量占理论最大。

b）电量贡献指数。在一次调频动作时段内，新能源场站一次调频实际贡献电量占理论调频支撑电量的比例。

（4）新能源场站一次调频历史查询与统计

a）一次调频历史查询。根据指定的时间段按照新能源场站为对象，对一次调频的历史分析存储结果进行查询，并以列表的方式展示了机组在本次频率扰动下的一次调频分析结果。主要信息包括调频开始时刻、调频结束时刻、频率初值、频率末值、频率极值、出力响应指数、电量贡献指数、综合指数等。

b）一次调频性能统计分析。基于历史存储的计算结果，根据指定的统计时间段，对新能源场站一次调频的历史分析存储结果进行综合统计、分析与展示，为使用人员提供一次调频性能效果的长期综合分析与评价。

以新能源场站为对象采用列表的方式展示统计时段内各新能源场站所有一次调频事件的性能指标的综合计算与评价结果，主要信息包括扰动次数、考核次数、优秀次数、合格次数、反调节次数等。

3. 新能源场站一次调频性能远程测试与评估技术路线

电网实际运行中频率出现大扰动概率较低，难以对新能源一次调频性能进行常态化的监视，直流闭锁、机组跳闸等多种电网事故下新能源一次调频能力也难以提前感知等问题，亟需开展新能源场站一次调频性能远程测试与评估工作。

采用调度侧下发远程测试指令及扰动频率，新能源场站一次调频装置对远程测试指令、扰动频率进行解析，并依据扰动频率进行负荷响应的模式；调度侧依据 PMU 同步采集的动态数据，采用对新能源一次调频性能进行评估的模式，在线监测与评估新能源场站一次调频性能。

新能源一次调频性能远程测试功能支持单机操作和多机批量操作。单机操作通过新能源场站目录树选择相应场站，完成单一新能源场站的一次调频性能远程测试。多机操作通过选择"×××新能源发电基地"，完成多个新能源场站的一次调频性能远程测试。

新能源一次调频性能远程测试包括一次调频死区测试、一次调频限幅测试、一次调频动态性能测试和一次调频仿真演练。

（1）一次调频死区测试

在新能源场站一次调频系统进入远程测试状态下，调度侧下发"一次调频死区测试"功能信号；新能源场站接收到该信号后，将脉冲时间长度保持为 120s，一次调频控制系统中的模拟频率信号以 0.005Hz/s 的速率从 49Hz 变化到 50.3Hz，如图 6-94 所示。测试期间一次调频控制系统应根据扰动频率实时分析计算一次调频负荷指令，但不调节新能源场站一次调频控制对象的有功功率；模拟频率信号通过"一次调频测试扰动频率反馈值"、一次调频负荷指令通过"一次调频负荷指令"实时上送至调度主站。

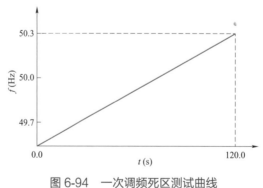

图 6-94　一次调频死区测试曲线

调度主站系统依据测试期间记录的一次调频测试扰动频率反馈值和一次调频负荷指令，对新能源场站的一次调频死区参数进行分析评估。一次调频死区测试功能框架如图 6-95 所示。

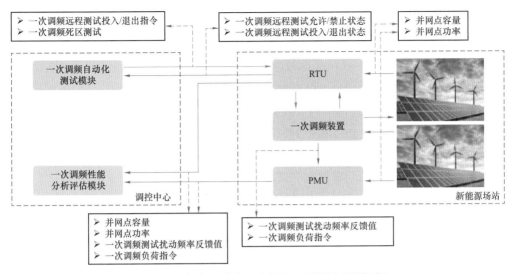

图 6-95　新能源发电一次调频死区测试功能框架

（2）一次调频限幅测试

在新能源场站一次调频系统进入远程测试状态下，调度侧下发一次调频限幅测试功能信号；新能源场站接收到该信号后，一次调频控制系统解析调度侧下发的扰动频率数据，自动进行负荷响应增加（或减少），测试时间持续 45s。测试期间一次调频控制系统应根据扰动频率实时分析计算一次调频负荷指令，调节新能源场站一次调频控制对象有功功率；并将一次调频控制系统所执行的扰动频率信号通过一次调频测试扰动频率反馈值实时上送，同时将分析计算的一次调频负荷指令通过一次调频负荷指令实时上送至调度主站。

调度主站系统依据测试期间记录的一次调频测试扰动频率反馈值和新能源场站一次调频控制对象有功功率对新能源场站的一次调频限幅及动态性能进行分析评估。

新能源发电一次调频限幅测试能框架如图 6-96 所示。

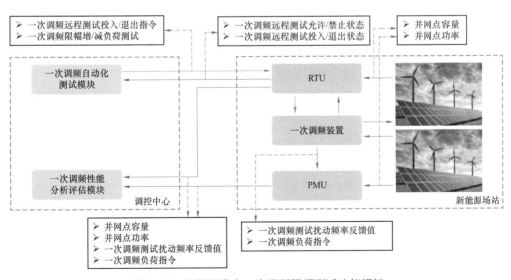

图 6-96　新能源发电一次调频限幅测试功能框架

（3）一次调频动态性能测试

在新能源场站一次调频系统进入远程测试状态下，调度侧下发一次调频动态性能测试功能信号；新能源场站接收到该信号后，新能源场站一次调频控制系统解析调度侧下发的扰动频率数据，自动进行负荷响应增加或减少，测试时间持45s。测试期间一次调频控制系统应根据扰动频率实时分析计算一次调频负荷指令，调节新能源场站一次调频控制对象的有功功率；并将一次调频控制系统所执行的扰动频率信号以及分析计算的一次调频负荷指令实时上送至调度主站。

调度主站系统依据测试期间记录的数据对新能源场站的一次调频动态性能进行分析评估。新能源发电一次调频动态性能测试功能框架如图 6-97 所示。

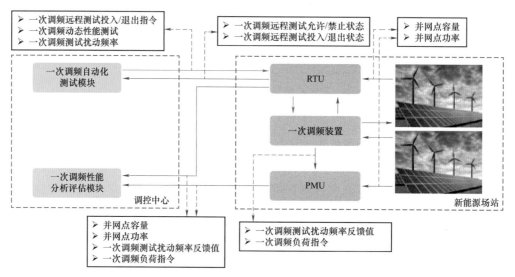

图 6-97 新能源发电一次调频动态性能测试功能框架

（4）一次调频仿真演练

在新能源场站一次调频系统进入远程测试状态下，调度侧下发一次调频仿真演练增/减负荷测试功能信号；新能源场站接收到该信号后，依据预先录入存储的频率扰动模拟数据自动进行负荷响应增加或减少，测试时间持续80s。测试期间一次调频控制系统应根据扰动频率实时分析计算一次调频负荷指令，调节新能源场站一次调频控制对象有功功率；将一次调频控制系统所执行的扰动频率信号通过一次调频测试扰动频率反馈值以及分析计算的一次调频负荷指令通过一次调频负荷指令实时上送至调度主站。

调度主站系统依据测试期间记录的一次调频测试扰动频率反馈值和新能源场站一次调频控制对象有功功率，对新能源场站的一次调频动态性能进行分析评估。新能源发电一次调频仿真演练功能框架如图 6-98 所示。

（二）整站一次调频远程测试结果

1."四遥"测试

核对一次调频主站与子站交互的遥控、遥调、遥测、遥信信息，以确定风电场一次调频系统与调度主站通信是否正常。测试结果如表 6-36～表 6-39 所示。

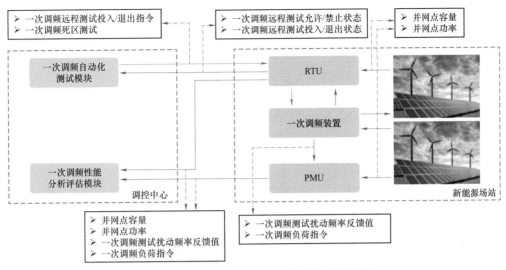

图 6-98　新能源发电一次调频仿真演练功能框架

表 6-36　　　　　　　　　一次调频远程测试投入/退出遥控信息测试结果

主站指令	主站指令下发时刻	子站接收指令时刻	子站响应情况
投入	10:09:22	10:09:22	投入
退出	10:10:37	10:10:37	退出

表 6-37　　　　　　　　　一次调频测试功能码遥调信息测试结果

项目名称	主站指令	主站指令下发时刻	子站接收的功能值	子站接收指令时刻	功能使能正常	主站接收的指令反馈值	主站接收反馈值时刻
一次调频测试功能值	1000（调频死区测试）	16:21:03	1000	16:21:03	是	1000	16:21:52
	2000（调频限幅测试）	16:29:18	1000	16:29:18	是	1000	16:29:22
	3000（调频动态性能测试）	16:26:45	2000	16:26:45	是	2000	16:26:47
	4000（调频仿真演练/增负荷测试）	16:29:53	4000	16:29:53	是	4000	16:29:57
	5000（调频仿真演练/减负荷测试）	16:30:54	5000	16:30:54	是	5000	16:30:57

表 6-38　　　　　　　　　一次调频子站对主站下发的频率指令接收、反馈情况

项目名称	主站下发指令值	主站下发指令时刻	子站接收到的频率指令	子站接收指令时刻	子站反馈指令时刻	子站频率反馈指令	主站接收指令时刻	反馈指令误差（%）
远程下发扰动频率值	49500	频率偏差过大不能下发	—	—	—	—	—	—
	49700	10:28:02	49700	10:28:03	10:28:03	49700	10:28:08	0
	49800	10:25:02	49800	10:25:03	10:25:03	49800	10:25:08	0
	49900	10:22:12	49900	10:22:13	10:22:13	49900	10:22:13	0
	50100	10:19:37	50100	10:19:38	10:19:38	50100	10:19:43	0
	50200	10:16:47	50200	10:16:48	10:16:48	50200	10:16:53	0
	50300	10:13:27	50300	10:13:28	10:13:28	50300	10:13:33	0
	50500	频率偏差过大不能下发	—	—	—	—	—	—

表 6-39　　　　　　　　一次调频子站通过 PMU 实现远程测试频率值反馈情况

项目名称	主站下发指令值	主站指令下发时刻	PMU 主站频率测量值（Hz）	PMU 主站频率接收时刻	PMU 调频功率测量值（kW）
远程下发扰动频率值	49700	16:56:31	49.696	16:56:34	30.000
	49800	16:52:09	49.797	16:52:12	30.001
	49900	16:53:08	49.898	16:53:11	15.000
	50100	16:54:15	50.098	16:54:18	−15.000
	50200	16:55:03	50.194	16:55:07	−30.000
	50200	17:16:21	50.194	17:16:2	−30.00
	50300	16:55:45	50.295	16:55:48	−30.000

2. 退出功能测试

一次调频子站远程测试自动退出功能测试结果如表 6-40 所示。

表 6-40　　　　　　　　　　　遥 测 功 能 测 试 结 果

项目名称	主站工况	子站是否退出
子站自动退出功能	主站投入远程测试功能后持续 900s 不动作	投入时间：10:35:11 自动退出时间：10:50:11

3. 一次调频死区测试

主站遥调下发一次调频死区测试功能码 1000，一次调频子站自动读取内置的调频死区频率文件，预测频率以 0.005Hz/s 速率从 49.70Hz 连续变化到 50.30Hz，测试结果如表 6-41 所示，一次调频子站上传、主站采集生成的调频理论功率曲线如图 6-99 所示。

表 6-41　　　　　　　　　一次调频死区测试测试工况记录

序号	工况	有功功率开始规律性调节的频率点（Hz）	
1	工况 1	50.05	49.95

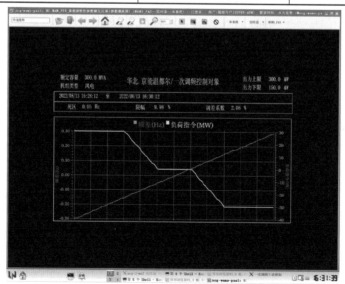

图 6-99　一次调频死区测试调频曲线

4. 一次调频动态性能测试

主站远程下发一次调频动态性能测试功能码，远程下发频率值，测试情况如表 6-42 所示，一次调频主站评价结果如图 6-100、图 6-101 所示。

表 6-42 频率阶跃扰动测试情况

序号	频率设定值（Hz）	频率最大调整量（Hz）	调频前有功（MW）	调频后有功（MW）	理论最大调频功率（MW）	实际最大调频功率（MW）	调节功率误差 P_N
1	50.10	0.052	91.5	75.6	−14.64	−15.85	0.40%
2	50.20	0.145	68.0	37.4	−30.00	−30.54	0.18%
3	49.90	−0.053	34.1	50.5	15.72	16.42	0.23%
4	49.80	−0.159	33.7	67.4	30.00	32.70	0.9%

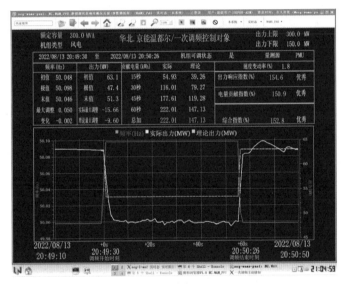

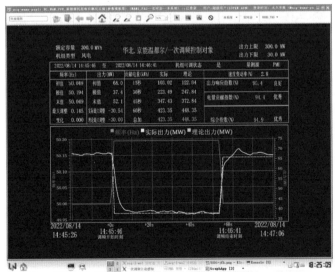

图 6-100 频率阶跃值 50.10Hz、50.20Hz 调频响应波形

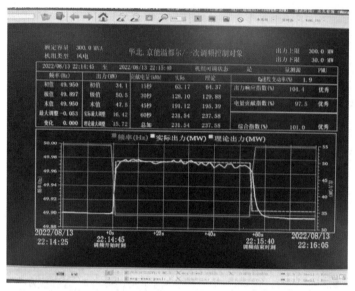

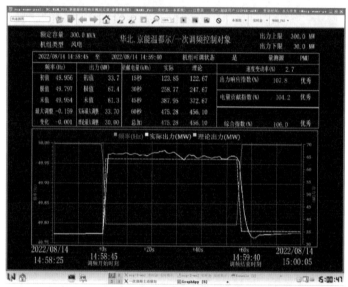

图 6-101　频率阶跃值 49.90Hz、49.8Hz 调频响应波形

5. 一次调频限幅测试

主站远程下发一次调频限幅测试功能码，远程下发测试频率，测试情况如表 6-43 所示，一次调频主站评价结果如图 6-102 所示。

表 6-43　　　　　　　　　　风电场一次调频限幅测试工况

序号	工况	频率设定值（Hz）	频率最大阶跃量（Hz）	阶跃前有功（MW）	阶跃后有功（MW）	调频功率（MW）
1	工况 1	50.15	0.100	67.4	37.9	−30.56
2		49.85	−0.105	33.3	66.6	33.26

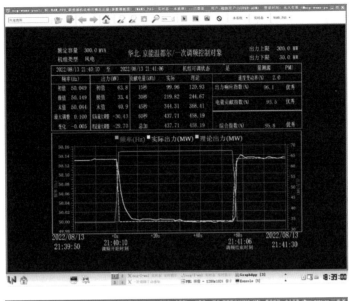

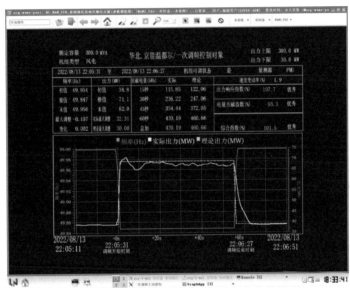

图 6-102　频率阶跃值 50.15Hz、49.85Hz 调频响应波形

6. 一次调频仿真演练

主站远程分别投入一次调频仿真演练增负荷功能码与减负荷功能码,一次调频子站自动读取内置的仿真演练增负荷/减负荷频率文件,测试情况如表 6-44 所示,一次调频主站评价结果如图 6-103 所示。

表 6-44　　　　　　　　　　　一次调频仿真演练测试情况

序号	工况	频率扰动类型	出力响应指数	调频电量贡献指数
1	工况 1	增负荷	113.0%	105.1%
2		减负荷	79.7%	94.7%

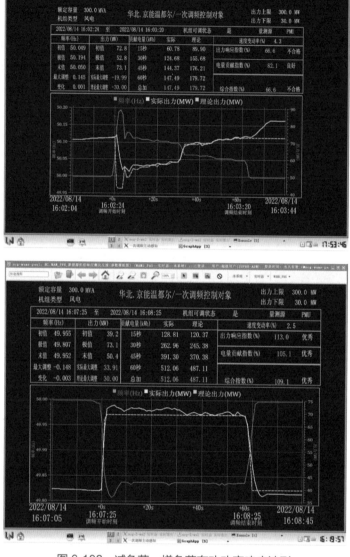

图 6-103 减负荷、增负荷有功功率响应波形

参 考 文 献

[1] 秦晓辉, 苏丽宁, 迟永宁, 等. 大电网中虚拟同步发电机惯量支撑与一次调频功能定位辨析 [J]. 电力系统自动化, 2018, 42 (9) 8.

[2] 刘觉民, 陈明照, 谭立新, 等. 同步发电机原动系统调速器仿真研究 [J]. 中国电机工程学报, 2008, 28 (8): 4.

索　引